辽宁省职业教育“十四五”第二批规划教材
高等职业技术教育技能型人才培养“十四五”精品教材
校企合作双元开发教材

工程材料及热成型工艺

（智媒体版）

主　编◎祝溪明

西南交通大学出版社
·成　都·

图书在版编目（CIP）数据

工程材料及热成型工艺：智媒体版 / 祝溪明主编
. —成都：西南交通大学出版社，2023.2（2025.8 重印）
ISBN 978-7-5643-8998-7

Ⅰ. ①工… Ⅱ. ①祝… Ⅲ. ①工程材料 – 热成型 – 高等职业教育 – 教材 Ⅳ. ①TB3

中国版本图书馆 CIP 数据核字（2022）第 205389 号

Gongcheng Cailiao Ji Rechengxing Gongyi（Zhimeiti Ban）
工程材料及热成型工艺（智媒体版）

主编　祝溪明

责任编辑	刘　昕
封面设计	GT 工作室
出版发行	西南交通大学出版社 （四川省成都市金牛区二环路北一段 111 号 西南交通大学创新大厦 21 楼）
发行部电话	028-87600564　028-87600533
邮政编码	610031
网　　址	http://www.xnjdcbs.com
印　　刷	四川煤田地质制图印务有限责任公司
成品尺寸	185 mm × 260 mm
印　　张	12.25
字　　数	304 千
版　　次	2023 年 2 月第 1 版
印　　次	2025 年 8 月第 2 次
书　　号	ISBN 978-7-5643-8998-7
定　　价	46.00 元

课件咨询电话：028–81435775
图书如有印装质量问题　本社负责退换

前 言
PREFACE

本书在编写过程中以社会主义核心价值观统领教材建设全过程，与企业合作进行立体化教材建设，遵照高职教育特点与规律，结合多年的实践教学经验，以材料的理论为重点、材料的选用为主线，深入浅出地介绍了工程材料、热处理、毛坯热成型等相关理论知识，满足高等职业院校机械类及近机类的专业需求和我国现代化建设高技能人才培养的需要，结合我国取得的重大成就和伟大业绩进行实际案例引导，配套丰富的数字化学习资源，帮助读者更好地掌握相关内容。

全书共分 8 个项目单元，包括工程材料性能、工程材料的组织结构、钢的热处理、工业用钢与铸铁、非铁合金、非金属材料、工程材料的合理选用，以及零件毛坯热成型工艺基础。

本书主要特色如下。

（1）思维导图形式：材料学知识内容枯燥复杂，为了降低学习难度，以思维导图形式为每一个项目单元重要知识点进行总结，便于读者对学习内容全面掌握。

（2）项目引导形式：结合项目特色通过实际案例进行知识内容的引导，使读者理解即将学习知识的用途，同时提高学习兴趣和技术科学热情。

（3）立体化学习资源：将视频、动画、金属牌号查表、拓展知识以及附录内容建设成为立体化学习资源，便于读者学习掌握。

本书可供各高职高专院校机械类、近机类专业作为教材使用，也可供从事相关工作的人员作为参考用书。

本书与沈阳海德力诺机械有限公司进行合作，由沈阳职业技术学院祝溪明主编。感谢沈阳职业技术学院武昱老师的支持，感谢编者家人、朋友的支持与帮助。

由于编者水平有限，书中难免有疏漏之处，恳请读者批评指正。

编 者

2022 年 8 月

目 录
CONTENTS

绪　论

工程材料一般是指工业和工程领域所用的材料，即常应用于机械、车辆、船舶、建筑、化工、能源、仪器仪表、航空航天等工程领域的材料。

工程材料的发展历经各个社会发展阶段：石器时代、青铜器时代、铁器时代以及如今人工合成材料的新时代（见图 0-1）。工程材料的发展推动了社会进步，是人类进化的里程碑。在科学技术高速发展的今天，工程材料也是各个领域发展的先导和基石，材料直接影响着产品的质量和品质。

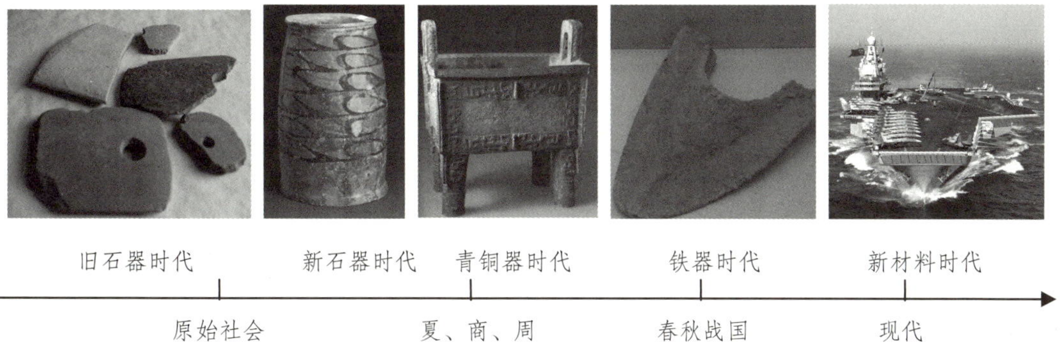

图 0-1　工程材料的发展

工程材料常用的分类有 3 种方法：按化学组成分为金属材料、有机高分子材料、陶瓷材料、复合材料等；按使用性能分为结构材料、功能材料等；按使用领域分为信息材料、能源材料、建筑材料、机械材料、生物材料等。

工程材料学是与工程实践紧密结合的课程，是机械类等工程专业必修课程，具有较强的理论性及实用性。在本书中我们需要完成以下课程任务：

（1）了解材料的组成成分、组织结构、性能之间的关系。

（2）掌握各种工程材料（重点是金属材料）的基本特征和应用范围及其强化改性的途径、原理与方法。

（3）初步具有正确确定一般机械零件的热处理方法、工艺参数及其工序位置的能力。

（4）初步具备选用常用材料的能力。

（5）金属毛坯热成型以掌握铸造、锻造、焊接成型的工艺方法为主。

本书主要内容可以归纳为“一条线、两张图、三材料、四把火”。

一条线：从始至终贯穿本书的主线，即材料的“化学成分—组织结构—性能—应用”之间的相互关系及变化规律。

两张图：铁碳合金相图，反映铁碳合金在缓慢加热和冷却时其成分、组织与温度之间的关系；奥氏体等温转变曲线图，反映冷却时温度与冷却速度对材料组织及性能的影响。

深刻理解和掌握这两张图，我们可以了解钢在不同温度和不同冷却方式下的性能特点，合理确定热处理方法与工艺参数，使材料发挥其最大作用。

三材料：金属材料、非金属材料和复合材料。不同材料有各自不同的性能特点与应用范围，我们可以通过掌握常用工程材料的牌号、成分、强化改性方法、性能特点及适用范围，做到合理选材。

四把火：最常见的四种热处理方法，即退火、正火、淬火和回火。四把火是其他热处理方法的基础，是材料强化改性的重要手段，集中体现了材料成分、组织结构、性能与热处理工艺之间的关系。我们要能够根据材料及性能要求正确制定热处理的工艺参数，合理安排其工序位置。

项目 1

工程材料的性能

教学基本要求

1. 知识目标

（1）了解金属材料力学性能指标的实验原理及方法；

（2）掌握材料力学性能指标强度、塑性、硬度、冲击韧性、疲劳强度、断裂韧性的含义。

2. 能力目标

（1）掌握金属材料力学性能指标的用途；

（2）具有实际测量金属硬度的能力。

思维导图

本项目思维导图如图 1-0 所示。

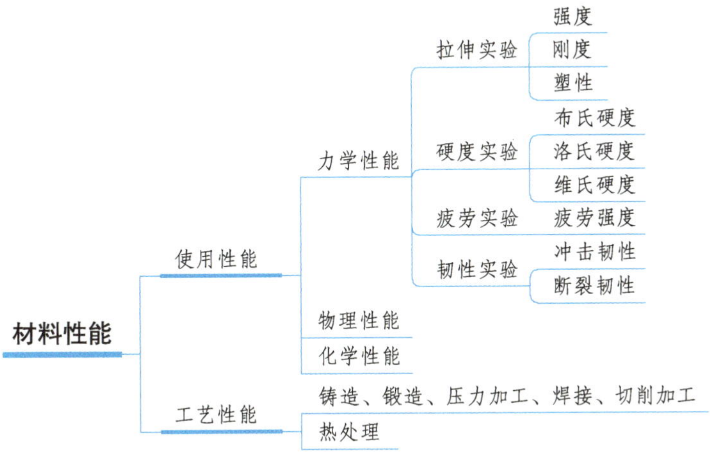

图 1-0　思维导图

引导案例　大国重器的根基——基础零部件螺栓的强度和塑性

螺栓作为机械基础零部件之一，其技术决定着重大装备的性能、水平、质量和可靠性。打造制造强国，要从基础零部件开始。

螺栓连接是最常用的紧固连接方式，用于紧固连接两个带有通孔的零件。在拧紧螺母时，螺栓受到拉伸，当外力超过其本身抗力时，会导致螺栓发生变形，甚至断裂，如图 1-1、图 1-2 所示。这是因为螺栓的强度较低或塑性较差造成的。

为避免螺栓在使用过程中出现变形或者断裂的现象，首先要确定螺栓的强度和塑性是否能够满足使用要求。强度和塑性指标通过拉伸实验来测定，如图 1-3 所示。

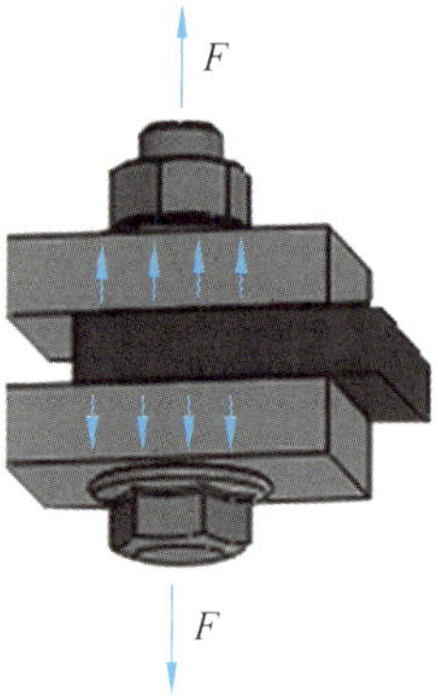

图 1-1　螺栓连接

图 1-2　螺栓的变形和断裂

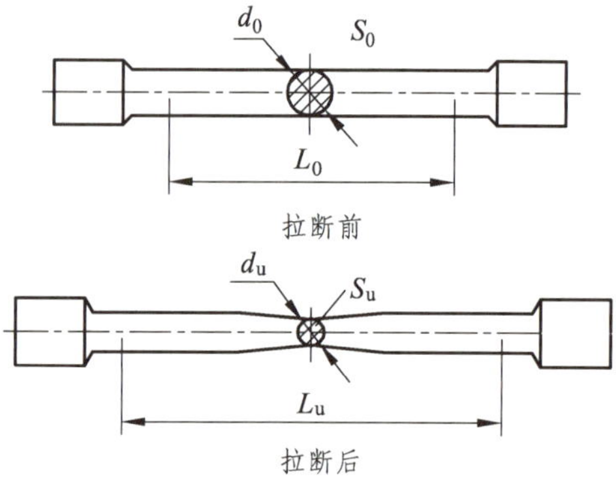

（a）标准圆形拉伸试样

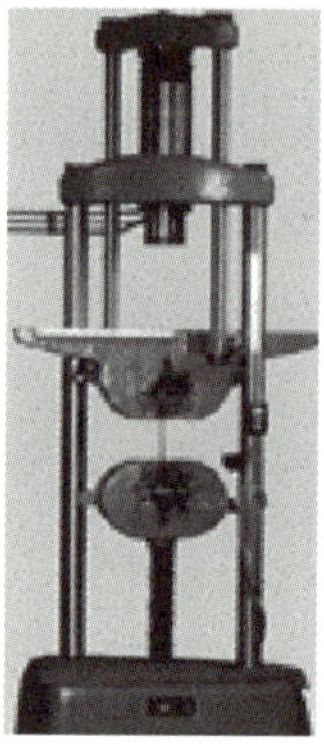

（b）拉伸试验机

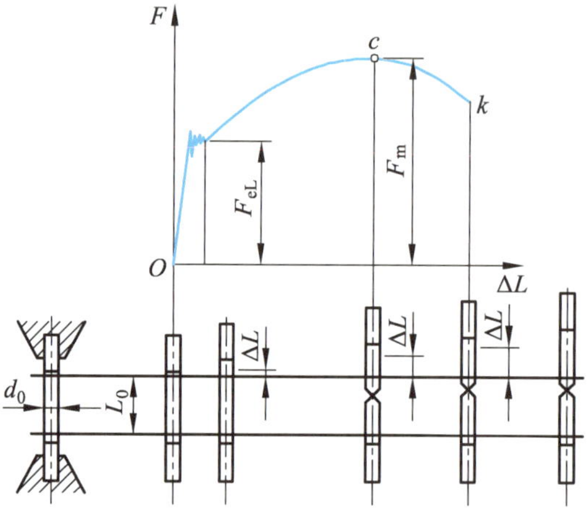

（c）拉伸曲线

图 1-3　螺栓拉伸实验过程

螺栓承载能力示例

任务 1　力学性能指标

工程材料的性能是指材料在外界条件作用下表现出来的行为。非金属材料的性能指标及测试方法与金属材料大多相同或相近，所以这里主要介绍金属材料的性能。

金属材料的性能包括使用性能和工艺性能两个方面。

（1）使用性能：为了保证零件、工程构件及工具等正常工作，材料应具备的性能包括力学、物理及化学等性能。金属材料的使用性能决定了其应用范围、可靠性和使用寿命。

（2）工艺性能：反映材料在被制作成各种零件、构件、工具的过程中，适应各种冷热加工的性能，主要包括铸造、锻造、压力加工、焊接、切削加工和热处理等方面性能。

金属材料的力学性能是指材料在各种载荷作用下表现出来的抵抗变形和断裂的能力。它取决于材料本身的化学成分及其微观组织结构。常用的力学性能指标有强度、塑性、硬度、冲击韧度及疲劳强度等。

力学性能示例

能力知识点 1　强度、刚度、塑性指标

1. 强　度

强度是指材料在载荷作用下抵抗塑性变形和断裂的能力。根据外力的作用方式有多种强度指标，如抗拉强度、抗弯强度、抗剪强度等，其中以拉伸实验所得的强度指标应用最为广泛。拉伸实验中的应用有屈服强度、抗拉强度和规定残余伸长强度等。强度的大小通常用应力表示，符号为 R，单位为 MPa。

根据 GB/T 228—2010 规定，静拉伸实验是把一定尺寸和形状的金属试样装夹在试验机上，然后对试样逐渐施加拉伸载荷，直到把试样拉断为止，如图 1-4 所示。静拉伸实验可以测得材料的强度、刚度和塑性，基本全面揭示了材料在静载荷作用下的变形规律。

（a）拉伸低碳钢试样　（b）颈缩现象　（c）标准的断裂面

图 1-4　拉伸实验

拉伸试验机可以自动记录拉伸力与相对应的伸长量，得到的力-伸长量曲线称为拉伸曲线。拉伸载荷 F 除以试样的原始横截面积 S_0 所得为应力，用 R 表示；试样伸长量 ΔL 除以试样原始标距长度 L_0 所得为应变，用 ε 表示。如图 1-5 所示为应力-应变曲线。

拉伸实验动画

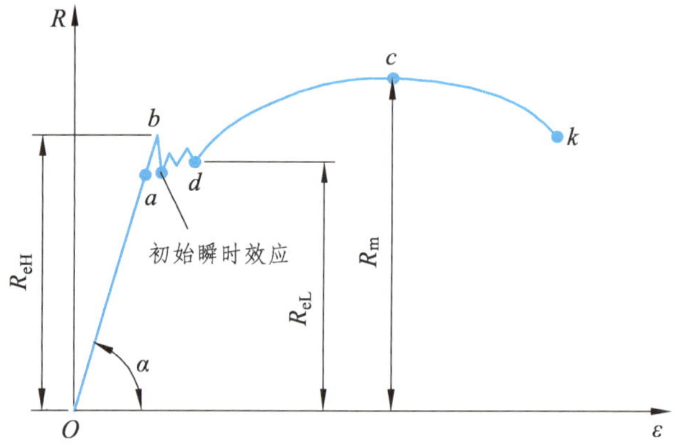

图 1-5　应力-应变曲线

图中 Oa 段中应力与应变呈比例变化，这时试样产生的是弹性变形，去除外力后，材料可以自行恢复原状。而当应力达到某一值，材料将不会自行恢复原状，这一应力值，称为弹性极限。

从拉伸实验及其曲线中可以看出，试样从开始拉伸到断裂，共经过弹性变形、屈服、形变强化、颈缩与断裂四个阶段。如图 1-6（a）所示为不同试样在拉伸实验中的伸长量；如图 1-6（b）所示为不同性能材料与应力、应变曲线的关系。

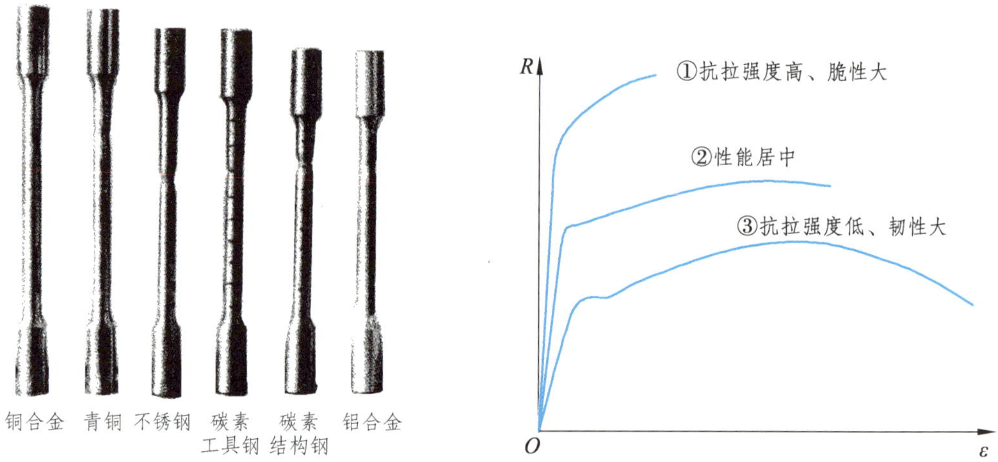

（a）不同试样在拉伸实验中的伸长量　　（b）材料、应力与应变曲线的关系

图 1-6　不同试样在拉伸实验中的表现

（1）屈服强度 R_{eL}。

如图 1-5 所示，应力超过 a 点时，试样产生塑性变形。当应力达到 b 点后开始下降，并产生微小波动，此时不增加载荷试样仍快速伸长，这种现象称为“屈服”。试样屈服时的应力称

为材料的屈服强度，包括上屈服强度和下屈服强度。上屈服强度用 R_{eH} 表示，是指试样发生屈服并且外力首次下降前的最大应力；下屈服强度用 R_{eL} 表示，是指不计初始瞬时效应时，屈服阶段的最小应力，如 d 点所示。由于材料的下屈服强度数值比较稳定，所以一般用它表示材料对塑性变形抗力的指标。即

$$R_{eL}=\frac{F_{eL}}{S_0} \quad (1\text{-}1)$$

式中 F_{eL}—试样的下屈服力，N；

S_0—试样的原始横截面积，mm^2。

（2）残余伸长强度 $R_{r0.2}$。

有些材料没有明显的屈服现象，如大多数的合金钢、铜合金及铝合金；有些材料甚至在断裂前也不发生塑性变形，如铸铁、镁合金等，此时工程规定用残余伸长强度 $R_{r0.2}$ 来表示该材料的屈服强度。$R_{r0.2}$ 表示试样残余延伸率为 0.2%时的应力值，通常写成 $R_{0.2}$。

$$R_{r0.2}=\frac{F_{r0.2}}{S_0} \quad (1\text{-}2)$$

式中 $F_{r0.2}$—残余延伸率为 0.2%时的载荷，N；

S_0—试样的原始横截面积，mm^2。

（3）抗拉强度 R_m。

试样在屈服时，由于塑性变形产生加工硬化，所以只有应力继续增大时变形才继续增加，直到增至最大应力 R_m。这一阶段，试样沿整个长度均匀伸长，当到达 c 点时，试样在某个薄弱部分形成“颈缩”，如图 1-5 所示。此时不增加应力，试样也会在到达 k 点时发生断裂。试样承受最大载荷 F_m 时的应力为抗拉强度，用符号 R_m 表示。抗拉强度是工程上最常用的强度指标。即

$$R_m=\frac{F_m}{S_0} \quad (1\text{-}3)$$

式中 F_m—试样在屈服阶段所能抵抗的最大载荷，对于无明显屈服的金属材料，为实验期间的最大载荷，N；

S_0—试样的原始横截面积，mm^2。

一般工程零件实际都在弹性状态下工作，不允许产生微小的塑性变形，所以在工程零件设计时，以 R_{eL} 或 $R_{r0.2}$ 为强度指标，并加上适当的安全系数。由于 R_m 相对测定方便，数据准确，所以有时可直接采用，但需要加上较大的安全系数作为设计计算的依据。

工程上把 R_{eL}/R_m 称为屈强比。屈强比值越大，越能发挥材料的潜力，减小结构的自重；值越小，零件工作时的可靠性越高，其值太小，材料强度的有效利用率降低。屈强比一般取值在 0.65~0.75。

2. 刚　度

材料受力时抵抗弹性变形的能力称为刚度。它表示一定形状、尺寸的材料产生某种弹性变形的难易程度。

弹性模量可以理解为在弹性范围内应力 R 与应变 ε 的比值，此关系服从胡克定律，$R=E\varepsilon(\tau=G\gamma)$，近似为图 1-5 中的 Oa 拉伸曲线的斜率，即 $\tan\alpha=E$。

E 越大，材料的刚度就越大，越不易发生弹性变形。E 的大小取决于金属键，与金属显微组织关系不大。基体金属确定后，E 值也基本确定。材料不变时，只有改变零件的截面尺寸或结构才能改变其刚度。如表 1-1 所示列出了常用金属的弹性模量。

表 1-1　常用金属的弹性模量

金属种类	弹性模量 E/MPa	切变模量 G/MPa
铁	214 000	84 000
镍	210 000	84 000
钛	118 010	44 670
铝	72 000	27 000
铜	132 400	49 270
镁	45 000	18 000

3. 塑　性

塑性是指材料在载荷作用下断裂前发生不可恢复的永久变形的能力。塑性常用的性能指标有断后伸长率和断面收缩率，在静拉伸实验中，把试样拉断后将其对接起来进行测量得到。

（1）断后伸长率 A。

断后伸长率是指试样断后标距长度的伸长量与原始标距长度的百分比，用符号 A 表示。即

$$A=\frac{L_u-L_0}{L_0}\times100\% \tag{1-4}$$

式中　L_0—试样原始标距长度，mm；

L_u—试样断后标距长度，mm。

断后伸长率的数值和试样标距长度有关。长试样（试棒的原始标距等于 10 倍直径）的断后伸长率用符号 $A_{11.3}$ 表示，短试样（试棒的原始标距等于 5 倍直径）的断后伸长率用符号 A 表示。同种材料的 A 大于 $A_{11.3}$，所以用相同符号的断后伸长率才能进行比较。

（2）断面收缩率 Z。

断面收缩率是指试样拉断后颈缩处横截面积的最大缩减量与原始横截面积的百分比，用符号 Z 表示，即

$$Z=\frac{S_0-S_u}{S_0}\times100\% \tag{1-5}$$

式中　S_0—试样原始横截面积，mm^2；

S_u—试样拉断后颈缩处最小横截面积，mm^2。

断面收缩率不受试样尺寸的影响，比较准确地反映了材料的塑性。一般 A 或 Z 值越大，材料塑性越好。塑性好的材料可以采用轧制、锻造、冲压等方法进行加工成形。塑性好的零件在工作时若超载，因其塑性变形可避免突然断裂，提高了工作安全性。

必须指出，塑性指标不能直接用于零件的设计计算，需要根据经验选择。一般伸长率达

到 5%或断后收缩率达到 10%的具有高收缩率的材料可以承受高的冲击吸收功，需要按使用条件选择。

能力知识点 2　硬度指标

硬度是指材料抵抗局部变形，特别是表面局部塑性变形、压痕或划痕的能力，它是衡量材料软硬的重要指标。硬度实验设备操作简便，一般不需要破坏试件，便可估算出材料抗拉强度等性能指标，因此被广泛应用于检验原材料和热处理件的质量、鉴定热处理工艺的合理性。

机械制造中应用广泛的是静载荷压入法硬度实验。在规定的实验载荷下，将压头压入材料表层，然后根据载荷、压痕表面积或深度确定其硬度值。根据实验方法和适用范围不同，硬度可分为布氏硬度、洛氏硬度、维氏硬度等。不同方法测得的硬度值含义不同，数值也不同，一般不能进行相互比较。

1. 布氏硬度 HBW

布氏硬度实验方法是用规定直径的硬质合金球，以一定载荷压入所测材料表面，如图 1-7 所示，保持规定时间后，卸除实验载荷，测量表面的压痕直径。

一般 d 越小，布氏硬度值越大，材料硬度越高。在实际应用中，布氏硬度一般不用计算，只需根据测出的压痕平均直径 d 查表即可得到硬度值，见附录 2 布氏硬度换算表。布氏硬度实验优点是测量结果较准确，数据重复性强；缺点是实验压痕面积较大，有一定破坏性。因此其适合于测量铸铁、铸钢、非铁金属及其合金，各种退火、正火或调质的钢材等，不宜用来测成品，特别是有较高精度配合面要求的零件及太小、太薄，太硬的材料。

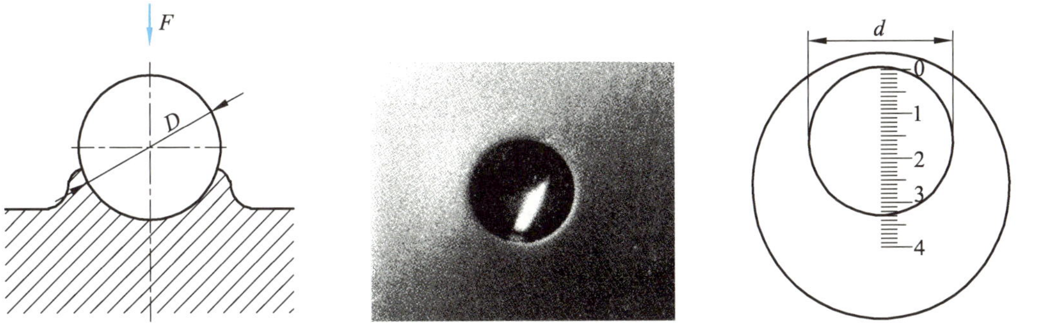

（a）布氏硬度实验示意图　（b）用压头压出的凹痕　（c）读数显微镜测量压痕直径

图 1-7　布氏硬度实验

布氏硬度是在符号 HBW 之前用数字标注硬度值，符号后面依次用数值表示实验条件。例如：500HBW5/750 表示用直径 5 mm 的硬质合金球压头在 7.35 kN 实验载荷作用下保持 10~15 s（不标注）所测得的布氏硬度值为 500。

布氏硬度实验动画

布氏硬度实验时需要根据金属材料的种类、试样的硬度范围和厚度，按如表 1-2 所示规范选择实验载荷 F、压头直径 D 和保持时间。

表 1-2　布氏硬度实验规范

材料种类	硬度范围 HBW	球直径 D/mm	$0.102F/D^2$	实验力 F/N	实验力保持时间/s	备　注
钢、铸铁	≥140	10 5 2.5	30	29 420 7 355 1 839	10	压痕中心距试样边缘不应小于压痕平均直径的 2.5 倍 两相邻压痕中心距离至少为压痕平均直径的 3 倍 试样或实验层厚度应不小于残余压痕深度的 15 倍
	<140	10 5 2.5	10	9 807 2 452 613	10~15	
非铁金属材料	≥130	10 5 2.5	30	29 420 7 355 1 839	30	
	35~130	10 5 2.5	10	9 807 2 452 613	30	
	<35	10 5 2.5	2.5	2 452 613 153	60	

2. 洛氏硬度 HR

洛氏硬度实验方法是在实验压头上，先加初载荷压入试件 1 位置，再加主载荷压入试件 2 位置，经规定保持时间后，卸除主载荷，恢复到初载荷时，试件弹性变形恢复到 3 位置，测量前后两次初载荷下压痕的深度差 h，根据 h 来确定洛氏硬度值，如图 1-8 所示。实际测试时，硬度值的大小可直接从硬度计表盘上读出。洛氏硬度实验压头有直径为 1.588 mm 的淬火钢球和顶角为 120°的金刚石圆锥体。

为适应人们习惯上数值越大、硬度越高的观念，人为地规定了式（1-6）的计算方法。K 为常数，使用球压头时，K 取 0.26；使用金刚石压头时，K 取 0.2。

$$HR = \frac{K - h}{0.002} \tag{1-6}$$

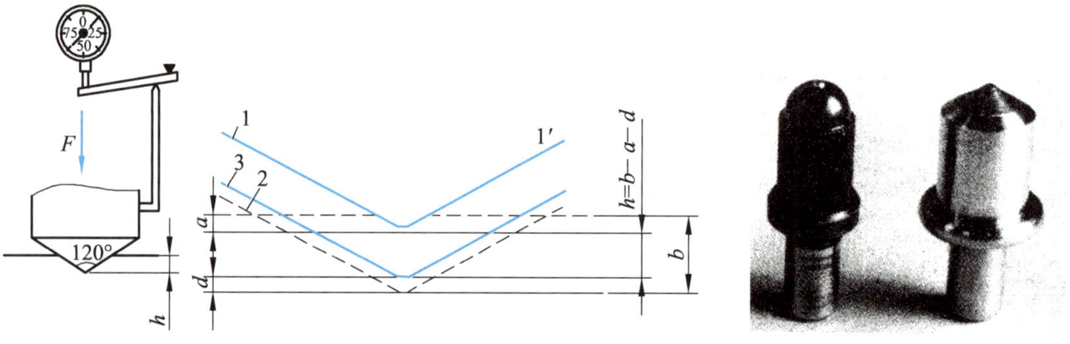

（a）洛氏硬度实验原理　　（b）球压头和金刚石压头

图 1-8　洛氏硬度实验

洛氏硬度实验是目前应用最广的硬度实验方法，主要因为其操作简便、迅速，测量硬度值范围大，压痕小。它采用直接测量压痕深度来确定硬度值。金属越硬，*h* 值越小，如图 1-9 所示。洛氏硬度实验可直接测成品和较薄工件，特别是热处理后的零件，不宜用来测定极薄工件及氮化层、金属镀层等的硬度。

洛氏硬度实验视频

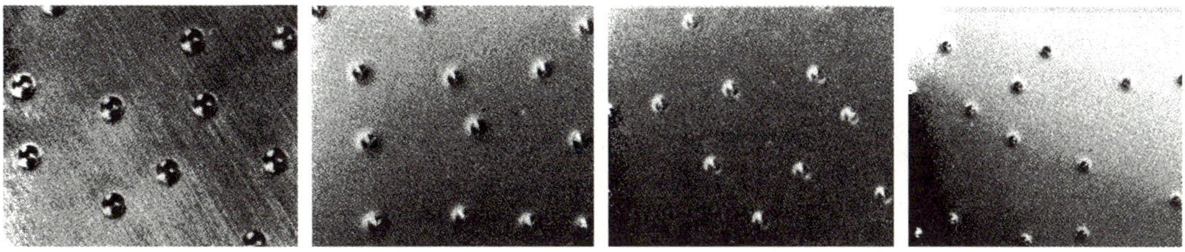

33HRB　　34HRC　　47HRC　　63HRC

图 1-9　洛氏硬度与压痕深度的关系

洛氏硬度符号 HR 前面为硬度数值，HR 后面为使用的标尺。我国常用的洛氏硬度标尺有 HRA 、HRB 、HRC 三种，实验条件及应用范围如表 1-3 所示。如 50 HRC 表示用 C 标尺测定的洛氏硬度值为 50。

表 1-3　常用洛氏硬度标尺的实验条件及应用

洛氏硬度标尺	硬度符号	测量范围	初实验载荷 F_0/N	主实验载荷 F/N	主实验载荷 F/N	压头类型	应用举例
A	HRA	20~88	98.07	490.3	588.4	金刚石圆锥	硬质合金、表面淬火层、渗碳层等
B	HRB	20~100	98.07	882.6	980.7	ϕ 1.587 5 mm 球	非铁金属、退火钢、正火钢
C	HRC	20~70	98.07	1 373	1 471	金刚石圆锥	调质钢、淬火钢

洛氏硬度实验由于压痕小，对内部组织和硬度不均匀的材料，测定结果波动较大，故需在不同位置测试三点的硬度值取其算术平均值。洛氏硬度实验无单位，各标尺之间没有直接的对应关系。

3. 维氏硬度 HV

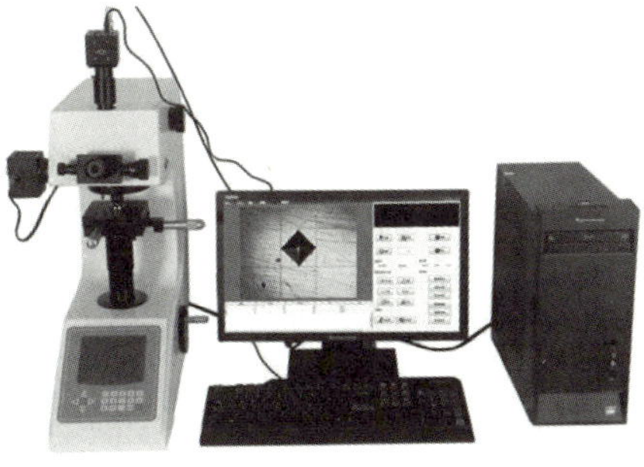

维氏硬度实验与动画

能力知识点 3　韧性指标

1. 冲击韧度 a_K

冲击韧度是指金属材料在冲击载荷作用下抵抗破坏的能力。冲床的冲头、锻锤的锤杆、发动机的转子等零件，是在冲击载荷作用下工作的，材料不仅要满足在静载荷作用下的性能要求，而且为防止发生突然的脆性断裂，也需要具备足够的韧性。冲击韧度好的材料在断裂过程中能吸收较多能量，不易发生突然的脆性断裂，材料的安全性较高。

夏比冲击实验是常温下的摆锤式一次冲击实验，将一定形状和尺寸的标准试样放在支座上，试样的缺口背向摆锤冲击的方向，将具有一定质量的摆锤举至高度，然后释放，利用其冲击载荷将试样冲断，如图 1-10 所示。实验通过测定金属断裂时所需的功，来判断材料在使用中的可靠程度。

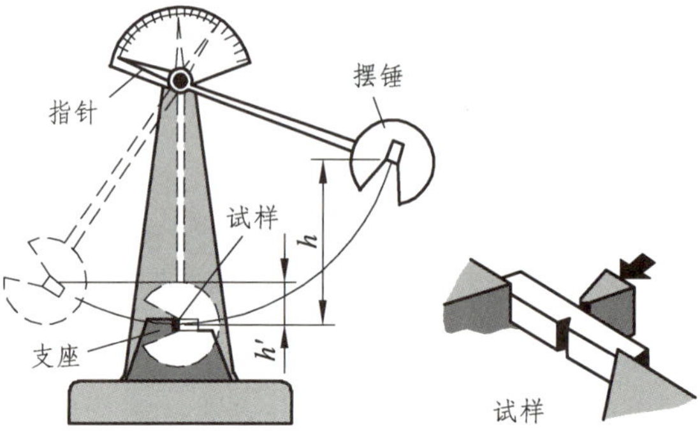

图 1-10　夏比冲击实验

摆锤一次冲断试样所消耗的能量即为试样在被冲断过程中吸收的功，称为冲击吸收功，用 A_K 表示，其值可从冲击试验机刻度盘上直接读出，单位为 J，即

$$A_K = mgh_1 - mgh_2 = mg(h_1 - h_2) \tag{1-7}$$

将冲击吸收功 A_K 除以试样缺口横截面积 S_0，所得的值 a_K 称为材料的冲击韧度，$\mathrm{J/cm^2}$，即

$$a_K = \frac{A_K}{S_0} \tag{1-8}$$

实验表明，A_K 值随温度降低而减小。在某一温度范围内，材料的 A_K 值急剧下降，表明材料由韧性向脆性转变，此时的温度称为韧脆转变温度，如图 1-11 所示。韧脆转变温度越低，材料的低温抗冲击性能越好。选择金属材料时，应使材料的韧脆转变温度低于其工作环境的最低温度。

2. 断裂韧度 K_{IC}

实际的材料组织中会存在各种微裂纹、夹杂、气孔等宏观缺陷，这些缺陷可以看成是材料的裂纹。当材料受外力作用时，这些裂纹尖端附近会出现应力集中，当应力集中达到某一临界值时，裂纹将会发生失稳扩散，导致构件断裂。材料的断裂韧度，用 K_{IC} 表示。

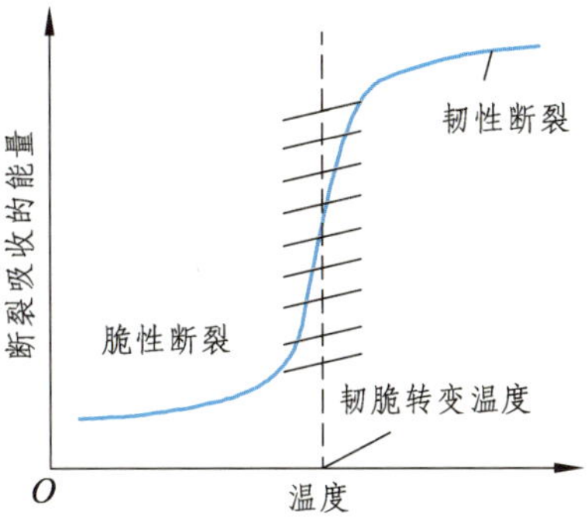

图 1-11 钢的脆性转变温度

知识拓展——冲击韧度应用

断裂韧度是用来反映材料抵抗裂纹失稳扩散，即抵抗脆性断裂能力的指标。它主要取决于材料的成分、内部组织和结构。常见工程材料的断裂韧度值 K_{IC} 如表 1-4 所示。

表 1-4 常见工程材料的断裂韧度值 K_{IC} 单位：$MPa \cdot m^{\frac{1}{2}}$

材料		K_{IC}	材料		K_{IC}
金属材料	塑性纯金属（Cu、Ni）	100~350	高分子材料	聚苯乙烯	2
	低碳钢	140		尼龙	3
	高强度钢	50~150		聚碳酸酯	1.0~2.6
	铝合金	23~45		聚丙烯	3
	铸铁	6~20		环氧树脂	0.3~0.5
陶瓷材料	C_O/WC 金属陶瓷	14~16	复合材料	玻璃纤维（环氧树脂基体）	42~60
	SiC	3		碳纤维增强聚合物	32~45
	苏打玻璃	0.7~0.8		普通木材（横向）	11~13

能力知识点 4 疲劳强度

一些机械零件，如轴、弹簧、齿轮、叶片等都是在随时间作周期性变化的循环应力长期作用下工作的。零件所受应力低于抗拉强度，甚至低于屈服强度，经过较长时间工作后会产生裂纹或突然发生完全断裂，这种现象称为金属的疲劳。机械零件断裂失效中有 80%以上是属于疲劳破坏。

金属材料的疲劳过程，首先是在其薄弱部位（应力集中或划伤、夹杂、显微裂纹等缺陷部位）产生微细裂纹，即疲劳源。随着载荷循环次数的增加，裂纹逐步扩展，即形成疲劳扩展区。当扩展区达到一定的临界尺寸时，零件会发生突然的疲劳断裂，最后的脆断区成为最终破断区。疲劳断口的特征如图 1-12 所示。

测定材料的疲劳强度时要用较多的试样，在不同循环应力下进行实验，绘制疲劳曲线，如图 1-13 所示。疲劳曲线反映材料所受的交变应力 R 与材料断裂前的应力循环次数 N 的关系，R 越低，断裂前的循环次数 N 越多；当 R 降低到某一值后，曲线近似为水平线，这表示当应力低于该值时，材料可经受无数次应力循环而不断裂。我们把试样承受无数次应力循环或达到规定的循环次数才断裂的最大应力作为材料的疲劳强度。

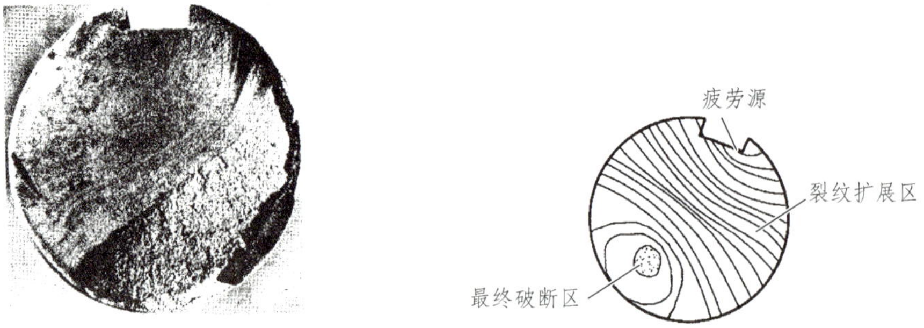

（a）汽车后轴的疲劳断口　　（b）疲劳断口示意图

图 1-12　疲劳断口的特征

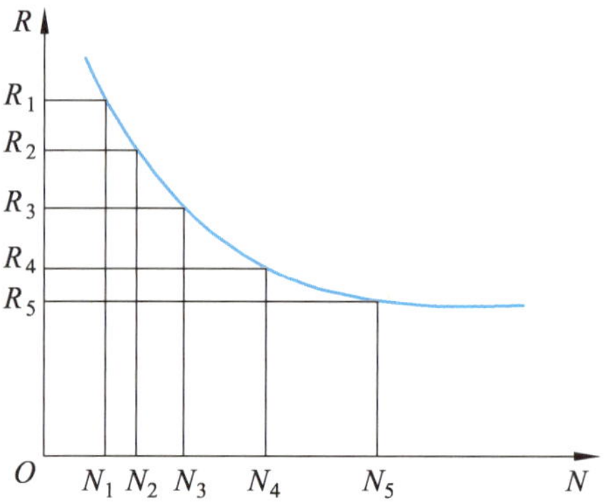

图 1-13　疲劳曲线示意图

通常规定钢铁材料的循环基数为 10^7；非铁金属的循环基数为 10^8；腐蚀介质作用下的循环基数为 10^6。

影响疲劳强度的因素很多，除材料成分和组织等因素外，因疲劳源一般产生在零件表面，所以零件表面状态很重要。减小零件应力集中、改善零件表面粗糙度、强化表面（渗碳、渗氮、喷丸、表面滚压等）是提高疲劳强度的有效方法。

任务 2　工程材料的物理、化学及工艺性能

能力知识点 1　物理性能和化学性能

1. 物理性能

材料的物理性能是指在重力、电磁场、热力（温度）等物理因素作用下，材料所表现出来的性能或固有属性。金属材料的物理性能主要包括密度、熔点、导电性、导热性、热膨胀件、磁性等。

2. 化学性能

化学性能是指材料抵抗周围介质侵蚀的能力，主要包括耐蚀性和热稳定性。

知识拓展——物理性能和化学性能

能力知识点 2　工艺性能

工艺性能是指材料适应加工工艺要求的能力，它的好坏直接影响制造零件的工艺方法、质量和经济性。机械制造过程中的各种工艺如图 1-14 所示。

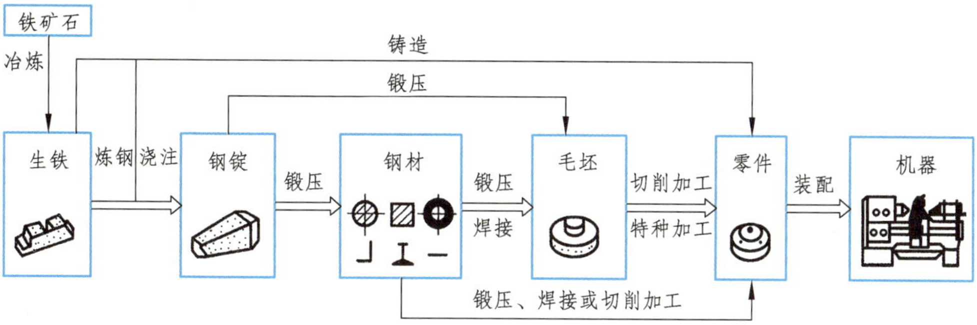

图 1-14　机械制造过程中的各种工艺

1. 铸造性能

金属材料铸造成形获得优良铸件的能力称为铸造性能，通常有流动性、收缩性和偏析三种性能指标。

一般来说，铸铁比钢的铸造性能好，金属材料比工程塑料的铸造性能好。

2. 锻造性能

金属材料用锻压加工方法成形的适应能力称为锻造性能，它主要取决于金属材料的塑性和变形抗力。塑性越好，变形抗力越小，金属的锻造性能越好。铜合金和铝合金在室温状态下就有良好的锻造性能。碳素钢在加热状态下锻造性能较好。铸铁锻造性能差，不能锻造。

知识拓展——铸造性能指标

3. 焊接性能

两块材料局部加热至熔融状态下，能牢固地焊在一起的能力称为材料的焊接性能。碳质量分数是焊接性好坏的主要因素。含碳量和合金元素含量越高，焊接性能越差。

4. 切削加工性能

工件材料进行切削加工时的难易程度称为材料的切削加工性能。不同的工件材料，其加工的难易程度也不相同。如切削铜、铝等有色金属时，切削力小，切削很轻快；切削碳钢就比合金钢容易些；切削不锈钢和耐热合金等困难就很大，刀具磨损也比较严重。切削加工性能一般用切削后的表面质量和刀具寿命来表示。

5. 热处理工艺性能

热处理工艺性能反映钢热处理的难易程度和产生热处理缺陷的倾向，主要包括淬透性、回火稳定性、回火脆性及氧化脱碳倾向性和淬火变形开裂倾向性等。其中，主要考虑其淬透性，即钢接受淬火的能力。含锰、铬、镍等合金元素的合金钢淬透性比较好，碳钢的淬透性较差。

练习 1

一、填空题

（1）材料的力学性能的主要指标有__________、__________、__________、__________、__________等。

（2）屈服强度表示的是材料抵抗__________的能力；抗拉强度表示的是材料抵抗______的能力；刚度表示的是材料抵抗__________的能力。

（3）常用的测试硬度的方法有__________、__________、__________。

（4）HBW600~650 应改为________________；70~75HRC 应改为______________。

（5）屈服强度用符号_____表示；抗拉强度用符号_____表示；断后伸长率用符号______表示；断面收缩率用符号_____表示；洛氏硬度用符号_____表示；布氏硬度用符号_____表示；维氏硬度用符号_____表示；冲击韧度用符号_____表示。

（6）材料常用的塑性指标有____________和____________两种。其中，_________表示塑性更接近材料的真实变形。

（7）材料的物理性能包括_________、________、_________、_________、_________、________等。

（8）材料的工艺性能包括_________、_________、_________、_________及_________等。

二、名称解释

（1）金属材料的力学性能。

（2）强度、硬度、塑性。

三、分析讨论

（1）比较下列几种硬度值的高低：

50 HRC；200 HBW；65 HRB；75 HRA；480 HV。

（2）$R_{r0.2}$ 的含义是什么？为什么低碳钢不用此指标？

（3）反映材料冲击韧度的性能指标有什么？疲劳破坏是怎样形成的？

（4）a_K 代表什么指标？为什么不用于设计计算？

练习 1 答案

项目 2

工程材料的组织结构

教学基本要求

1. 知识目标

（1）掌握金属晶体结构特点、实际金属晶体缺陷、合金相结构；

（2）掌握金属结晶的基本规律、结晶后获得细晶粒的方法；

（3）掌握金属发生冷、热塑性变形后性能的变化及冷塑性变形金属加热后的回复与再结晶；

（4）识别二元合金相图的类型，理解并掌握铁碳合金相图及其应用。

2. 能力目标

（1）正确使用金相显微镜的能力；

（2）运用金相显微镜观察和分析常见铁-碳合金显微组织的能力。

思维导图

本项目思维导图如图 2-0 所示。

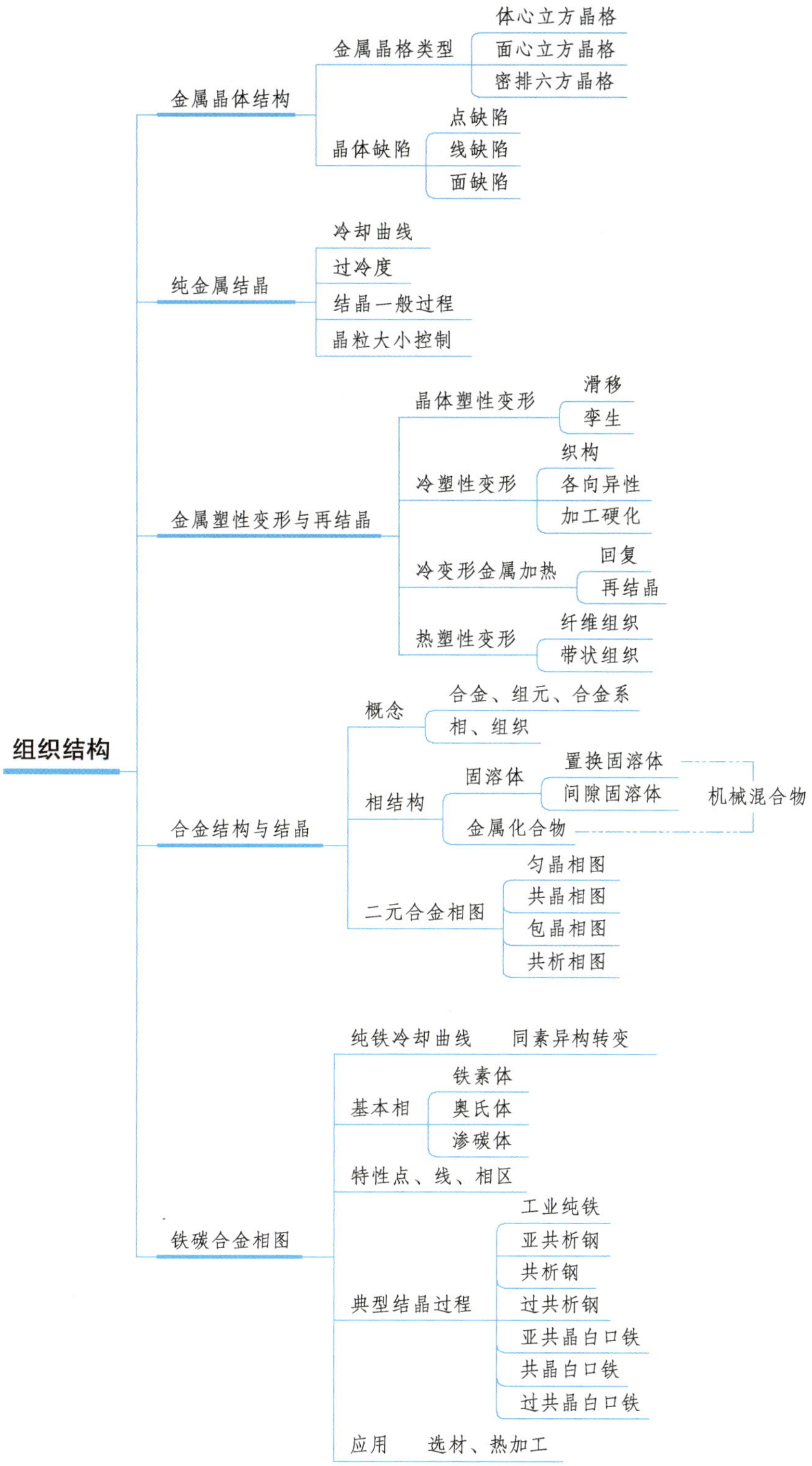
组织结构
金属晶体结构
金属晶格类型
体心立方晶格
面心立方晶格
密排六方晶格
晶体缺陷
点缺陷
线缺陷
面缺陷
纯金属结晶
冷却曲线
过冷度
结晶一般过程
晶粒大小控制
金属塑性变形与再结晶
晶体塑性变形
滑移
孪生
冷塑性变形
织构
各向异性
加工硬化
冷变形金属加热
回复
再结晶
热塑性变形
纤维组织
带状组织
合金结构与结晶
概念
合金、组元、合金系
相、组织
相结构
固溶体
置换固溶体
间隙固溶体
金属化合物
机械混合物
二元合金相图
匀晶相图
共晶相图
包晶相图
共析相图
铁碳合金相图
纯铁冷却曲线
同素异构转变
基本相
铁素体
奥氏体
渗碳体
特性点、线、相区
典型结晶过程
工业纯铁
亚共析钢
共析钢
过共析钢
亚共晶白口铁
共晶白口铁
过共晶白口铁
应用
选材、热加工

图 2-0 思维导图

引导案例 中国基建正在改变世界——我国高铁无缝钢轨的材质，你知道吗?

2022 年 7 月 22 日，英国媒体报道称，由于地表温度超过 40 °C，英国整个铁路网开始限速，部分地区的列车班次直接取消。原因是高温导致了铁轨变形和软化，严重威胁到铁路安全。同一天，我国宣布大理至保山段通车，仅剩下大理到瑞丽段尚未完成。至此，投资了 257 亿元，号称地球上最难修的中缅铁路中国段已基本竣工，预计 2023 年全部完工。软化、变形以及建设中的铁路如图 2-1 所示。

图 2-1 出现了软化、变形以及修建中的铁路

整个中缅铁路中国段，沿途海拔起伏犹如“过山车”，落差超过千米，桥隧比达 75%，施工难度远超任何平原地区作业。令人惊叹的是，这条线路大量采用了自主研发的抗拉强度为 1 280 MPa 的珠光体钢轨。

这种具有珠光体和铁素体显微组织的超高强度钢材，工作温度可达 600 °C，是目前广泛用于铁路建设的钢轨。珠光体无缝钢轨不仅能经受住高速列车的巨大压力，更能应对不同气候条件下的巨大温差考验。

任务 1 金属的晶体结构

能力知识点 1 晶体结构

自然界中的一切固态物质，根据其内部原子（或分子）的聚集状态，可分为晶体和非晶体两大类。原子在三维空间作有规律的周期性重复排列的物质称为晶体，如雪花、食盐、纯铝、纯铁。原子呈无规则堆积的为非晶体，如松香、沥青、石蜡、普通玻璃。晶体不同于非晶体，性能差异很大，但在一定条件下可以相互转化，晶体具有固定的熔点、规则的几何外形及各向异性。同一种物质不同方向上具有不同的性能，称为各向异性。

晶体结构是指晶体内部原子排列的方式及特征，它有助于从本质上揭示金属性能的差异及变化的实质，如图 2-2~图 2-4 所示。

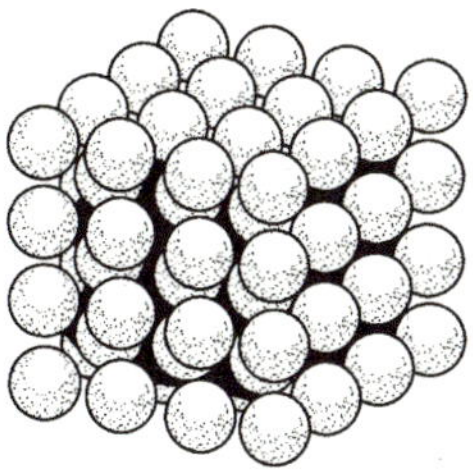

图 2-2　晶体中的原子排列

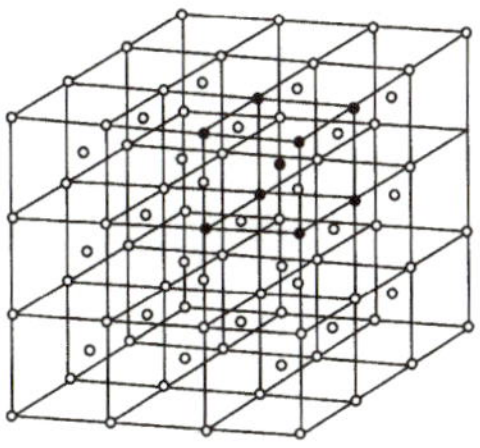

图 2-3　晶格

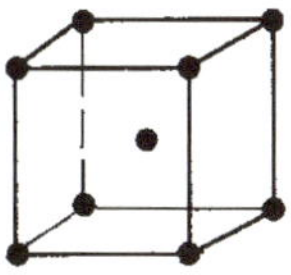

图 2-4　晶胞

1. 晶　格

为便于分析晶体中的原子（严格说是正离子）排列规律，原子可近似看成抽象的一个点，并用假想直线将各原子中心连接起来形成空间格子，这个结构叫作晶格。晶格直观地表示了晶体中原子的排列规律。晶格中直线的交点称为结点。

2. 晶　胞

晶体中原子的排列具有周期性，可从晶格中选取一个能够完全反映晶格特征的最小几何单元来研究晶体结构，这个最小的几何单元称为晶胞。

3. 晶格常数

晶胞的大小和形状可用晶胞的三条棱边的长度 a、b、c 及三条棱边的夹角 α、β、γ 来描述。晶胞的棱边长度 a、b、c 称为晶格常数，单位为 Å（埃），换算为 $1Å=1\times10^{-8}$cm。如图 2-5 所示，晶胞 $a=b=c$，$\alpha=\beta=\gamma=90°$。

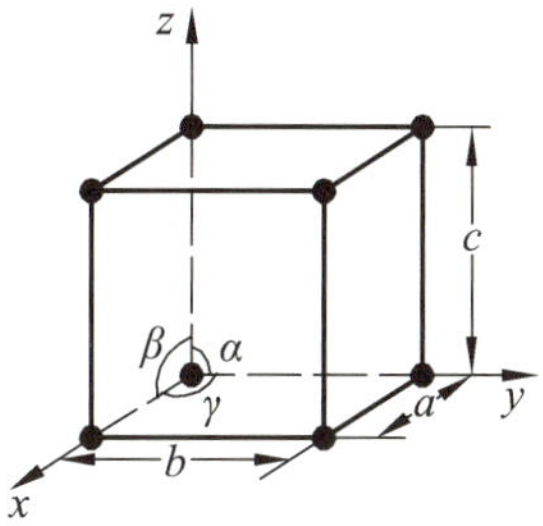

图 2-5　晶格常数表示法

能力知识点 2　金属的典型晶格

由于金属键没有方向性和饱和性，结合对象的选择性不强，所以金属原子呈现规则而紧密的排列。在已知的金属元素中，除少数具有复杂的晶体结构外，大多数金属都具有简单晶格，如体心立方晶格、面心立方晶格和密排六方晶格。

1. 体心立方晶格

体心立方晶格的晶胞为立方体，其八个顶角各排列一个原子，立方体的中心有一个原子，如图 2-6 所示。晶格常数相等，通常只用一个 *a* 表示。属于这种晶格类型的金属有 α-Fe（α- 铁）、Cr（铬）、W（钨）、Mo（钼）、V（钒）等。

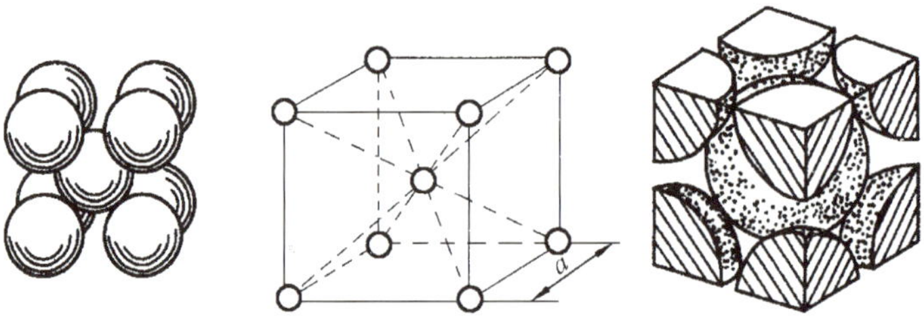

图 2-6　体心立方晶格的晶胞

2. 面心立方晶格

面心立方晶格的晶胞也是立方体，其八个顶角和六个面的中心各排列着一个原子，如图 2-7 所示，也只用一个 *a* 表示晶格常数。属于这种晶格类型的金属有 γ -Fe（γ -铁）、Al（铝）、Cu（铜）、Ni（镍）、Au（金）、Ag（银）等。

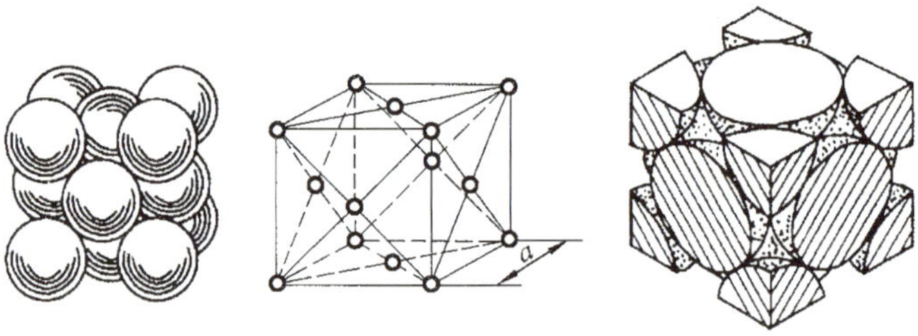

图 2-7　面心立方晶格的晶胞

3. 密排六方晶格

密排六方晶格的晶胞是六棱柱，其十二个顶点和上、下面中心各排列一个原子，六柱体的中间还有三个原子，如图 2-8 所示。正六棱柱的底面边长 *a* 和柱体的高度 *c* 表示晶格常数。属这种晶格类型的金属有 Mg（镁）、Zn（锌）、Be（铍）、α-Ti 等。

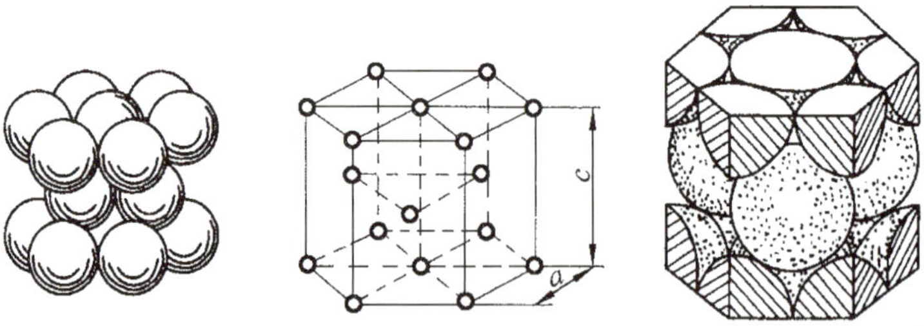

图 2-8　密排六方晶格的晶胞

能力知识点 3　实际金属的晶体结构

1. 多晶体结构

金属内部的晶格位向完全一致的晶体称为单晶体。单晶体在自然界几乎不存在，但可以用人工的方法来制成，如单晶硅、单晶冰糖。

实际金属材料都是多晶体。多晶体是指一块晶体材料中包含着许多类似多边形的小晶体，这些小晶体称为晶粒。每个晶粒内的晶格位向一致，但各晶粒之间彼此位向不同。多晶体材料中晶粒之间的界面称为晶界。由于多晶体中的晶粒位向是任意分布的，晶粒的各向异性互相抵消，因此整个多晶体呈现出无向性。

多晶体结构

2. 晶体缺陷

金属的实际晶体结构不会像理想晶体那样规则和完整，总是不可避免地存在着原子不规则排列的局部区域，这些区域称为晶体缺陷。晶体缺陷按几何形态特征分为三类：点缺陷、线缺陷和面缺陷。实际晶体缺陷对材料的物理、化学、力学性能影响很大，特别对强度、塑性和硬度起决定性作用。

晶体缺陷动画（点、线、面）

（1）点缺陷。

点缺陷是指长、宽、高尺寸都很小的一种缺陷。常见的点缺陷包括晶格空位、间隙原子和置换原子三类，如图 2-9 所示。空位指晶格中某个原子脱离了平衡位置，形成了空结点。间隙原子指个别晶格间隙上出现的多余原子。异类原子取代了结点上原来原子的位置，称为置换原子。

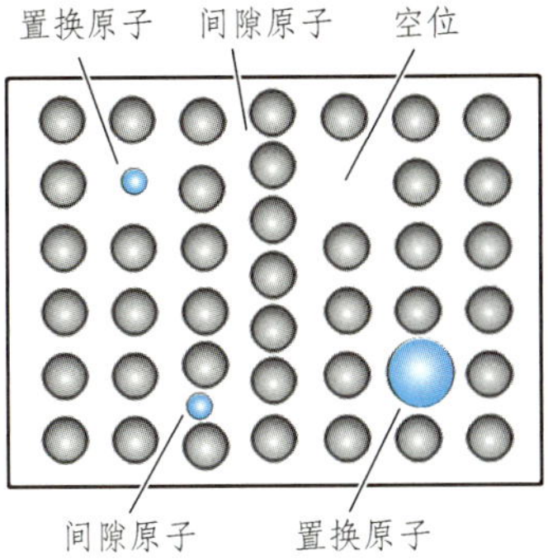

图 2-9　点缺陷

点缺陷原子周围的晶格偏离了理想晶格位置，发生靠拢或撑开，产生“晶格畸变”，提高了材料的强度和硬度。点缺陷是动态变化的，它是造成金属中物质扩散的原因，其中，晶格空位或间隙原子，是化学热处理时原子扩散的重要方式。

（2）线缺陷。

线缺陷是在晶体的某一平面上，沿着某一方向伸展呈线状分布的缺陷。常见的线缺陷是各种类型的位错。位错是指在晶体中某处有一列或若干列原子发生有规律的错排现象，这种错排现象是由晶体内部局部滑移造成的。根据局部滑移方式不同，可以分为刃型位错和螺型位错。最常见的是刃型位错。

在实际晶体中含有大量的位错线。晶体中的位错数量可以用位错密度来表示，符号 ρ，单位 cm^{-2}。位错密度对金属材料的强度有着重要影响，如图 2-10 所示。实验制造的含缺陷极少的晶体称为金属晶须，它的强度接近理论强度。当金属材料处于退火态时强度最低，而冷变形可以提高金属强度。

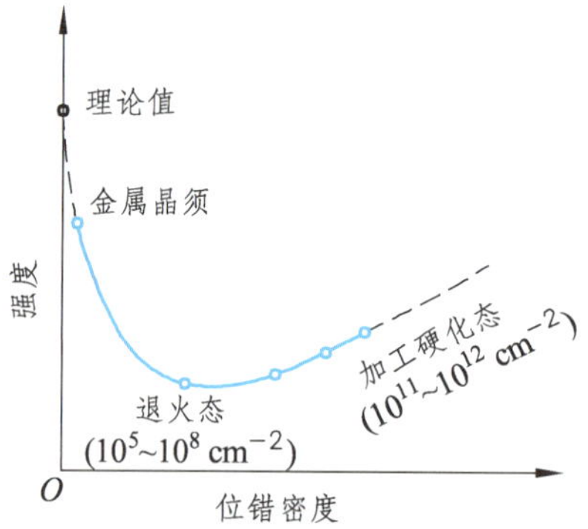

图 2-10　金属强度与位错密度的关系

知识拓展——位错及位错密度

（3）面缺陷。

常见的面缺陷主要是晶界和亚晶界。多晶体中，相邻两晶粒间的位向一般相差几度至几十度。晶界是相邻两个晶粒间不同位相的过渡区，原子排列不规则且处于不稳定状态。

如图 2-11 所示，在电子显微镜下观察晶粒可以看出，晶粒是由一些小晶块组成，这些小晶块称为亚晶粒。如图 2-12 所示，亚晶粒间由一些刃形位错构成的位相差特别小（一般是 5′~2°）的晶界，称之为亚晶界。

面缺陷同样使晶格产生畸变，提高材料的强度、塑性，细化晶粒，增加晶界总面积，是强化金属的有效手段。

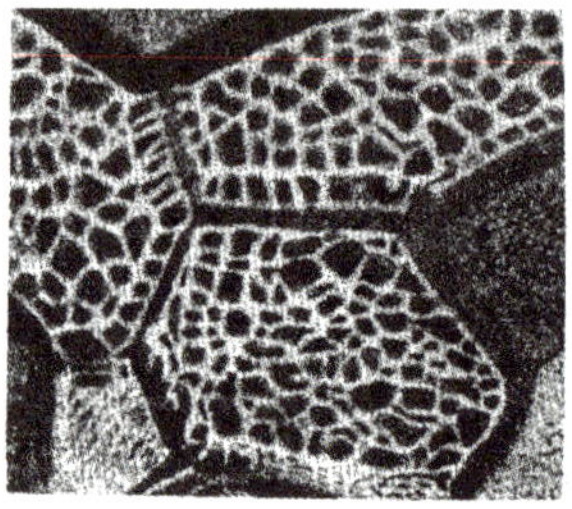

图 2-11　Au-Ni 合金的亚晶粒

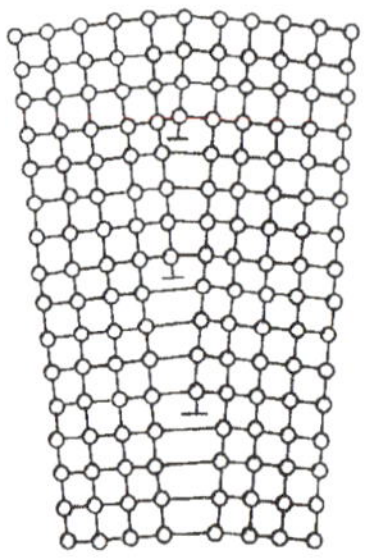

图 2-12　亚晶界的结构示意图

任务 2　纯金属的结晶

一般金属材料的生产都经过熔炼，金属材料由液态凝固为固态晶体的过程称为结晶。结晶过程是金属原子由不规则排列的液体转变为规则排列的固体。研究金属的结晶过程对改善金属的内部组织及性能具有重要意义，直接影响金属结晶获得的铸态组织，锻、轧等各种性能。

能力知识点 1　冷却曲线与过冷度

纯金属都有一个固定的熔点（或结晶）温度，所以纯金属的结晶是在一个恒定的温度下进行，这个温度可以用热分析实验的方法来测定。

液态金属在无限缓慢冷却时得到的结晶温度称为理论结晶温度，用 T_0 表示。在温度为 T_0 阶段，液体中的原子结晶为晶体的速度与晶体上的原子熔入液体中的速度相等。这时从宏观上看既不结晶也不熔化，晶体与液体处于平衡状态。因此，只有当温度低于理论结晶温度 T_0 时，才能有效地进行结晶，如图 2-13 所示。

热分析法及动画

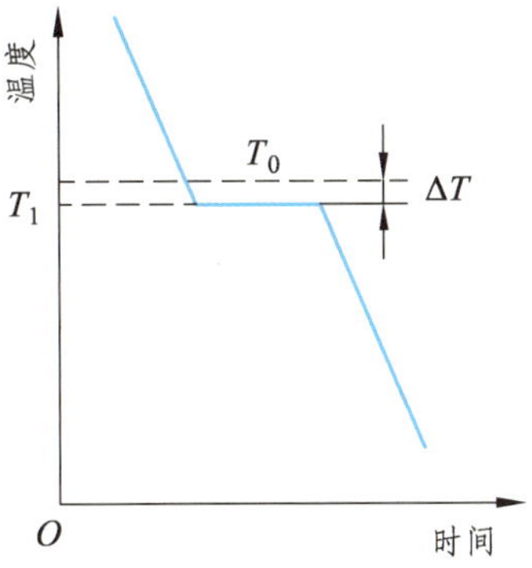

图 2-13　纯金属的冷却曲线

实际生产中金属结晶的速度都很快，金属总是在理论结晶温度以下某一温度开始进行结晶，这个温度为实际结晶温度，用 T_1 表示。实际结晶温度总是低于理论结晶温度的现象称为过冷现象。理论结晶温度与实际结晶温度之差，称为过冷度，用符号 ΔT 表示，即 $\Delta T = T_0 - T_1$。

过冷度不是一个恒定值，它与金属结晶时的冷却速度有关，冷却速度越快，过冷度越大，实际金属的结晶温度越低。实际金属总是在过冷的情况下结晶的，过冷是金属结晶的必要条件。

能力知识点 2　结晶的一般过程

纯金属的结晶过程是在冷却曲线所经历的时间内发生的，它的实质是晶核形成和晶核长大的过程。

液态金属到达结晶温度时，首先形成一些极细小的微晶体，即晶核。随着时间的推移，液体中的原子不断向晶核聚集，使晶核长大；与此同时液体中会不断有新的晶核形成并长大，直到每个晶粒长大到相互接触，液体消失为止，如图 2-14 所示。

在一定过冷条件下，仅依靠本身的原子有规则排列而形成晶核称为自发形核。液态金属中总是存在着各种固态的杂质微粒，依附于固态杂质微粒表面而形成的晶核，称为非自发形核。自发形核与非自发形核同时存在于金属液中，但非自发形核往往比自发形核更重要，实际金属结晶大多数为非自发形核。

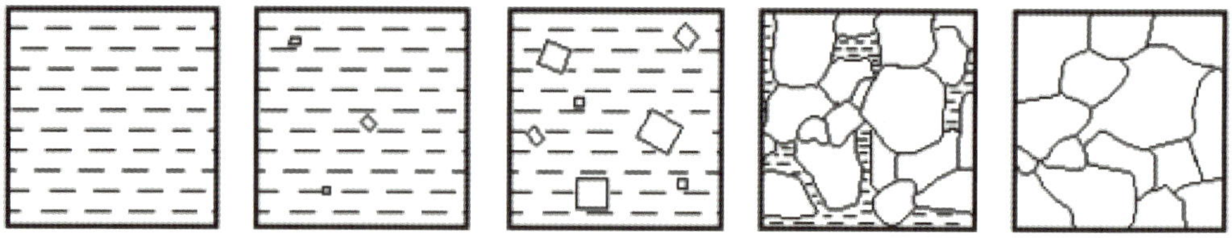

图 2-14　纯金属结晶过程

晶核形成之后立即开始长大。晶核长大可以理解为液相中的原子向晶核表面迁移、堆砌结合的过程。在晶核开始长大的初期，其外形比较规则，随着晶核的长大，晶体棱角处的散热条件优于其他部位，因而得到优先成长，如树枝一样。先长出枝干，再长出分支，直至把晶间填满，获得多晶体结构，如图 2-15 所示。这种晶体称为树枝状晶体，简称枝晶。实际在金属结晶过程中，由于金属液体补充不足，在铸锭表面或缩孔处可以看见明显的枝晶。

铸锭晶体结构

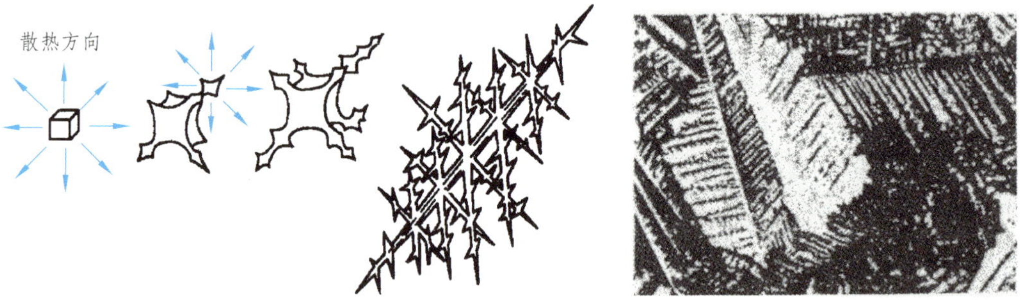

（a）晶体树枝状长大　　（b）锑锭表面的枝晶

图 2-15　晶体树枝状长大

能力知识点 3　晶粒大小及其控制

金属结晶后晶粒的大小对金属的力学性能有重要的影响。在常温下工作的金属零件，往往晶粒越细小，其强度、硬度越高，塑性、韧性越好。高温下工作的金属零件，晶粒过细，易发生蠕变、腐蚀。因此，晶粒的大小应根据使用性能而定。

晶粒的大小主要取决于形核速率 N（简称形核率）和长大速率 G（简称长大率）。形核率是指单位时间内在单位体积中产生的晶核数；长大率是指单位时间内晶核长大的线速度。如图 2-16 所示，金属形核时，随着 ΔT 的增加，N、G 均增加，但增加速度有所不同。

控制晶粒的大小最重要的是控制晶核的形核率和长大率。凡是促进形核率、抑制长大率的因素，都能细化晶粒。生产中为细化晶粒，提高金属的力学性能，常采用如下方法：

（1）增大过冷度可以细化晶粒。冷却速度越大，过冷度越大。因此，控制金属结晶时的冷却速度就可以控制过冷度，从而控制晶粒的大小。实际生产中，常通过降低浇注温度，采用蓄热大、散热快的金属铸型，局部加冷铁等方法来加快金属结晶时的冷却速度达到细化晶粒的目的。

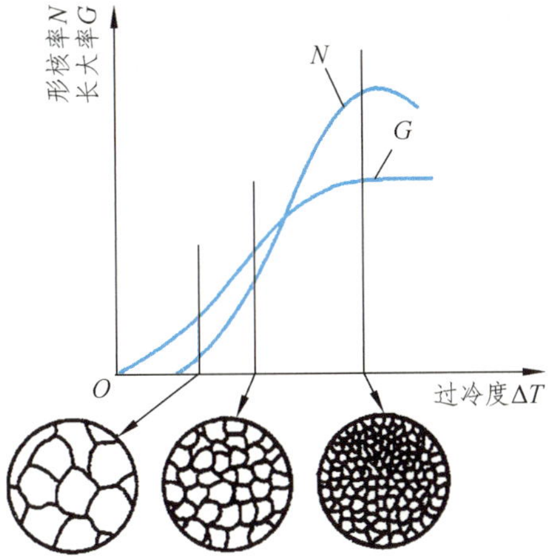

图 2-16　形核率 N、长大率 G 与过冷度 ΔT 的关系

（2）变质处理就是在浇注前，向液体中加入变质剂，促进非自发形核或抑制晶核的长大速率，从而达到细化晶粒的目的。生产中常在浇注高锰钢时加入锰铁粉；在浇注灰铸铁时加入石墨粉；向铝液中加入 TiC 、VC 等作为脱氧剂，都是使形核率增大；在 Al-Si 合金中加入钠盐，为降低 Si 的长大速度。

（3）在液态金属结晶过程中，也可以采用机械振动、超声波振动、电磁振动等措施，使正在长大的晶粒破碎，从而细化晶粒。

任务 3　金属的塑性变形与再结晶

工业生产中，经熔炼而得到的金属铸锭，大多要经过轧制、冷拔、锻造、冲压等压力加工，使金属产生塑性变形而制成型材或工件，如图 2-17 所示。

金属材料经压力加工后，不仅改变了外形尺寸，而且改变了内部组织和性能。研究金属的塑性变形，对于选择金属材料的加工工艺、提高生产率、改善产品质量及合理用材等都具有重要意义。

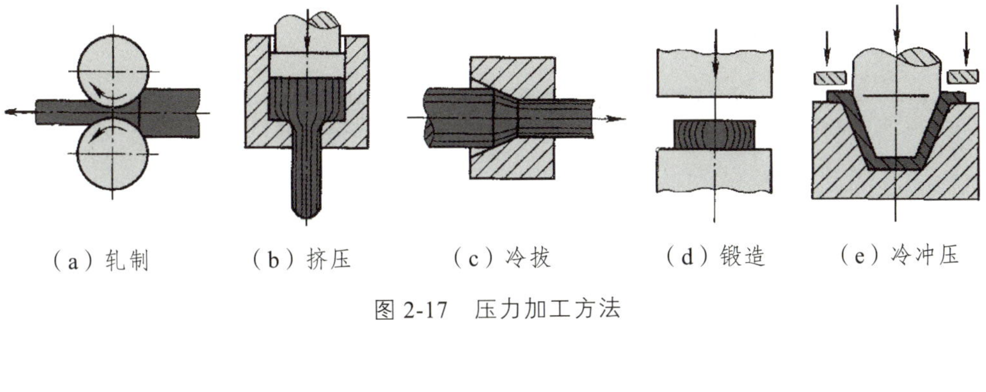
（a）轧制　（b）挤压　（c）冷拔　（d）锻造　（e）冷冲压

图 2-17　压力加工方法

能力知识点 1　金属的塑性变形

金属在外力作用下发生塑性变形，金属的组织和性能发生变化，不能完全恢复原状，较弹性变形复杂得多。

1. 单晶体的塑性变形

（1）滑移变形。

单晶体的塑性变形主要是以滑移方式进行。滑移是指晶体的一部分沿一定晶面和晶向相对于另一部分发生滑动。要使某一晶面滑动，作用在该晶面上的力必须是相互平行、方向相反的切应力，且切应力必须达到一定值，滑移才能进行。当原子滑移到新的平衡位置时，晶体就产生了微量的塑性变形。许多晶面滑移的总和形成了宏观的塑性变形。

单晶体的塑性变形动画

（2）孪生变形。

孪生变形是晶体特定晶面（孪晶面）的原子沿一定方向（孪生方向）协同位移（称为切变）的结果。孪生变形对镁合金和钛合金这种没有足够的滑移系的金属塑性变形有重要的作用，但这类变形量较小，所以镁合金、钛合金这类材料室温塑性比较差。然而在高温变形时，孪晶界往往有比较高的能量，促进了动态再结晶晶粒在孪晶周围和内部的形核，进而促进了材料的高温变形和组织细化。

2. 多晶体的塑性变形

常用金属材料都是多晶体。多晶体中各相邻晶粒的位向不同，并且各晶粒之间由晶界相连接，因此，多晶体的塑性变形主要具有下列一些特点：

（1）应力分布不均。由于多晶体中各个晶粒的位向不同，在外力的作用下，晶粒要进行滑移时，必然受到周围位向不同的其他晶粒的约束，使滑移的阻力增加，同时因受到周围位向不同晶粒与晶界的影响，多晶体的塑性变形呈逐步扩展和不均匀的形式，其结果之一就是产生内应力。

（2）变形抗力提高。晶界对塑性变形有较大的阻碍作用，晶界越多，晶体的塑性变形抗力越大。一个只包含四个晶粒的试样经受拉伸时的变形情况如图 2-18 所示。从图中可见，试样在晶界附近不易发生变形，出现了所谓的“竹节”现象。这是因为晶界处原子排列比较紊乱，阻碍位错的移动，因而阻碍了滑移。

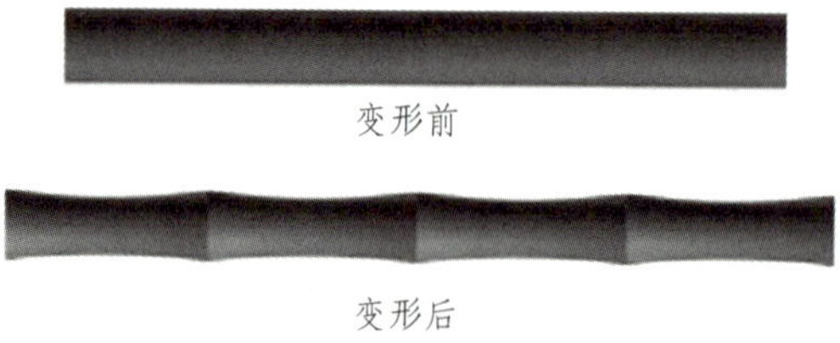

图 2-18　只包含四个晶粒的试样在拉伸时的变形

（3）变形方式多样化。在一定体积的晶体内，晶粒越细、晶粒数目越多，晶界就越多。晶粒越细，在同样变形条件下，变形量可分散在更多的晶粒内进行，使各晶粒的变形比较均匀；同时晶粒越细，晶界越曲折，越有利于阻止裂纹的传播，从而在其断裂前能承受较大的塑性变形，吸收较多的功，表现出较好的塑性和韧性。由于细晶粒金属具有较好的强度、塑性和韧性，因此生产中总是尽可能地细化晶粒。

能力知识点 2　金属的冷塑性变形

冷塑性变形是金属在再结晶温度以下的塑性变形。冷塑性变形不仅改变了金属材料的形状与尺寸，还会影响金属组织结构与金属性能的变化。

1. 晶粒被拉长、形成织构

金属在发生塑性变形时，随着外形的变化，其内部晶粒形状由原来的等轴晶粒逐渐变为沿变形方向伸长的晶粒。当变形程度很大时，晶粒被显著地拉成纤维状，这种组织称为冷加工纤维组织，如图 2-19 所示。随着变形程度的加剧，原来位向不同的各个晶粒会逐渐取得趋于一致的位向，晶粒的形状沿变形方向压扁或拉长，使金属材料的性能呈现出明显的各向异性，这种使晶粒具有择优取向的组织称为形变变形织构。多数情况下，织构对金属材料有害，可造成冲压厚度不均等情况，特殊情况下可加以利用，如提高变压器铁心所用的硅钢片的磁性。

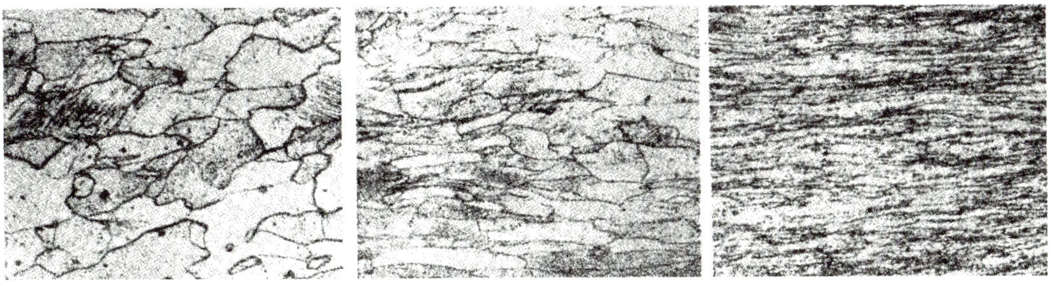

（a）变形程度 20%　（b）变形程度 50%　（c）变形程度 70%

图 2-19　工业纯铁经不同程度冷轧后的显微组织（放大 150 倍）

2. 产生加工硬化、残余应力

金属经冷塑性变形后，会使其强度、硬度提高，而塑性、韧性下降，这种现象称为加工硬化。此外，在金属内部还产生残余应力。一般情况下，残余应力不仅降低了金属的承载能力，而且还会使工件的形状与尺寸继续发生变化。

加工硬化是强化金属的重要手段，尤其对不能用热处理强化的金属材料如不锈钢钢板、铝板，显得更为重要，如图 2-20 所示。

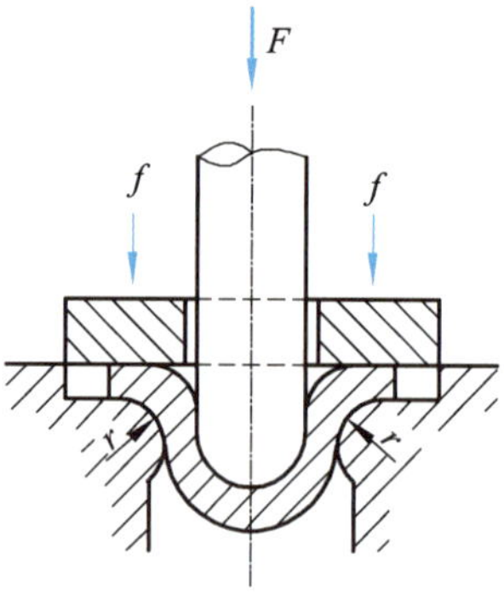

图 2-20　冲压及加工硬化

加工硬化解释

能力知识点 3　冷变形金属加热时的变化

金属经冷塑性变形后，其组织结构发生变化、内应力较大，金属组织处于不稳定状态，具有自发地恢复到稳定状态的趋势。但处于室温的组织结构，由于原子活动能力不足，恢复过程不易进行，但在加热状态下则容易很多。随着加热温度的升高，这种变化过程可分为回复、再结晶及晶粒长大三个阶段，如图 2-21 所示。

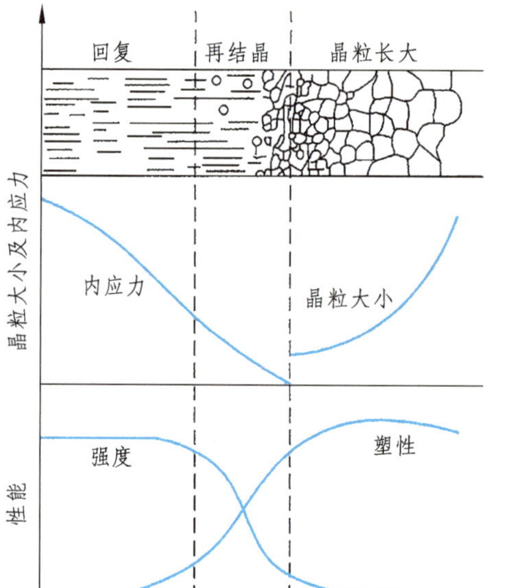

图 2-21　加热对冷塑性变形金属的影响

1. 回　复

当加热温度较低时，冷变形金属中的内应力明显降低，金属的强度、硬度略有下降，塑性、韧性稍有上升，金属纤维状的晶粒外形无明显变化，这种变化过程，称为回复。在工业生产中，为保持金属经冷塑性变形后的高强度，往往采取回复处理，以降低内应力，适当提高塑性。例如，冷拔钢丝弹簧加热到 250~300 °C，青铜丝弹簧加热到 120~150 °C，进行回复处理，使弹簧的弹性增强，同时消除加工时带来的内应力。

2. 再结晶

当冷塑性变形金属加热到较高温度时，由于原子活动能力增加，原子可以离开原来的位置重新排列，畸变晶粒通过形核及晶核长大而形成新的无畸变的等轴晶粒，此过程称为再结晶。再结晶过程首先是在晶粒碎化最严重的地方产生新晶粒的核心，然后晶核吞并旧晶粒而长大，直到旧晶粒完全被新晶粒代替为止。此过程消除了冷加工纤维组织、加工硬化和残余应力，使金属又重新恢复到冷塑性变形前的状态。

在实际生产中，经冷塑性变形后的金属加热到再结晶温度以上，保持适当时间，使形变晶粒重新结晶为均匀的等轴晶粒，以消除加工硬化和残余应力的退火，称为再结晶退火。为了保证质量和兼顾生产率，再结晶退火的温度一般比该金属的再结晶温度高 100~200 °C。金属的再结晶过程是在一定温度范围内进行的。通常把变形程度在 70%以上的冷变形金属经 1 h 加热能完全再结晶的最低温度，定为再结晶温度。实验证明，金属的熔点越高，在其他条件相同时，其再结晶温度也越高。金属的再结晶温度大致是其熔点的 0.4 倍。

3. 晶粒长大

冷变形金属再结晶后，一般都得到细小均匀的等轴晶粒。但继续升高加热温度或延长保温时间，再结晶后的晶粒又会逐渐长大，使晶粒粗化、力学性能变坏，应当注意避免。

能力知识点 4　金属的热塑性变形

金属的冷塑性变形加工和热塑性变形加工是以再结晶温度来划分的。凡在金属再结晶温度以上进行的加工称为热加工，在再结晶温度以下进行的加工称为冷加工。如铁的再结晶温度为 400 °C，对铁来说，在低于 400 °C 的温度下加工属于冷加工；锡的最低再结晶温度约为 −7 °C，在室温下进行的加工已属于热加工。

热加工时，由于金属原子的结合力减小，而且在加工硬化过程随时被再结晶过程所消除，从而使金属的强度、硬度降低，塑性增强，因此其塑性变形要比冷加工时容易得多。热变形不能使金属硬化，但它能使金属的组织和性能发生显著的改变。

1. 使金属组织致密

热加工可使钢锭中的气孔大部分焊合，铸态的疏松被消除，提高金属的致密度，使金属的力学性能得到提高。

2. 细化晶粒

铸态组织中由柱状晶和粗大的等轴晶组成，这种铸态组织力学性能差。经过锻造和轧制等热变形加工后，晶粒拉长或破碎，这时由于再结晶作用，拉长的晶粒变成细小的等轴晶粒，力学性能显著提高。

3. 形成纤维组织

在热加工过程中，铸态组织中的夹杂物在高温下具有一定的塑性，沿着变形方向伸长而形成纤维组织（锻造流线）。由于纤维组织的出现，金属材料的性能在不同的方向上有明显的差异。通常沿流线的方向，其抗拉强度及韧性高，而抗剪强度较低。在垂直于流线方向上，抗剪强度高，而抗拉强度较低。如图 2-22 所示为锻造曲轴和切削加工曲轴的流线分布，锻造曲轴流线分布合理，力学性能较好。

4. 形成带状组织

如果钢在铸态组织中存在比较严重的偏析，或热加工终锻（终轧）温度过低时，钢内会出现与热形变加工方向大致平行的条带所组成的偏析组织，这种组织称为带状组织。如图 2-23 所示为高速钢中带状碳化物组织。带状组织的存在是一种缺陷，会引起金属力学性能的各向异性，一般可用热处理方法加以消除。

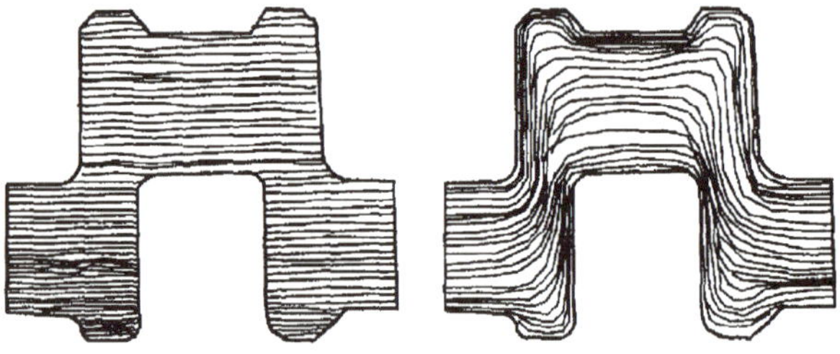

铸造的曲轴　　切削加工的曲轴

图 2-22　曲轴流线分布

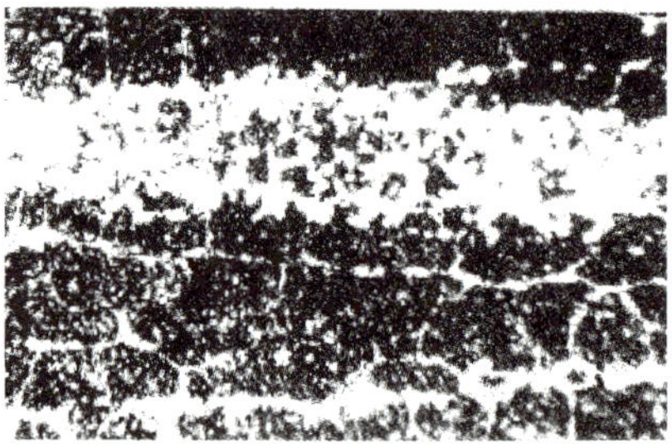

图 2-23　高速钢中带状碳化物组织

任务 4　合金的晶体结构

能力知识点 1　合金的概念与相结构

1. 合金的概念

合金是指由两种或两种以上金属元素或金属与非金属元素组成的具有金属特性的物质。合金不仅具有较高的强度、硬度和某些优异的性能，而且价格比纯金属低廉，得到了广泛的应用。

组成合金最基本的、独立的物质叫作组元，简称为元。一般来说，组元既可以是组成合金的元素，也可以看成是稳定的化合物。根据合金中组元数目的多少，合金可以分为二元合金、三元合金、多元合金。

金属中化学成分相同、原子结构相同、物理性质相同的组分，称为相。包括固溶体、化合物和纯物质（石墨）。合金中相和相之间有明显的界面分开。

如图 2-24 所示，分别反映的是一种 Fe-Cu 合金结晶后原子形成两种不同的固体：一种是富铁原子，另一种是富铜原子，分别用希腊字母 α、β 表示，并称之为 α 相、β 相。这种 Fe-Cu 合金的金属原子在液体下形成了均匀的溶液，称为液相，用字母 L 表示。

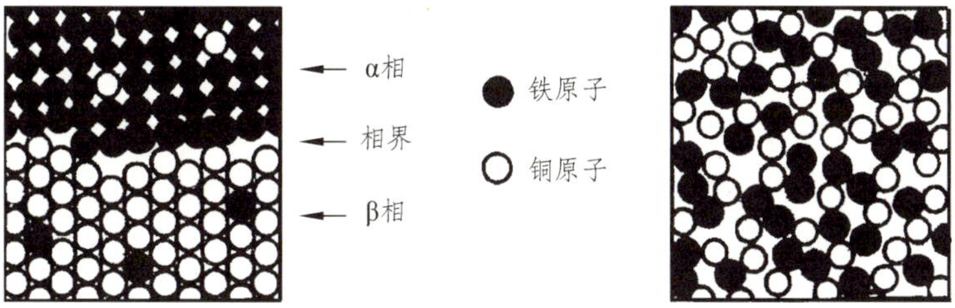

（a）两种固相　　（b）一种液相

图 2-24　相概念

组织是指用金相观察方法看到的由形态、尺寸和分布方式不同的一种或多种相构成的总体，以及各种材料的缺陷和损伤。合金在固态下可以形成均匀的单相组织，也可以形成由两相或两相以上形成的多相组织。金属或合金需经过处理后，借助金相显微镜或电子显微镜所观察到的组织，称为显微组织。

注意：合金的性质取决于组织，而组织的性质又取决于构成组织的相的性质。

2. 合金的相结构

（1）固溶体。

合金的组元在液态和固态下都相互溶解，共同形成均匀的固相，这类相称为固溶体。固溶体是单相，是合金的一种基本相结构。在金属中溶进其他物质，如碳完全溶解在铁中的状态被称为固溶，形成均质的固体称为固溶体。

合金中保持固溶体原有晶格类型的组元称为溶剂，失去原有晶格类型的组元称为溶质。根据溶质原子在溶剂中所占的位置不同，将固溶体分为置换固溶体和间隙固溶体。按溶质溶解度不同分为无限固溶体和有限固溶体。

固溶体

固溶体虽然保持着溶剂的晶格类型，但由于溶质原子的溶入，局部破坏了溶剂原子附近原子排列的规律性，产生晶格畸变，反映在性能上，将使金属的强度和硬度升高，同时塑性和韧性下降。这种通过溶入溶质元素，使固溶体强度、硬度提高的现象称为固溶强化。对于非铁金属材料来说，固溶强化是行之有效的重要强化手段。

（2）金属化合物。

当合金中的溶质含量超过溶剂的溶解度时，将出现一种新相，称为金属化合物。这种新相的性能和晶体结构不同于任一组成元素，是组元元素间相互作用而生成的一种新物质，它具有一定的金属性质，一般可用化学式表示，如 Fe_3C。

金属化合物一般晶体结构复杂，熔点高，硬而脆。当合金中出现适当的金属化合物时，通常能提高合金的强度、硬度和耐磨性，但塑性和韧性会降低。金属化合物是各类合金钢、硬质合金和许多有色金属合金的重要组成相。当金属化合物呈细小的颗粒状且均匀分布在固溶体基体相上时，合金的强度、硬度和耐磨性明显提高，这一现象称为弥散强化。

（3）机械混合物。

纯金属、固溶体和金属化合物都是组成合金组织的基本相。合金组织在室温或高温下可以由一种相或几种相组成，不同的相还可以构成不同的组织。在两相或多相合金组织中，数量较多的一相称为基体相，一般为固溶体。金属化合物相分布在固溶体基体相上形成的组织称为机械混合物。工业生产中大多数合金是由机械混合物组成。机械混合物的性能与各组成相的性能以及数量、形状、大小和分布状况等有关。

能力知识点 2　二元合金相图

合金相图是分析合金组织及其变化规律的一种简明示意图，也称为平衡图或状态图。平衡是指合金系的状态稳定，不随时间而改变。合金在极其缓慢冷却条件下的结晶过程，一般可认为是平衡结晶过程。

二元合金相图的建立过程

1. 匀晶相图

两组元在液态和固态下均可以任意比例相互溶解，在固态时形成无限固溶体的相图，称为匀晶相图。具有这类相图的二元合金系主要有 Cu-Ni 、 Au-Ag 、 Fe-Cr 、 Fe-Ni 、 W-Mo 等。在这类合金中，都是从液相中结晶出单相的固溶体，这种结晶过程称为匀晶转变。

以图 2-25 中工业用 Cu-Ni 匀晶相图为例进行分析。

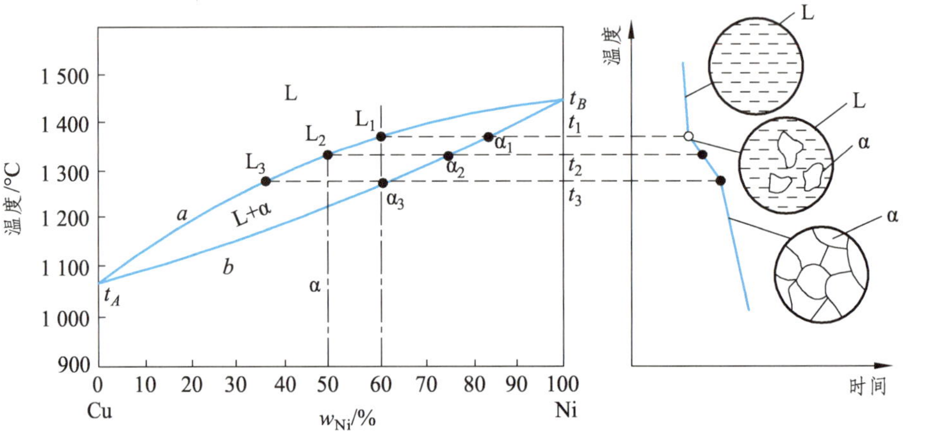

（a）Cu-Ni 合金相图　　（b）$w_{Ni}=60\%$ 合金的冷却曲线

图 2-25　Cu-Ni 合金相图及冷却曲线

（1）特性点。A 为纯铜的熔点（1 083 °C）；B 为纯镍的熔点（1 452 °C）。

（2）特性线。液相线指不同成分 Cu-Ni 合金由液相开始转变为固相的温度连线，为图中的上凸曲线。固相线指不同成分的 Cu-Ni 合金由液相全部转变为固相的终了温度连线，为图中的下凹曲线。

（3）相区。特性线把相图分成三个相区。液相区指液相线以上为液相区，用 L 表示；固相区指固相线以下为单相的固相区，是由 Cu、Ni 形成的无限固溶体，用 α 表示；两相区指在液相线和固相线之间是固相和液相共存的两相区，以 L+α 表示。

2. 共晶相图

两组元在液态无限互溶，在固态有限互溶并发生共晶转变的相图，称为共晶相图。共晶转变是指在一定温度下，由一定成分的液相同时结晶出两种固相的过程。所生成的两相混合物称为共晶体。具有这类相图的二元合金系主要有 Pb-Sn 、Pb-Sb 、Ag-Cu 、Al-Si 等。

下面如图 2-26 所示以 Pb-Sn 二元共晶相图为例分析其结晶过程，合金的性能因组织的差别而产生显著的不同。

（1）特性点。*A* 为纯铅的熔点；*B* 为纯锡的熔点；*C* 为共晶点；*E* 为 α 相的最大溶解度点；*F* 为 β 相的最大溶解度点；*D* 为 α 相在对应温度下的溶解度；*G* 为 β 相在对应温度下的溶解度。

（2）特性线。液相线为 *ACB* 线；固相线为 *AECFB* 线；共晶转变线（共晶线）为水平线 *ECF*，即 L+α+β 的三相共存线；溶解度线（固溶线）包括 *ED*、*FG*，*ED* 为 Sn 在 Pb 中的溶解度线，即 α 相的固溶线；*FG* 为 Pb 在 Sn 中的溶解度线，即 β 相的固溶线。

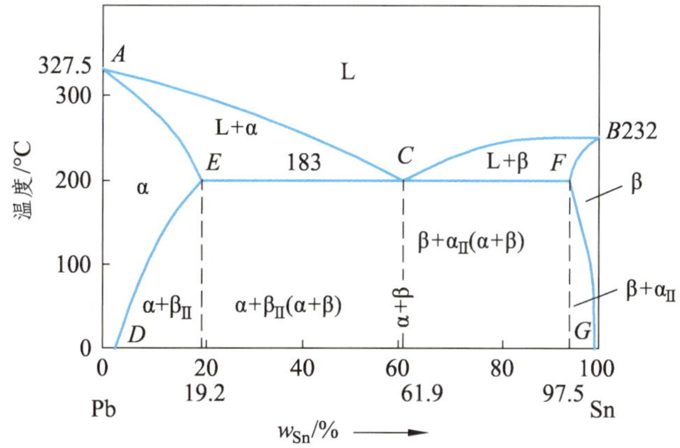

（a）Pb-Sn 合金相图

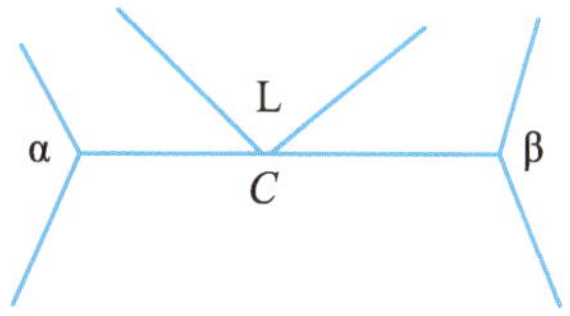

（b）共晶转变特征

图 2-26 Pb-Sn 合金共晶相图

（3）相区。单相区有 3 个，即 L、α、β。合金系有三种相：Pb 与 Sn 形成的液相 L，Sn 溶于 Pb 中的有限固溶体 α 相，Pb 溶于 Sn 中的有限固溶体 β 相。两相区有 3 个，即 L+α 、L+β、α+β 。

（4）共晶转变。合金冷却到共晶温度（共晶线对应的恒温）时，共同结晶出 *E* 点成分的 α 相和 *F* 点成分的 β 相，即发生共晶转变。

$$L_C \xleftrightarrow{183℃} \alpha_E + \beta_F$$

成分在 *EF* 之间的合金平衡结晶时都会发生共晶转变。发生共晶转变时三相共存，它们各自的成分确定，在恒温下平衡地进行。

（5）二次结晶。随温度降低，固溶体的溶解度下降，Sn 含量大于 *D* 点的合金从高温冷却到室温时，从 α 相中析出 β 相以降低其 Sn 含量。从固态 α 相中析出的 β 相称为二次 β，常写作 β_{II}，称为二次结晶，可表达为 $\alpha \rightarrow \beta_{II}$。Sn 含量小于 *G* 点的合金在冷却过程中同样发生二次结晶，析出二次 α，即 $\beta \rightarrow \alpha_{II}$。

3. 包晶相图

两组元在液态完全互溶，在固态形成有限固溶体，并发生包晶转变的相图，称为包晶相图。具有包晶转变的合金系有 Sn-Sb、Pt-Ag、Cu-Sn、Cu-Zn 等。如图 2-27 所示，以 Pt-Ag 相图为例简要分析包晶相图。

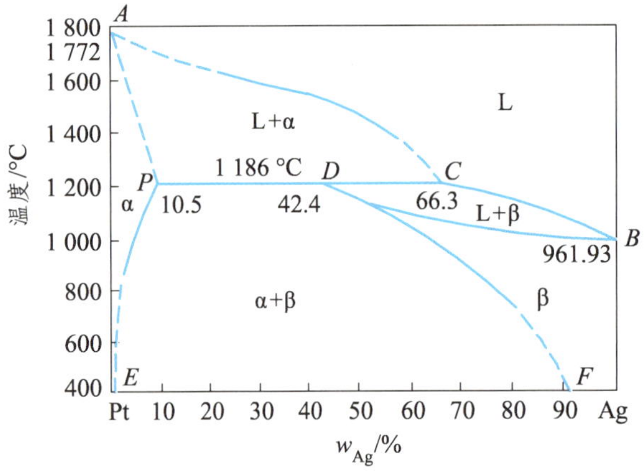

（a）包晶相图

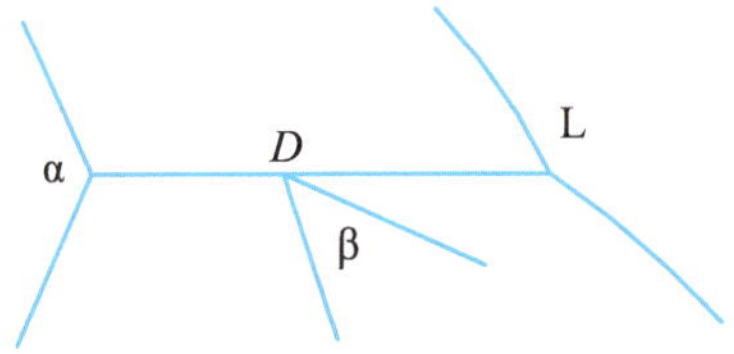

（b）包晶转变特征

图 2-27　Pt-Ag 包晶相图

恒温下由一种液相与一种固相相互作用转变为另一种新固相的过程叫作包晶转变。包晶转变发生在 *PDC* 水平线上，包晶转变的反应式表示为

$$L_C + \alpha_P \xrightarrow{\text{恒温}} \beta_D$$

D 点是包晶点，*PDC* 水平线是包晶转变线。Pt 与 Ag 形成的液相 L，Ag 溶于 Pt 中的有限固溶体 α 相，Pt 溶于 Ag 中的有限固溶体 β 相。

4. 共析相图

具有共析转变的二元合金相图称为共析相图，如图 2-28 所示即为共析相图。

共析转变是指在一定温度下，由一定成分的固相同时析出两个成分和结构完全不同的新固相的过程。而与共晶转变相比，共析转变的母相是固相，原子的扩散比共晶转变更困难，因此，共析转变需要更大的过冷度。这样形成的共析体比共晶体更为细密、弥散程度也更高。

由一种固相转变成两种完全不同的相互关联的固相混合物称为共析体。

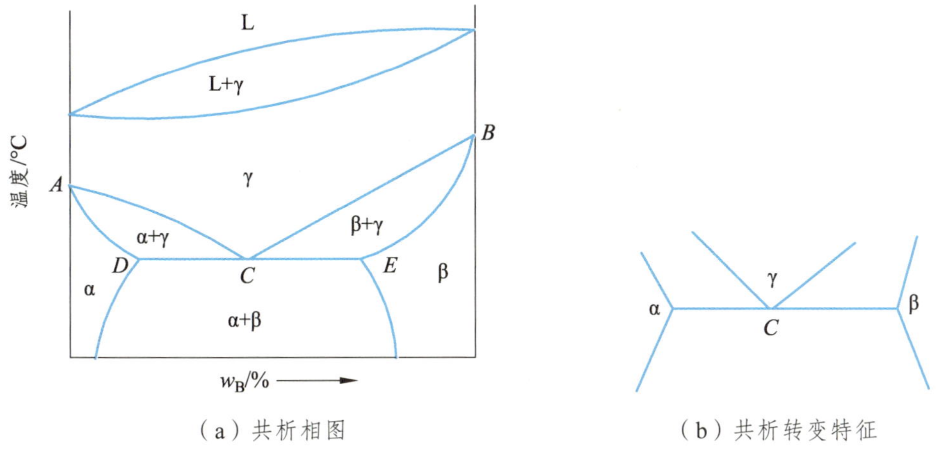

图 2-28　共析相图及其特征

C 点成分的合金从液相经过匀晶转变生成单一的固溶体 γ 相后，继续冷却到 *C* 点温度（共析温度）并恒温，发生共析转变，由 γ 相中同时析出两个成分与结构均与原固相不同的 *D* 点的 α 相和 *E* 点的 β 相，即

$$\gamma_C \xleftrightarrow{\text{恒温}} \alpha_D + \beta_E$$

与共晶相图类似，发生共析转变的温度为共析温度，*C* 点为共析点，*DCE* 线称为共析线。

任务 5　铁碳合金相图

能力知识点 1 铁碳合金的组织

纯铁在固态下随温度或压力的改变，发生晶体结构的变化，即由一种晶格转变为另一种晶格，这种变化称为同素异构转变，由同素异构转变所得的晶体，称为同素异构体。金属的同素异构转变实质上是固态下的结晶过程，所以又称为重结晶。常见的这类金属有 Fe 、Co 、Ti 、Mn 、Sn 等。

常压下纯铁的同素异构转变可表示为

$$\delta\text{-Fe} \xleftrightarrow{1\,394\ ^\circ\text{C}} \gamma\text{-Fe} \xleftrightarrow{912\ ^\circ\text{C}} \alpha\text{-Fe}$$

从图 2-29 中可见，液态纯铁在 1 538 °C 时结晶出 δ-Fe ，具有体心立方晶格。冷却到 1 394 °C 时晶格转变为面心立方晶格，称为 γ- Fe。冷却到 912 °C 时晶格转变为体心立方晶格，称为 α-Fe 。到 770 °C 时发生磁性转变，这一温度称为居里点。磁性转变时不发生晶格转变。

纯铁中加入少量的碳形成铁碳合金，强度和硬度得到明显的提高。铁和碳相互作用形成固溶体和金属化合物，同时固溶体和金属化合物又组成具有不同性能的多相组织。

1. 铁碳合金的组元

（1）纯铁。

纯铁 Fe 的强度、硬度低，塑性好，其性能指标：$R_m = 180 \sim 280$ MPa，$R_{r0.2} = 100 \sim 170$ MPa，$A_{11.3} = 40\% \sim 50\%$，$Z = 70\% \sim 80\%$，硬度为 50～80 HBW，$a_K = 160 \sim 200$ J/cm^2。

（2）渗碳体。

渗碳体 Fe_3C 是铁和碳相互作用形成的一种具有复杂晶格的金属化合物。渗碳体中 $w_C = 6.69\%$，$R_m = 30$ MPa，熔点为 1 127 °C，硬度很高，为 950～1 050 HV。渗碳体极脆，塑性、韧性几乎为零。

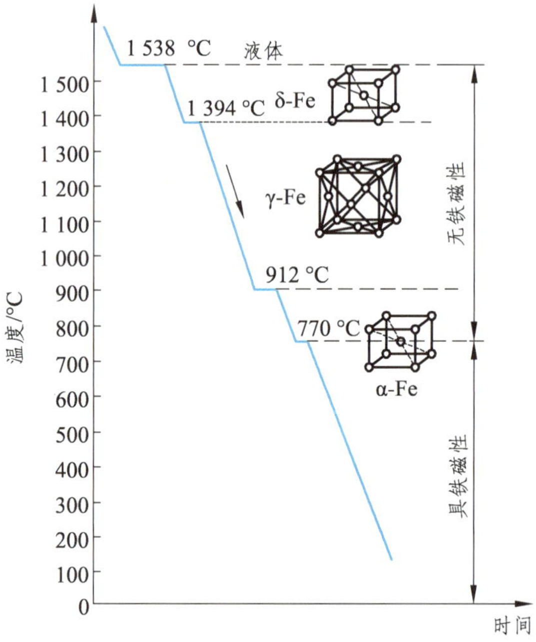

图 2-29　纯铁的冷却曲线

渗碳体在铁碳合金中常以片状、球状、网状等形式与其他相共存，是钢中的主要强化相，其数量、形态、大小和分布对钢的性能有很大的影响。但是渗碳体是一种亚稳定相，在一定条件下会发生分解，形成石墨状的自由碳。

2. 铁碳合金的组织

铁和碳相互作用可以形成固溶体和金属化合物，$Fe\text{-}Fe_3C$ 相图中的固溶体都是间隙固溶体。略去液相 L 和高温下的 δ 相，铁碳合金的基本相有铁素体、奥氏体和渗碳体。组成铁碳合金的单相组织有三个：铁素体、奥氏体和渗碳体；复相组织有两个：珠光体和莱氏体。

铁碳合金平衡组织的相

（1）铁素体。

碳溶于 α-Fe 中形成的间隙固溶体称为铁素体，用符号 F 表示。铁素体具有体心立方晶格，晶格的间隙很小，溶碳能力很低，在 600 °C 时溶碳量为 $w_C =$

0.006%，随着温度升高，碳的质量分数逐渐增加，在 727 °C 时溶碳量最大为 $w_C = 0.0218\%$。

铁素体强度和硬度较低，塑性和韧性很好，$R_m = 180 \sim 280$ MPa，$R_{r0.2} = 100 \sim 170$ MPa，$A_{11.3} = 30\% \sim 50\%$，$Z = 70\% \sim 80\%$，硬度为 50 ~ 80 HBW，$a_K = 160 \sim 200$ J/cm^2。铁素体在 770 °C 以下具有磁性，在 770 °C 以上失去磁性。铁素体的显微组织呈明亮的多边形晶粒，其晶界曲折，如图 2-30 所示。

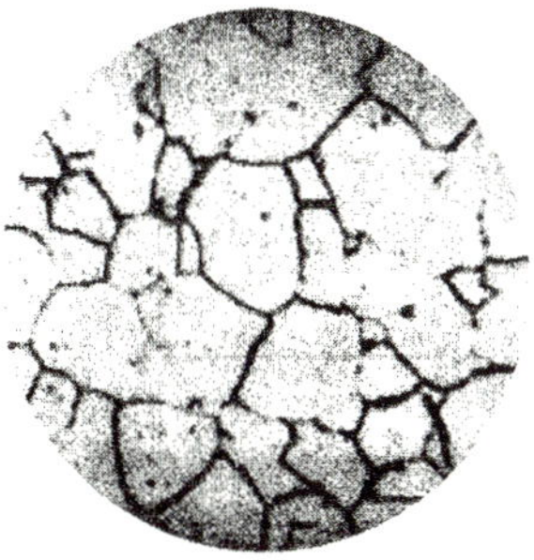

图 2-30　铁素体的显微组织

（2）奥氏体。

碳溶于γ- Fe 中形成的间隙固溶体称为奥氏体，用符号 A 表示。奥氏体具有面心立方晶格，晶格的间隙较大，因此溶碳能力也较大，在 727 °C 时溶碳量为 $w_C = 0.77\%$，随着温度的升高，碳的质量分数逐渐增大，在 1 148 °C 时溶碳量最大，为 $w_C = 2.11\%$。

奥氏体常存在于 727 °C 以上，是铁碳合金中的高温相，强度和硬度不高，塑性、韧性很好，$R_m = 400$ MPa，$A_{11.3} = 40\% \sim 50\%$，一般硬度为 170 ~ 220 HBW，易于锻压成形。奥氏体还具有顺磁性，可用于不受磁场影响的零部件。奥氏体的显微组织呈不规则的多边形，但其晶界较铁素体平直，如图 2-31 所示。

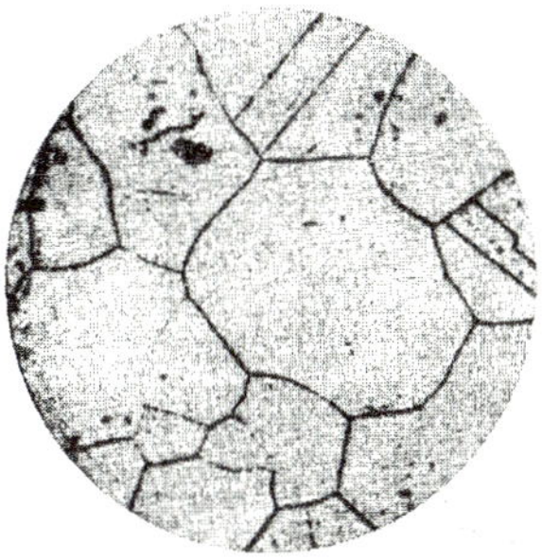

图 2-31　奥氏体的显微组织

（3）渗碳体。

渗碳体 Fe_3C 相关内容同铁碳合金的组元中所述。

（4）珠光体。

珠光体是由铁素体和渗碳体组成的共析混合物，$w_C = 0.77\%$，以 P 表示。利用高倍显微镜观察时、能清楚看到铁素体和渗碳体间隔分布、交错排列的片状组织。$R_m = 770$ MPa，$A_{11.3} = 20\% \sim 35\%$，$Z = 40\% \sim 60\%$，硬度为 180 HBW。珠光体力学性能介于铁素体与渗碳体之间，即强度较高，硬度适中，有一定塑性。

（5）莱氏体。

莱氏体分为高温莱氏体和低温莱氏体两种。奥氏体和渗碳体组成的共晶混合物称为高温莱氏体，用符号 Ld 或（ $A+Fe_3C$ ）表示。由于其中的奥氏体属于高温组织，因此高温莱氏体仅存在于 727 °C 以上。高温莱氏体冷却到 727 °C 以下时，将转变为珠光体和渗碳体组成的机械混合物（ $P+Fe_3C$ ），称为低温莱氏体，用 Ld′ 表示。莱氏体碳的质量分数为 $w_C=4.3\%$ ，由于它含有的渗碳体较多，故性能与渗碳体相近，硬度高、塑性差。

能力知识点 2　$Fe\text{-}Fe_3C$ 相图分析

铁碳合金相图是研究碳素钢和铸铁成分、温度、组织、性能与状态之间关系的理论基础，也是制定各种热加工工艺的依据。

含碳量大于 5%时铁碳合金很脆，没有实用价值，因此一般所说的 Fe-C 合金相图，实际上是指 $Fe\text{-}Fe_3C$ 相图，含碳量范围为 0%~6.69%。

为了便于研究，将 $Fe\text{-}Fe_3C$ 相图上对组织和性能影响很小且实用意义不大的左上角包晶转变部分省略，简化后的 $Fe\text{-}Fe_3C$ 相图如图 2-32 所示。

知识拓展——未简化的铁碳合金相图

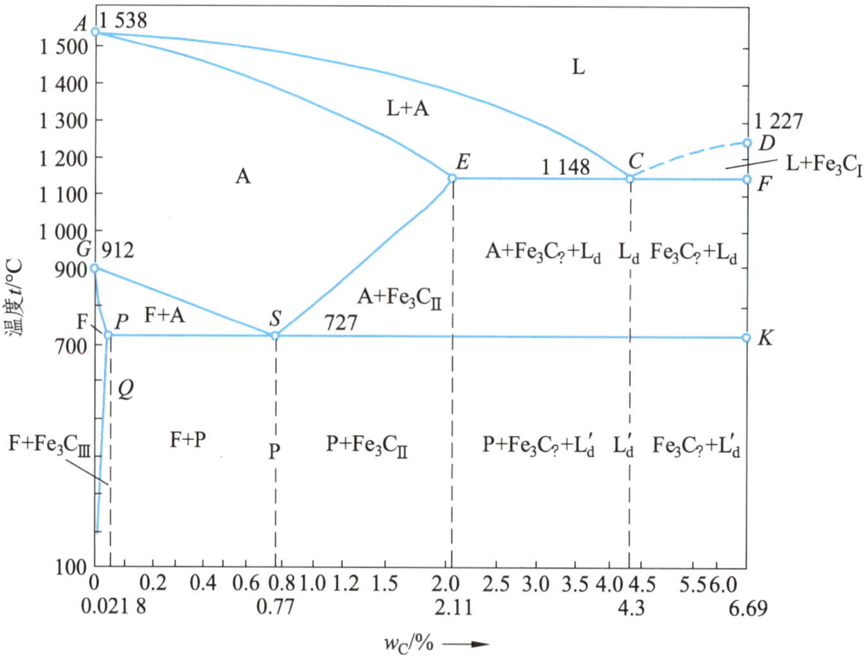

图 2-32　简化的 $Fe\text{-}Fe_3C$ 相图

$Fe\text{-}Fe_3C$ 相图中，纵坐标表示温度，横坐标表示合金成分。横坐标从左到右表示合金成分的变化，即碳的质量分数 w_C 逐渐增大，而铁的质量分数 w_{Fe} 逐渐减少。横坐标上任何一点都代表一种成分的合金，例如，C 点代表 $w_C=4.3\%$ ， $w_{Fe}=95.75\%$ 的铁碳合金。

1. $Fe\text{-}Fe_3C$ 相图特征

（1）特征点。相图中的每一个点对应着一组成分、温度坐标，主要的几个特性点及含义如表 2-1 所示。

表 2-1　简化的 $Fe\text{-}Fe_3C$ 相图的特征点

特性点	t/°C	w_C/%	含义
A	1 538	0	纯铁的熔点
C	1 148	4.3	共晶点，$L_C \xleftrightarrow{1\,148\,°C} Ld(A_E + Fe_3C)$
D	1 227	6.69	渗碳体的熔点
E	1 148	2.11	碳在 γ-Fe 中的最大溶解度及钢与白口铸铁的分界点
G	912	0	纯铁的同素异构转变点，$\alpha\text{-}Fe \xleftrightarrow{912\,°C} \gamma\text{-}Fe$
P	727	0.021 8	碳在 α-Fe 中的最大溶解度
S	727	0.77	共析点，$A_S \xleftrightarrow{727\,°C} P(F_P + Fe_3C)$
Q	600	0.006	碳在 α-Fe 中的溶解度

（2）特征线。$Fe\text{-}Fe_3C$ 相图中有若干条合金状态的分界线，它们是不同成分具有相同含义的临界点的连线，主要特征线及含义如表 2-2 所示。

（3）相区。如表 2-3 所示为简化的 $Fe\text{-}Fe_3C$ 相图中各区域的相与组织。

表 2-2　简化的 $Fe\text{-}Fe_3C$ 相图的特征线

特性线	名称	含义
ACD	液相线	在此线上的铁碳合金处于液态。冷却时，含碳量小于 4.3%的液态合金在 AC 线开始结晶出奥氏体；含碳量大于 4.3%的液态合金在 CD 线开始结晶出一次渗碳体
$AECF$	固相线	在此线以下铁碳合金均呈固态
ECF	共晶线	$L_C \xleftrightarrow{1\,148\,°C} Ld(A_E + Fe_3C)$
PSK	共析线，A_1 线	含碳量为 0.021 8%～2.11%的铁碳合金缓冷到此线时，奥氏体将发生共析转变：$A_S \xleftrightarrow{727\,°C} P(F_P + Fe_3C)$
GS	奥氏体和铁素体相互转变线，A_3 线	在冷却过程中，表示奥氏体转变成铁素体的开始线；在加热过程中表示铁素体转变成奥氏体的结束线
GP	奥氏体和铁素体相互转变线	在冷却过程中，表示奥氏体转变成铁素体的结束线；在加热过程中表示铁素体转变成奥氏体的开始线
ES	碳在奥氏体中的溶解度随温度变化的曲线，Ac_{cm} 线	随着温度的降低，奥氏体中碳的质量分数沿着此线逐渐减小，多余的碳以二次渗碳体的形式析出
PQ	碳在铁素体中的溶解度随温度变化的曲线	随着温度的降低，铁素体中碳的质量分数沿着此线逐渐减小，多余的碳以三次渗碳体的形式析出

表 2-3　简化的 $Fe\text{-}Fe_3C$ 相图各区域的相与组织

区域	相	组织	
ACD 以上	L	L	
ACEA	L+A	L+A	
CDFC	$L+Fe_3C$	$L+Fe_3C_{Ⅲ}$	
AESGA	A	A	
GPQG	F	F	
GSPG	A+F	A+F	
EFKSE	$A+Fe_3C$	$0.77\%<w_C\leqslant 2.11\%$	$A+Fe_3C_{Ⅱ}$
		$2.11\%<w_C<4.3\%$	$A+Fe_3C_{Ⅱ}+Ld$
		$w_C=4.3\%$	Ld
		$4.3\%<w_C<6.69\%$	$Fe_3C_{Ⅰ}+Ld$
PSK 以下	$F+Fe_3C$	见表 2-4	

（4）共晶转变。共晶转变发生于 1 148 °C，其转变式为

$$L_C \xleftrightarrow{1\ 148\ ^\circ C} Ld(A_E+Fe_3C)$$

铁碳合金共晶转变的产物为奥氏体与渗碳体组成的共晶体（$A+Fe_3C$），即高温莱氏体。在继续降温过程中，莱氏体还会进行变化，形成低温莱氏体。凡 $w_C>2.11\%$的铁碳合金冷却到 1 148 °C 时，都会发生共晶转变。

（5）共析转变。共析转变发生于 727 °C，其转变式为

$$A_S \xleftrightarrow{727\ ^\circ C} P(F_P+Fe_3C)$$

铁碳合金共析转变的产物为铁素体与渗碳体组成的共析体（F_P+Fe_3C），$w_C>0.021\ 8\%$的铁碳合金冷却到 727 °C 时，奥氏体都会发生共析转变。

（6）渗碳体析出。$Fe\text{-}Fe_3C$ 相图中的一次、二次、三次渗碳体的碳的质量分数、晶体结构均相同，没有本质的区别，只是来源、分布、形态不同，故对铁碳合金性能的影响也有所不同。从奥氏体中析出渗碳体，通常称为二次渗碳体。三次渗碳体是沿铁素体晶界析出，会使工业纯铁及碳的质量分数较低的非合金钢塑性和韧性降低或变脆，因而要重视三次渗碳体的存在与分布状况。对于碳的质量分数较高的合金来说，因为还存在很多其他形态的渗碳体，从而掩盖了三次渗碳体的作用，所以在讨论碳的质量分数较高的铁碳合金时，三次渗碳体可忽略不计。

2. $Fe\text{-}Fe_3C$ 合金分类

根据 $Fe\text{-}Fe_3C$ 合金中碳的质量分数和组织的不同进行分类，如表 2-4 所示。

表 2-4　$Fe\text{-}Fe_3C$ 铁碳合金分类

分类		碳的质量分数	室温组织
工业纯铁		$w_C \leqslant 0.0218\%$	$F(+Fe_3C_{III})$
碳（素）钢	亚共析钢	$0.0218\% < w_C < 0.77\%$	F＋P
	共析钢	$w_C = 0.77\%$	P
	过共析钢	$0.77\% < w_C \leqslant 2.11\%$	$P+Fe_3C_{II}$
白口铸铁	亚共晶白口铸铁	$2.11\% < w_C < 4.3\%$	$P+Fe_3C_{II}+Ld'$
	共晶白口铸铁	$w_C=4.3\%$	Ld'
	过共晶白口铸铁	$4.3\% < w_C < 6.69\%$	Fe_3C_I+Ld'

3. 典型铁碳合金的结晶过程

以图 2-33 为例，分析铁碳合金的结晶过程及组织转变。在横轴上找到某个成分点，过这个成分点作一条垂直于横轴的垂线，即合金线。图中的合金线Ⅰ、Ⅱ、Ⅲ、Ⅳ、Ⅴ、Ⅵ分别对应共析钢、亚共析钢、过共析钢、共晶白口铸铁、亚共晶白口铸铁和过共晶白口铸铁这六种铁碳合金。

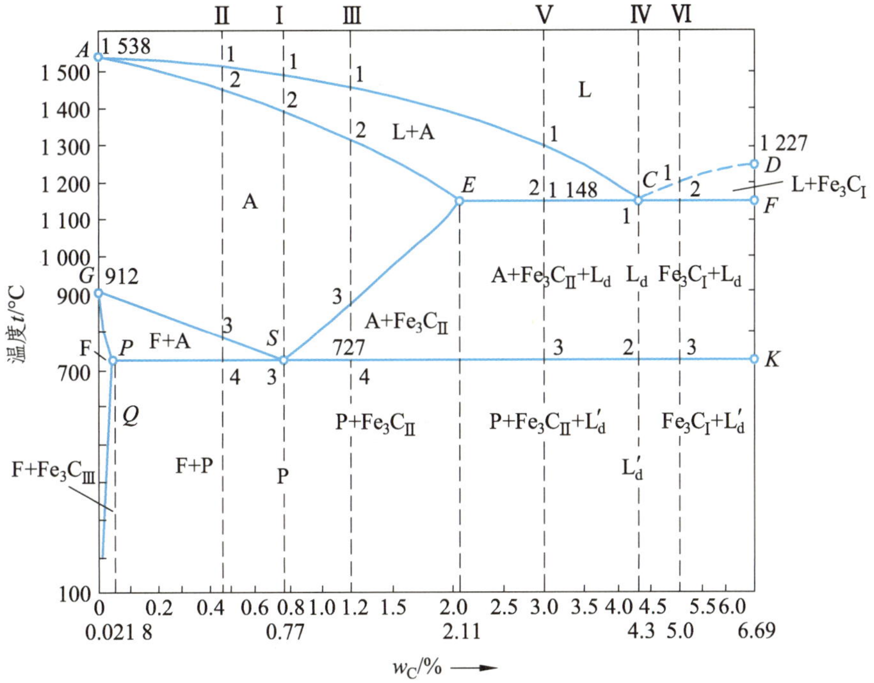

图 2-33　典型铁碳合金在相图中的位置

组织转变

组织转变——工业纯铁结晶过程

（1）共析钢结晶过程与组织转变。

合金线Ⅰ对应 w_C = 0.77% 的共析钢。Ⅰ线与 *AC* 线相交时，共析钢开始发生结晶转变，结晶过程如图 2-34 所示。共析钢的室温组织为珠光体，显微组织如图 2-35 所示，白色为铁素体基体，黑色片状物为渗碳体。

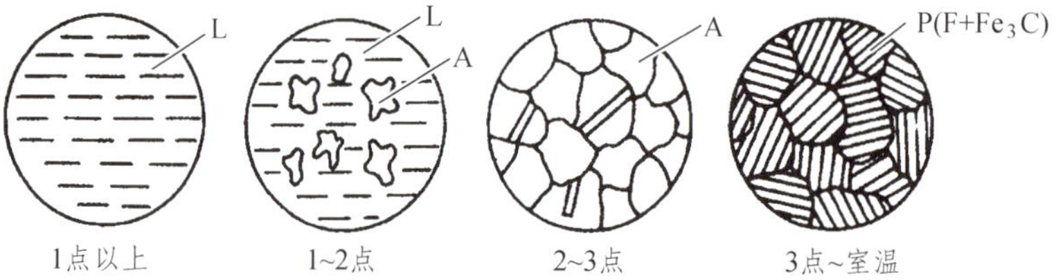

图 2-34　共析钢结晶过程及组织转变

图 2-35　共析钢的显微组织

组织转变——共析钢的结晶过程

（2）亚共析钢结晶过程与组织转变。

合金线Ⅱ对应 w_C = 0.45% 的亚共析钢。Ⅱ线与 *AC* 线相交时，亚共析钢开始结晶转变，结晶过程如图 2-36 所示。所有亚共析钢的室温组织都由铁素体和珠光体组成，随着碳的质量分数的增加，珠光体量增多，铁素体量减少。亚共析钢的显微组织如图 2-37 所示，其中白色部分为铁素体，黑色部分为珠光体。

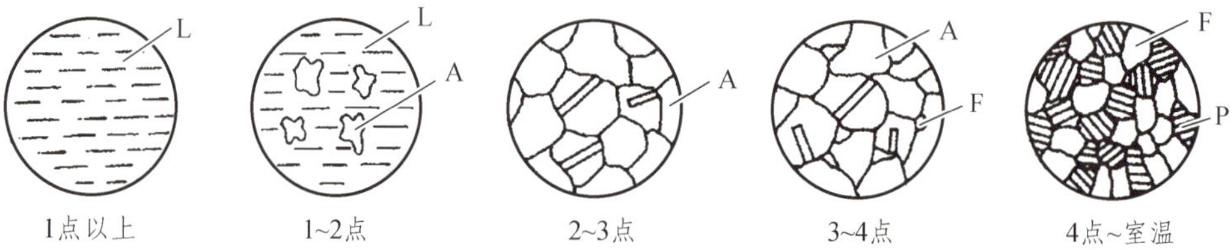

图 2-36　亚共析钢结晶过程及组织转变

组织转变——亚共析钢的结晶过程

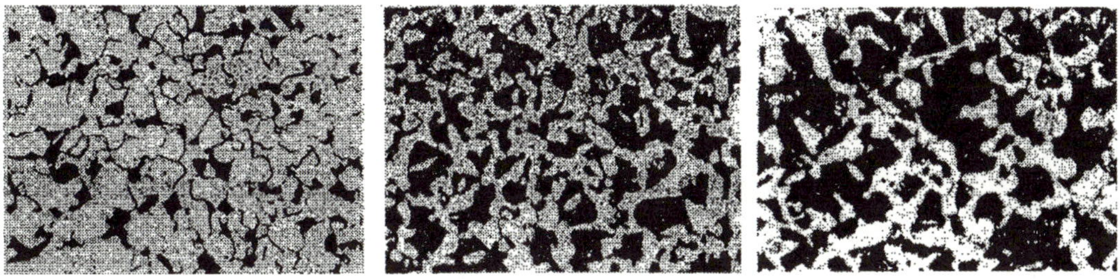

（a）$w_C = 0.1\%$　　（b）$w_C = 0.30\%$　　（c）$w_C = 0.6\%$

图 2-37　亚共析钢的显微组织

（3）过共析钢结晶过程与组织转变。

合金线Ⅲ对应 $w_C = 1.2\%$ 的过共析钢。Ⅲ线与 AC 线相交时，过共析钢开始结晶转变，结晶过程如图 2-38 所示。所有过共析钢的室温组织都是由珠光体和网状二次渗碳体组成的，随着碳的质量分数的增加，网状二次渗碳体量增多，珠光体量减少。过共析钢的显微组织如图 2-39 所示，其中呈片状黑白相间的组织为珠光体，白色网状组织为二次渗碳体。

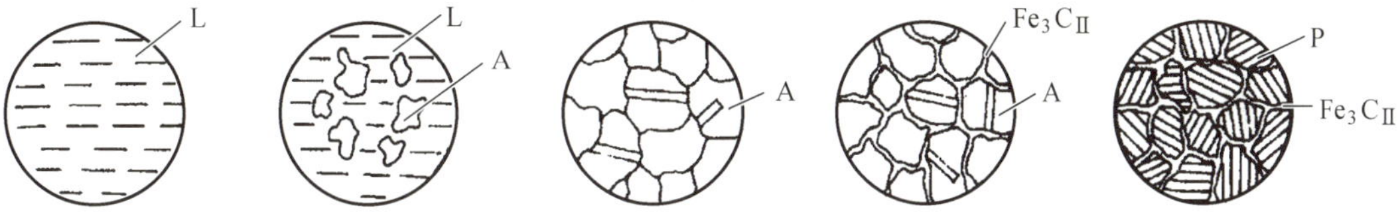

1点以上　　1~2点　　2~3点　　3~4点　　4点~室温

图 2-38　过共析钢冷却过程的组织转变

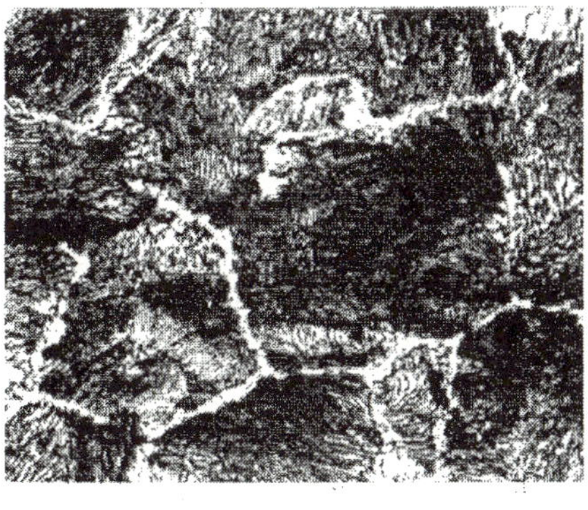

图 2-39　过共析钢的显微

组织组织转变—— 过共析钢的结晶过程

（4）共晶白口铸铁结晶过程与组织转变。

合金线Ⅳ对应 $w_C = 4.3\%$ 的共晶白口铸铁。Ⅳ线与图中 ES 、PSK 线分别相交于 1、2 点，结晶过程如图 2-40 所示。低温莱氏体其显微组织如图 2-41 所示，其中白色基体为共晶渗碳体 Fe_3C ，Fe_3C_{II} 的晶粒细小且含量较少，一般附在共晶渗碳体上，黑色点条状部分为珠光体组织。

（5）亚共晶白口铸铁结晶过程与组织转变。

合金线 V 对应 $w_C = 3.0\%$ 的亚共晶白口铸铁。V 线与 AC 线相交时，亚共晶白口铸铁开始结晶转变，结晶过程如图 2-42 所示。亚共晶白口铸铁的室温组织为 $P + Fe_3C_{II} + Ld'$，随着碳的质量分数增加，组织中低温莱氏体量增多，其他量相对减少。其显微组织如图 2-43 所示，其中黑色块状或树枝状部分为珠光体，黑白相间的基体为低温莱氏体，二次渗碳体与共晶渗碳体混在一起，无法分辨。工业上常用的是亚共晶白口铸铁，而共晶和过共晶白口铸铁很少使用，一般仅作为炼钢原料。

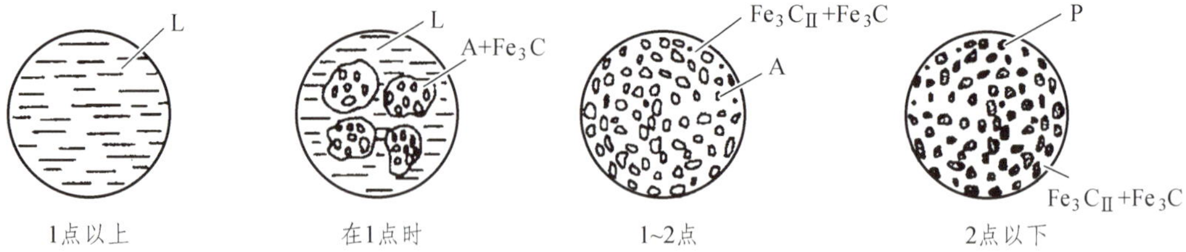

图 2-40　共晶白口铸铁冷却过程的组织转变

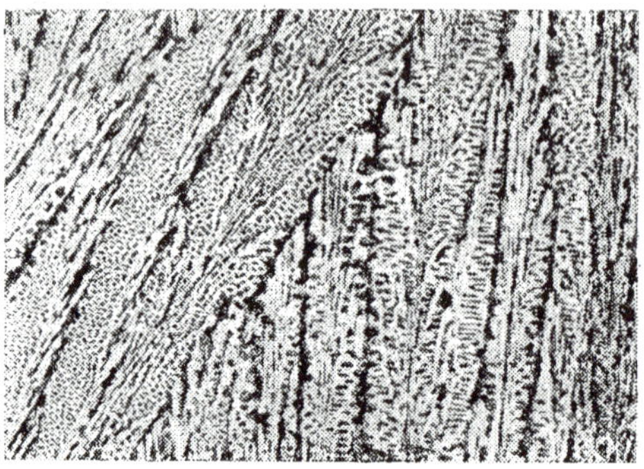

图 2-41　共晶白口铸铁的显微组织

组织转变——共晶白口铸铁的结晶过程

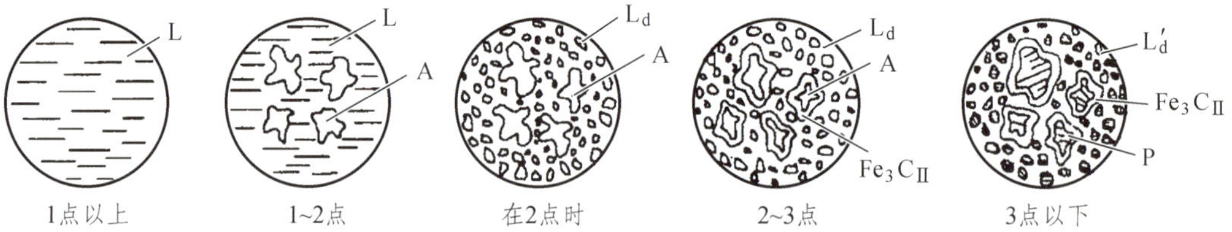

图 2-42　亚共晶白口铸铁冷却过程的组织转变

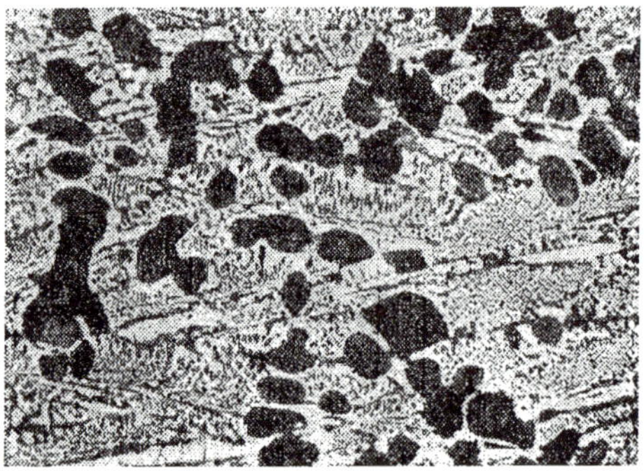

图 2-43　亚共晶白口铸铁的显微组织

组织转变——亚共晶白口铸铁结晶过程

（6）过共晶白口铸铁结晶过程与组织转变。

合金线Ⅵ对应 $w_C = 5.0\%$ 的过共晶白口铸铁。Ⅵ线与 *CD* 线相交时，过共晶白口铸铁开始结晶转变，结晶过程如图 2-44 所示。过共晶白口铸铁显微组织如图 2-45 所示，图中白色条状部分为一次渗碳体，黑白相间的基体为低温莱氏体。

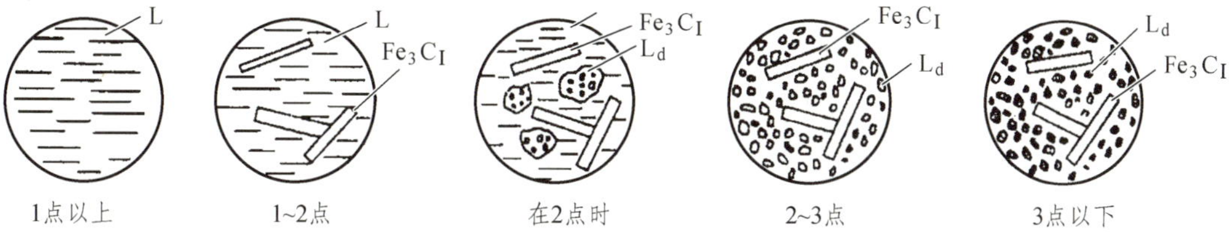

图 2-44 过共晶白口铸铁冷却过程的组织转变

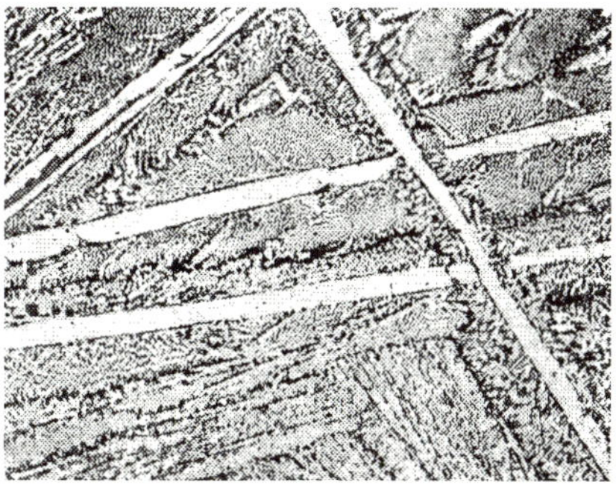

图 2-45 过共晶白口铸铁的显微组织

组织转变——过共晶白口铸铁结晶过程

4. Fe-Fe_3C 合金相图的应用

（1）作为选材的依据。

铁碳合金相图表明了钢材成分、组织变化的规律，从而可以判断不同成分钢材的力学性能变化特点，为选材提供了有力的依据，如图 2-46 所示。为保证工业用钢具有足够的强度和一定的塑性和韧性，钢中碳的质量分数一般不超过 1.3%。w_C＞2.11%的白口铸铁的组织中有大量的渗碳体，硬度高，塑性和韧性极差，既难以切削加工，又不能用锻压方法加工，故机械工程上很少直接应用。要求塑性、韧性好的各种型材和建筑用钢，应选用碳的质量分数低的钢；承受冲击载荷，并要求较高强度、塑性和韧性的机械零件，应选用碳的质量分数为 0.25%~0.55%的钢；要求硬度高、耐磨性好的各种工具，应选用碳的质量分数大于 0.55%的钢；形状复杂、不受冲击、要求耐磨的铸件（如冷轧辊、拉丝模等），应选用白口铸铁。

（2）在铸造方面的应用。

合金的铸造性能与铁碳合金状态图中液、固相线之间的距离关系很大。液、固相线间的距离越大，合金的流动性越差，分散缩孔越多。共晶成分的合金熔点最低，结晶温度范围最小，故流动性好，分散缩孔少，偏析小，因而铸造性能最好。所以铸造合金的成分常取共晶成分或其附近的合金。常用铸钢的碳的质量分数为 0.15%~0.6%，其结晶温度范围较小，铸造性能较好。根据铁碳合金状态图还可确定合金的浇注温度，浇注温度一般在液相线以上 50~100 °C。

（3）在锻造和焊接方面的应用。

碳钢在室温时是由铁素体和渗碳体组成的复相组织，塑性较差，变形困难，当将其加热到单相奥氏体状态时，可获得良好的塑性，易于锻造成形。碳的质量分数越低，其锻造性能越好。而白口铸铁无论是在低温还是在高温条件下，组织中均有大量硬而脆的渗碳体，故不能锻造。

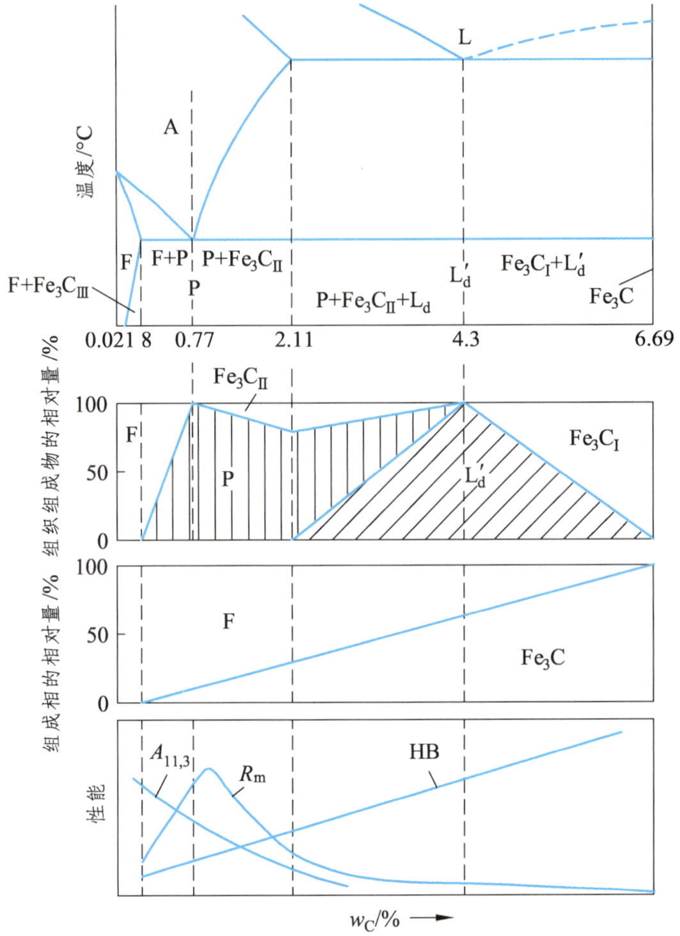

图 2-46　铁碳合金的成分、相、组织、性能之间的关系

铁碳合金的焊接性与含碳量有关，随着碳的质量分数的增加，组织中渗碳体量增加，钢的脆性增加，塑性下降，导致钢的冷裂倾向增加，焊接性下降。碳的质量分数越大，铁碳合金的焊接性越差。

（4）在热处理方面的应用。

由于铁碳合金在加热或冷却过程中有相的变化，故钢和铸铁可通过不同的热处理来改善性能。根据铁碳合金状态图可确定各种热处理工艺的加热温度。铁碳合金状态图中的单相合金不能进行热处理，只有在铁碳合金状态图中存在同素异晶转变、共析转变、固溶变化的合金才能进行热处理。

知识拓展——显微金相组织分析确定 42CrMo 轴的断裂原因

练习 2

一、填空题

（1）常见金属的晶格类型有__________、__________和__________三种。铜

为__________，锌为__________，α-Fe 为__________。

（2）根据几何形态特征，可将晶体缺陷分为__________、__________和__________三类。其中，间隙原子属于__________，位错属于__________，晶界属于__________。

（3）__________是金属结晶的必要条件。

（4）金属结晶的过程是一个__________和__________过程。

（5）生产中常用的细化晶粒的方法有__________、__________和__________。

（6）根据溶质原子在溶剂晶格中所占的位置不同，固溶体可分为__________和________。

（7）纯铁在 912 °C 以下为__________晶格，在 912~1 394 °C 为__________晶格，在 1 394~1 538 °C 为__________晶格。

（8）奥氏体是____________形成的间隙固溶体，具有__________晶格，在 727 °C 时碳的质量分数为__________，在 1 148 °C 时碳的质量分数为__________。

（9）渗碳体在 727 °C 时碳的质量分数为______，在 1 148 °C 时碳的质量分数为_______，在室温时碳的质量分数为_______。

（10）合金的相结构有__________和_________两大类。其中，前者具有较高的________性能，适于做__________相；后者具有较高的__________，适于做__________相。

二、名称解释

（1）晶体与非晶体。

（2）单晶体与多晶体。

（3）组元、固溶体与金属化合物。

（4）相与组织。

三、分析讨论

（1）何谓同素异构转变？以纯铁为例说明其转变过程。

（2）铁碳合金的基本相有哪些？各有何特点？

（3）绘制简化后的铁碳合金相图，说明主要特征点、特征线的含义，并填上各区域的组织。

练习 2 答案

项目 3

钢的热处理

教学基本要求

1. 知识目标

（1）了解钢的热处理基本原理；

（2）掌握钢的退火和正火的目的及应用；

（3）掌握钢的淬火及其缺陷和预防；

（4）掌握回火的目的及常用回火方法；

（5）熟悉钢的表面热处理、化学热处理工艺方法。

2. 能力目标

（1）具有常用热处理的工艺安排能力；

（2）具有常用热处理的工艺参数选择能力。

思维导图

本项目思维导图如图 3-0 所示。

引导案例 创新驱动的热处理技术——汽车发动机连杆螺栓的热处理

近年来，我国热处理技术与装备实现多项技术攻关，热处理生产过程的数字化、网络化、智能化水平得到大幅度提高，轴承、标准件及汽车零部件等热处理生产数字化程度达到 90%。

连杆螺栓是汽车发动机中一个重要的连接零件，工作时它承受冲击性的周期变化着的拉应力和装配时的预应力。发动机运转中，连杆螺栓如果破断，就会引起严重事故，因此要求其应具有足够的强度、冲击韧性和抗疲劳能力。为了满足上述综合力学性能的要求，确定 40Cr 钢制连杆螺栓的热处理工艺如图 3-1 所示。

连杆螺栓的生产工艺路线如下：

（1）下料→锻造→退火（或正火）→机械加工（粗加工）→调质→机械加工（精加工）→装配。

（2）退火（或正火）作为预先热处理，其主要目的是改善锻造组织，细化晶粒，有利于切削加工，并为随后调质热处理作好组织准备。

（3）调质热处理。

淬火：加热温度（840±10）°C，油冷，获得马氏体组织；

回火：加热温度（525±25）°C，水冷（防止第二类回火脆性）。

经调质热处理后金相组织应为回火索氏体，不允许有块状铁素体出现，否则会降低强度和韧性；其硬度为 30~38 HRC（263~322 HBW）。

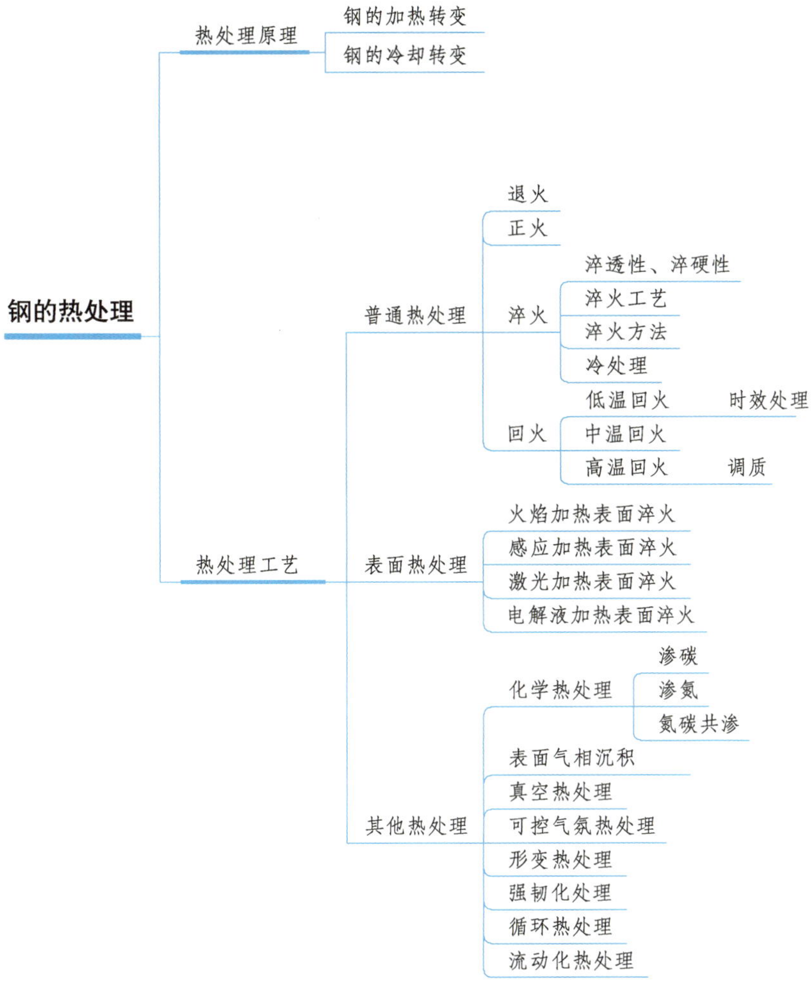

图 3-0　思维导图

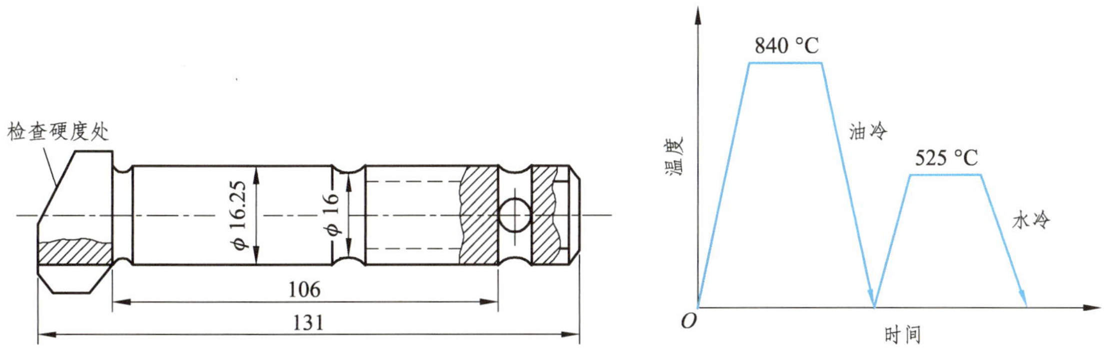

图 3-1　连杆螺栓及其热处理工艺

任务 1　钢的热处理原理

钢的热处理是指将钢材料在固态下，通过加热、保温和冷却的手段，获得预期组织和性能的金属热加工工艺方法。热处理是强化金属材料、提高产品质量和寿命的主要途径之一。绝大部分重要的机械零件在制造过程中都需要进行热处理。

热处理工艺区别于其他加工工艺如铸造、锻造、焊接的特征在于不改变工件的形状，只改变工件内部的显微组织或工件表面的化学成分，以此改善工件的使用性能。热处理只适用于固态下发生组织转变的材料，不发生固态相变的材料不能用热处理来强化。热处理的种类很多，根据加热、冷却的方法不同及钢的组织和性能变化特点，一般分为普通热处理和表面热处理两大类。

钢在固态下加热、保温和冷却过程中会发生一系列组织转变，钢中组织转变的规律就是热处理的原理。根据热处理的原理确定的加热温度、保温时间、冷却方式与速度等参数，即热处理工艺，可以用温度时间曲线来表示，如图 3-2 所示。

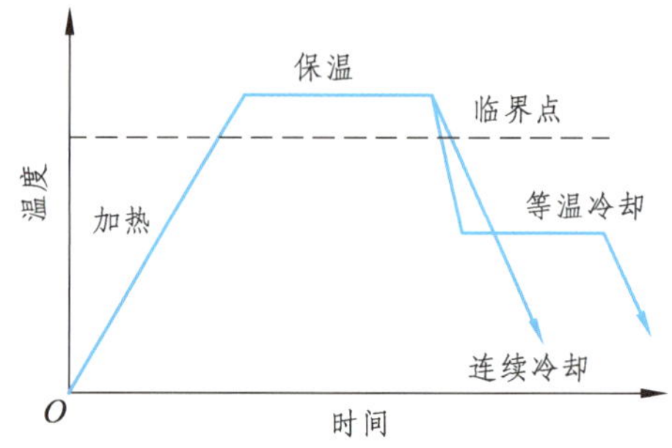

图 3-2　热处理工艺曲线

热处理工艺一般包括加热、保温、冷却三个过程，有时只有加热和冷却两个过程。这些过程互相衔接，不可间断。

能力知识点 1　钢在加热时的转变

加热是热处理的第一道工序。大多数热处理工艺，为了获得奥氏体，要将钢加热到临界点（相变点）以上。碳钢转变的临界点由 $Fe\text{-}Fe_3C$ 相图确定，A_1、A_3 和 A_{cm} 都是平衡时的转变温度。共析钢、亚共析钢和过共析钢，分别被加热到 *PSK*（A_1）线、*GS*（A_3）线和 *ES*（A_{cm}）线以上温度，才能获得单相奥氏体组织。但在实际热处理时，加热和冷却都不可能是非常缓慢的，因此组织转变都要偏离平衡相变点，即加热时偏向高温，冷却时偏向低温，并且加热和冷却的速度越快，偏离的程度越大。实际加热时的临界点用 Ac_1、Ac_3 和 Ac_{cm} 表示；冷却时的临界点用 Ar_1、Ar_3 和 Ar_{cm} 表示。如图 3-3 所示为各临界点在 $Fe\text{-}Fe_3C$ 相图上的位置示意图。钢的临界点是确定热处理工艺参数的重要依据，可在热处理手册中查到。

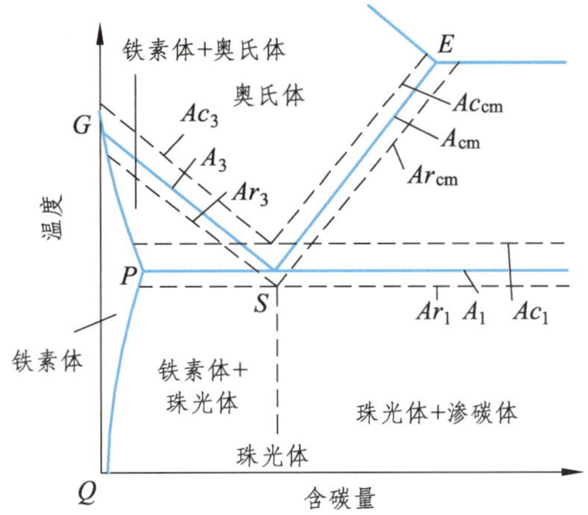

图 3-3　加热和冷却时 $Fe\text{-}Fe_3C$ 相图上各临界点的位置

1. 奥氏体的形成过程

任何成分的钢，加热到 A_1 点以上时，都要发生珠光体向奥氏体的转变过程（即奥氏体化），下面以共析钢为例，说明奥氏体的形成过程。

共析钢加热到 Ac_1 以上温度时，将形成奥氏体。奥氏体的形成也遵循结晶的普遍规律，该过程可分为奥氏体形核、奥氏体晶核的长大及残余渗碳体溶解和奥氏体成分均匀化四个阶段，如图 3-4 所示。

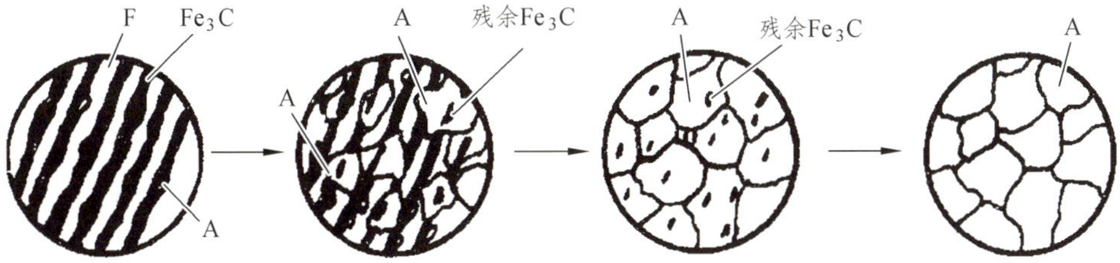

（a）奥氏体形核　（b）奥氏体长大　（c）残余渗碳体溶解　（d）奥氏体成分均匀化

图 3-4　共析钢中奥氏体形成过程

亚共析钢和过共析钢的奥氏体形成过程与共析钢基本相同。不同的是亚共析钢的平衡组织中除了珠光体还有先共析的铁素体，过共析钢的平衡组织中除了珠光体还有先共析的二次渗碳体。若加热到 Ac_1 温度，珠光体能变为奥氏体，得到“A+F”或“$A+Fe_3C_{II}$”的组织，称为不完全奥氏体化。若亚共析钢加热到 Ac_3 线以上，过共析钢要加热到 Ac_{cm} 线以上，才能获得单一的奥氏体组织，即完全奥氏体化。

共析钢中奥氏体形成过程解读及动画

钢的奥氏体化的主要目的是获得成分均匀、晶粒细小的奥氏体组织，如果加热温度过高或保温时间过长，将会导致奥氏体晶粒粗化。

2. 奥氏体晶粒的大小及控制

奥氏体的晶粒大小直接影响冷却转变后钢的组织和性能。热处理加热时，获得的奥氏体晶粒越均匀、细小，冷却转变产物的组织也越细小，力学性能越好。

奥氏体的本质晶粒度表示某种钢在规定的加热条件下，奥氏体晶粒长大的倾向，不是晶粒大小的实际度量。有些钢随着加热温度的升高，奥氏体晶粒会迅速长大，这类钢称为本质粗晶粒钢；而有些钢的奥氏体晶粒不易长大，只有当温度超过一定值时，奥氏体晶粒才会突然长大，这类钢称为本质细晶粒钢。从图 3-5 中可见，尽管曲线 1 和 2 有所不同，但其晶粒都随奥氏体加热温度的升高而变大。

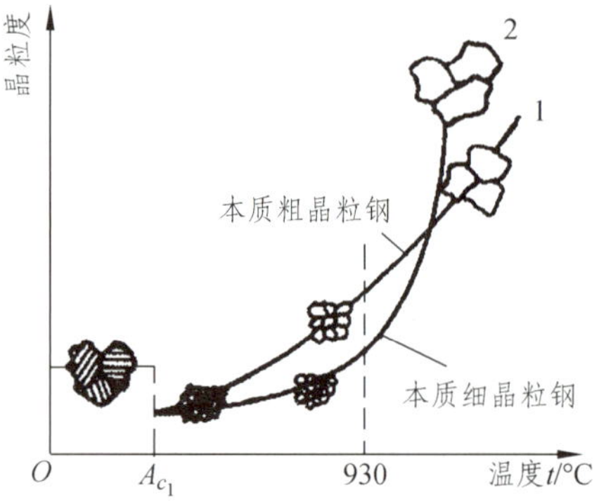

图 3-5　奥氏体长大倾向

奥氏体的晶粒尺寸过大会导致热处理后钢的强度降低，工程上需经热处理的工件一般都采用本质细晶粒钢制造，如镇静钢。控制奥氏体晶粒大小有以下三种途径。

（1）合理控制加热温度和保温时间。奥氏体化温度越高，保温时间越长，奥氏体晶粒长大越明显。

（2）合理控制钢的成分。随着钢中碳的质量分数增加，奥氏体晶粒长大的倾向也增大。但当 $w_C > 1.2\%$ 时，奥氏体晶界上存在的未溶渗碳体能阻碍晶粒的长大。

（3）合理添加一定量合金元素。钢中加入能生成稳定碳化物的元素（如铌、钛、钒、锆等）和能生成氧化物及氮化物的元素（如铝），都会阻止奥氏体晶粒长大，而锰和磷是增加奥氏体晶粒长大倾向的元素。

能力知识点 2　钢在冷却时的转变

钢经过奥氏体加热、保温后采用不同方式冷却，将获得不同的组织和性能。冷却是热处理的关键工序。根据冷却方法的不同，奥氏体的冷却转变可分为两种：一是将奥氏体急冷到临界点以下某一温度，在此温度等温转变；另一种是奥氏体在连续冷却条件下转变，如图 3-6 所示。

在实际生产中，钢加热到奥氏体状态以后，由于冷却方式、冷却速度等的不同，钢的转变产物的组织和性能都有很大差别。如表 3-1 所示为 45 钢在同样奥氏体化的条件下，采用不同冷却方式，得到的力学性能。

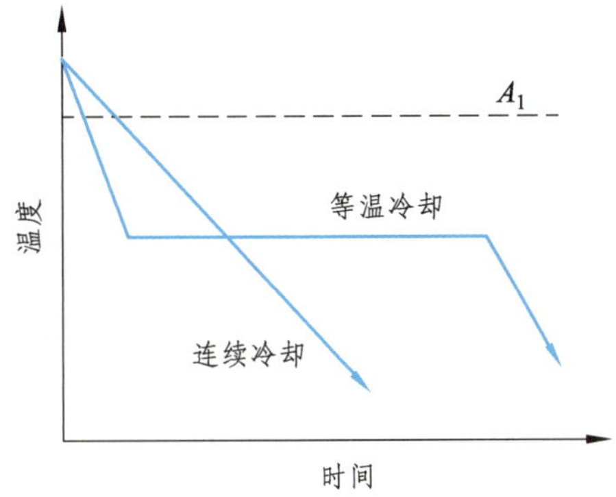

图 3-6　奥氏体不同冷却方式

表 3-1　45 钢经 840 °C 加热到奥氏体后以不同条件冷却后的力学性能

冷却方式	力学性能				
	R_m/MPa	R_{eL}/MPa	$A_{11.3}$/%	Z/%	硬度
炉冷（退火）	530	280	32.5	49.3	150~180 HBW
空冷（正火）	670~720	340	15~18	45~50	180~240 HBW
油冷（油淬）	900	620	12~20	48	40~50 HRC
水冷（水淬）	1 100	720	7~8	12~14	52~60 HRC

下面以共析钢为例，说明钢在冷却时的转变规律。

1. 过冷奥氏体的冷却转变

（1）过冷奥氏体等温冷却的转变曲线。

奥氏体冷至 A_1 以下，不立即发生转变，需有一个孕育期后才开始转变。这种在临界点以下，未发生转变且处于不稳定状态的奥氏体称为过冷奥氏体。过冷奥氏体总要自发转变为稳定的新相。

共析钢过冷奥氏体的等温转变过程和转变产物可用其等温转变曲线来分析，如图 3-7 所示。

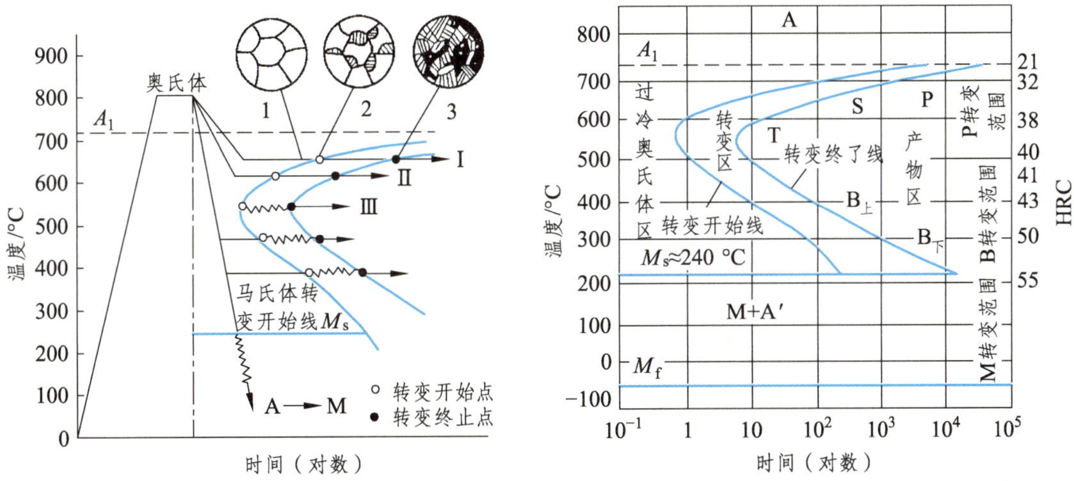

图 3-7　共析钢过冷奥氏体等温转变曲线

① 特征线。

A_1线：奥氏体向珠光体转变的临界温度；

M_s（M_f）线：过冷奥氏体向马氏体转变的开始温度（终止温度）。马氏体是在连续冷却条件下形成的，不属于等温转变特征线；

等温转变开始线：图中左边曲线（转变开始线）；

等温转变结束线：图中右边曲线（转变终了线）。

② 特征区。

稳定区：A_1线以上是奥氏体的稳定区；

过冷奥氏体区：A_1线以下、转变开始线以左是过冷奥氏体的暂存区；

产物区：A_1线以下、转变终了线以右是转变产物区；

转变区：转变开始线和转变终了线之间是过冷奥氏体和转变产物的共存区。

过冷奥氏体在各个温度的等温转变并不是瞬间开始的，转变开始线与纵坐标间的水平距离就是孕育期。随着转变温度的降低，孕育期先逐渐缩短，而后又逐渐增长，在曲线拐弯处（或称“鼻尖”）温度约为 550 °C，此时孕育期最短，过冷奥氏体最不稳定，转变速度最快。

奥氏体转变为马氏体时的转变不完全，即使冷却到 M_f 温度，也不能获得全部马氏体，总有部分奥氏体未能转变而被保留下来，这部分奥氏体称为残余奥氏体，用符号 A′ 表示。

（2）过冷奥氏体转变产物的组织和性能。

在图 3-7 中，过冷奥氏体在不同温度范围，可发生三种类型组织的转变，即高温珠光体型转变、中温贝氏体型转变和低温马氏体型转变，如表 3-2 所示。

表 3-2　共析钢过冷奥氏体转变产物的组织形态及性能

转变类型	组织名称	符号	转变温度/°C	转变形式	组织形态	层间距/μm	硬度 HRC
珠光体型转变	珠光体	P	A_1 ~ 650	扩散型	粗片状	约 0.3	小于 25
	索氏体	S	650 ~ 600		细片状	0.3 ~ 0.1	25 ~ 35
	托氏体	T	600 ~ 550		极细片状	约 0.1	35 ~ 40
贝氏体型转变	上贝氏体	$B_{上}$	550 ~ 350	半扩散型	羽毛状	—	42 ~ 48
	下贝氏体	$B_{下}$	350 ~ M_s		黑色针状	—	48 ~ 58
马氏体型转变	针状马氏体	M	M_s ~ M_f	非扩散型	针状	—	62 ~ 65
	板条状马氏体				板条状	—	50 ~ 60

① 珠光体型转变。

过冷奥氏体在 A_1~550 °C 温度范围内等温时，会发生珠光体型转变。珠光体型转变是扩散型转变。由于转变温度较高，原子扩散能力较强，转变产物为铁素体和渗碳体交替重叠的薄层状组织，即珠光体型组织。等温转变温度越低，层间距离越小，按层间距离的大小，珠光体型组织可分为珠光体（P）、索氏体（S）和托氏体（T），如图 3-8 所示。

珠光体片层间距离越小，相界面越多，塑性变形抗力越大，其强度、硬度越高。此外，由于片层间距离越小，渗碳体越薄，越容易随铁素体一起变形而不脆断，因而其塑性、韧性也有所提高。

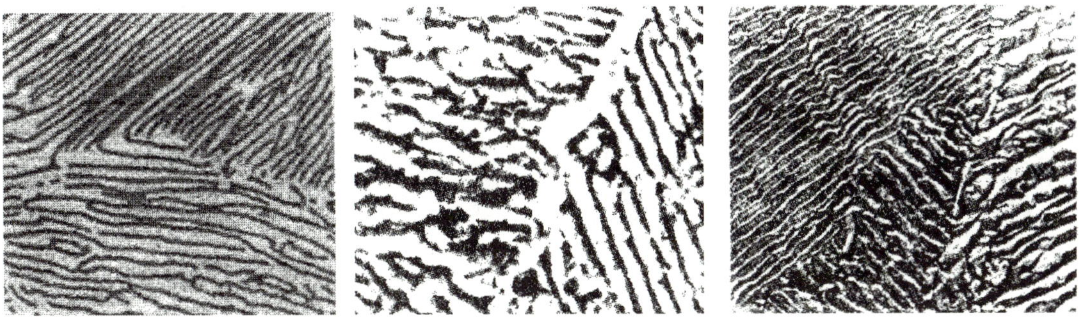

（a）珠光体（光学显微镜 200 倍）（b）索氏体（电子显微镜 1 500 倍）（c）托氏体（电子显微镜 15 000 倍）

图 3-8　珠光体型组织

② 贝氏体型转变。

贝氏体型转变发生在 550 °C~ M_s 温度范围内。贝氏体（B）转变属于半扩散型转变，由于转变温度较低，原子扩散能力减弱，只有碳原子扩散，铁原子的扩散困难。根据温度与组织形态不同，一般分为上贝氏体（$B_上$）和下贝氏体（$B_下$）两种，如图 3-9 所示。上贝氏体是在 550~350 °C 范围内形成的，显微组织呈羽毛状，它是由黑色成束的铁素体条和断续分布在条间的亮白色短小渗碳体组成。下贝氏体在 350 °C~ M_s 温度范围内形成，显微组织呈黑色针叶状，它是由针叶状铁素体和分布在针叶内细小的渗碳体粒子组成。上贝氏体脆性较大，基本无实用价值；而下贝氏体是韧性较好的组织，常用等温淬火获得。

（a）上贝氏体显微组织　　（b）下贝氏体显微组织

图 3-9　贝氏体显微组织（金相显微组织 500 倍）

③马氏体型转变。

当转变温度低于 M_s 时，由于转变温度低，只发生 γ-Fe 向 α-Fe 的晶格转变，铁、碳原子都难以扩散，碳将全部固溶在 α-Fe 晶格中，这种含过饱和碳的固溶体称为马氏体，用符号 M 表示。马氏体型转变在低温 $M_s \sim M_f$ 范围内进行，属无扩散型转变，转变速度极快且转变不完全。

马氏体的组织形态主要有板条状和针（片）状两种。其形态主要与奥氏体的含碳量有关，含碳量 $w_C<0.2\%$ 时，钢淬火后几乎全部是板条状马氏体组织；而含碳量 $w_C>1.0\%$ 时，钢淬火后得到针状马氏体组织，如图 3-10 所示；含碳量介于 0.2%~1.0%间，钢淬火后得到两种马氏体的混合组织。板条状马氏体不仅具有较高的强度和硬度，而且还有较好的塑性和韧性。针状马氏体硬度很高，但塑性和韧性很差。

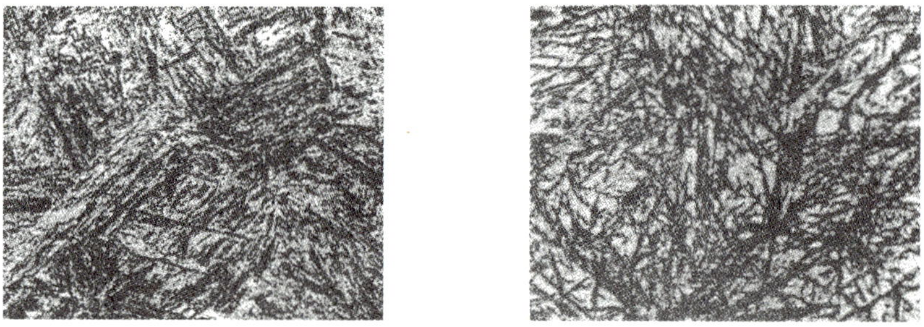

（a）板条状马氏体光学显微组织　　（b）针状马氏体光学显微组织

图 3-10　马氏体显微组织

钢中 A′ 的量随 M_s 点和 M_f 点的降低而增加，残余奥氏体的存在，不仅降低淬钢的硬度和耐磨性，而且在工件长期使用过程中，由于 A′ 会继续变成马氏体，体积膨胀，使工件产生变形或裂纹。因此，生产中对一些高精度工件常采用冷处理的方法，将淬火钢件冷却至 0 °C 以下，以减少 A′ 。

马氏体组织性能比较

知识拓展——影响过冷奥氏体等温转变的因素

2. 过冷奥氏体的连续冷却转变

在实际生产中，过冷奥氏体多在连续冷却过程中发生转变，因此研究过冷奥氏体连续冷却转变对制定热处理工艺具有重要的现实意义。

过冷奥氏体连续冷却转变曲线，又称 CCT 曲线。共析钢的连续冷却曲线如图 3-11 所示，特点如下。

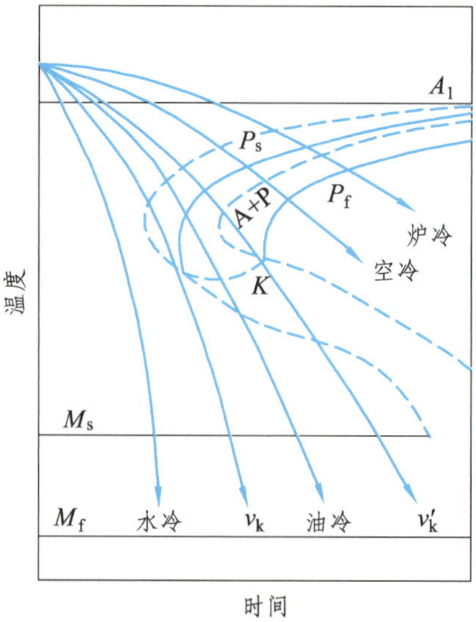

图 3-11　过冷奥氏体连续转变曲线

① 特征线。

P_s 线：表示珠光体开始形成，即 A → P 转变开始线；

P_f 线：表示珠光体全部形成，即 A → P 转变终了线；

K 线：A → P 转变中止线。表示冷却曲线碰到 K 线，过冷奥氏体就不再发生珠光体转变，而是保留到 M_s 点以下转变为马氏体。

② 临界冷却速度。

v_k 上临界冷却速度：为马氏体临界冷却速度，是获得全部马氏体转变所需的最小冷却速度。v_k 越小，钢在淬火时越容易获得马氏体组织。

v_k' 下临界冷却速度：是得到全部珠光体的最大冷却速度。v_k' 越小，则退火所需时间越长。

共析钢在不同冷却速度时的组织转变动画

知识拓展——连续冷却转变与等温冷却转变比较

从图 3-11 中可知，当实际冷却速度 v_k' 小于 v_k 时，只发生珠光体型转变；v_k' 大于 v_k 时则只发生马氏体型转变。冷却速度介于两者之间时，奥氏体先有一部分转变为珠光体，当冷却曲线与 K 线相交时，转变中止，剩余奥氏体在冷却至 M_s 点以下时，发生马氏体转变。所以水冷获得的是马氏体；油冷获得的是马氏体+托氏体；空冷获得的是索氏体；炉冷获得的是珠光体。

任务 2　钢的普通热处理

热处理工艺是指通过加热、保温和冷却来改变材料组织，获得所需要的性能。根据钢在加热和冷却过程中的组织转变规律，钢的热处理工艺可分为普通热处理、表面热处理及特殊热处理。根据在零件生产工艺流程中的位置和作用，热处理又可分为预先热处理和最终热处理。

普通热处理主要包括退火、正火、淬火和回火，一般也称为热处理的“四把火”。它是最基本、最重要、应用最为广泛的热处理方式。通常用来改变零件整体的组织和性能。

能力知识点 1　钢的退火和正火

退火和正火是应用非常广泛的热处理工艺，在机器零件和工具、模具等加工制造过程中，主要作为预先热处理安排在铸、锻、焊工序之后，切削（粗）加工之前，用于消除前一工序所带来的某些缺陷，为随后的工序作准备。对一些普通铸件、焊件以及不重要的热加工工件，还可作为最终热处理工序。

1. 退　火

钢的退火是将钢件或钢材加热到适当温度，保温一定时间，然后缓慢冷却，以获得接近平衡组织状态的热处理工艺。退火的主要目的如下：

（1）降低硬度，提高塑性，有利于切削加工和继续冷变形。

（2）细化晶粒，消除组织缺陷，改善钢的性能，为后续或最终热处理作准备。

（3）消除内应力，稳定工作尺寸，防止变形与开裂。

根据钢的成分和退火的目的不同，退火又可分为完全退火、等温退火、球化退火、再结晶退火、去应力退火等。各种退火的加热温度范围和工艺曲线如图 3-12 所示。

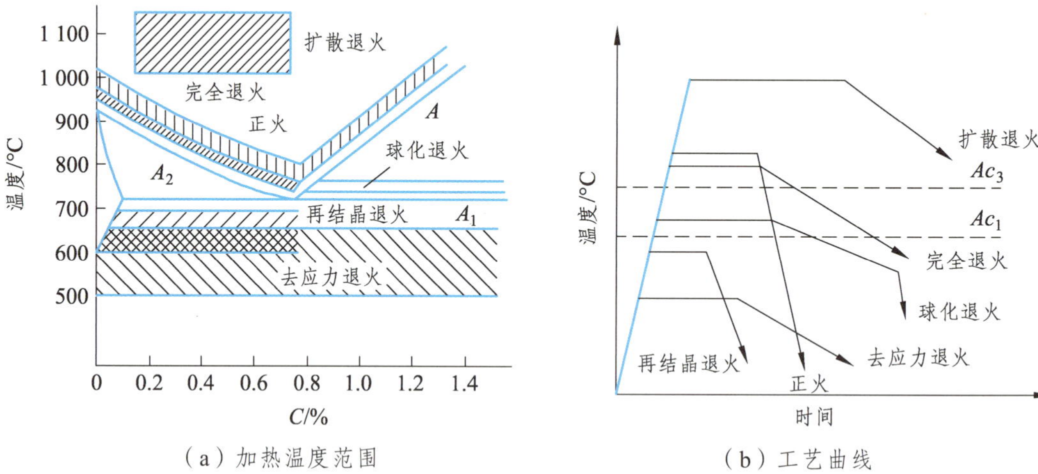

图 3-12 各种退火和正火工艺

（1）完全退火。

完全退火是将钢件加热到 Ac_3 以上 30~50 °C，保温后在炉内缓慢冷却的工艺方法。完全退火又称重结晶退火，简称退火。所谓“完全”是指加热时获得完全的奥氏体组织。

为提高生产效率，实际操作时，保温时间按照钢件的有效厚度进行计算。在箱式电炉加热时，碳素钢厚度不超过 25 mm 需保温 1 h，以后厚度每增加 25 mm 延长 0.5 h；合金钢每 20 mm 保温 1 h。保温后进行冷却，一般是关闭电源让钢件随炉缓慢冷却，到 500~600 °C 以下时出炉，在空气中冷却下来。

完全退火主要用于各种亚共析钢的铸件、锻件、热轧型材和一些焊接结构等，目的在于细化组织、降低硬度、改善可加工性、消除内应力。

（2）不完全退火。

不完全退火是将钢件加热到 Ac_1 以上 30~50 °C，保温后在炉内缓慢冷却的工艺方法，应用于晶粒未粗化的中、高碳钢和低合金钢的锻轧件等。主要目的是降低硬度、改善可加工性、消除内应力。优点是加热温度低、消耗热能少，降低工艺成本。

（3）等温退火。

等温退火是指将钢件或毛坯（亚共析钢）加热到 Ac_3 以上 30~50 °C，共析钢、过共析钢加热到 Ac_1 以上 20~40 °C，保温一定时间后，较快地冷却到珠光体型转变温度区间的适当温度并进行保温，使奥氏体转变为珠光体，然后在空气中冷却。

等温退火与完全退火目的相同，但转变较易控制，所用时间比完全退火缩短约 1/3，并可获得均匀的组织和性能。特别是对某些合金钢，生产中常用等温退火来代替完全退火或球化退火，如图 3-13 所示。

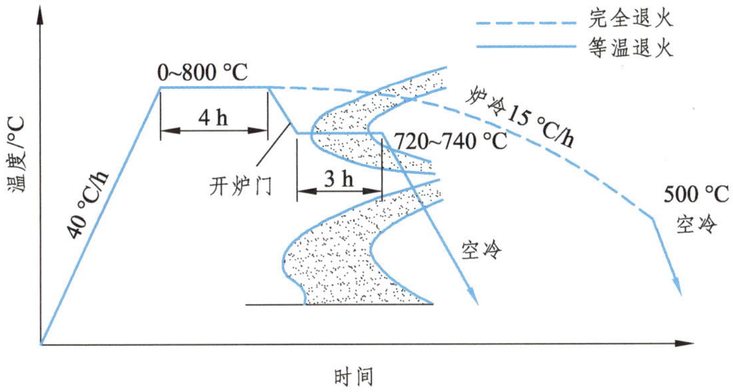

图 3-13　高速工具钢完全退火与等温退火的比较

（4）球化退火。

球化退火是使钢中碳化物球化而进行的退火工艺，可使珠光体中的片状渗碳体和钢中的网状二次渗碳体均呈球（粒）状，这种在铁素体基体上弥散分布着粒状渗碳体的复相组织称为粒状珠光体，如图 3-14 所示。

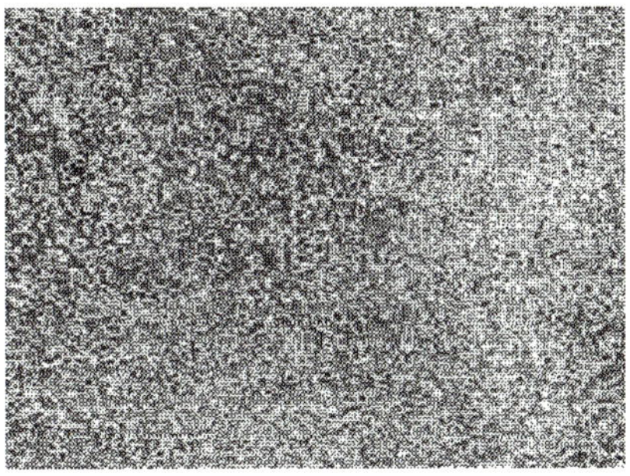

图 3-14　粒状珠光体的显微组织

球化退火工艺方法很多，最常用的两种工艺是普通球化退火和等温球化退火。

普通球化退火是将钢加热到 Ac_1 以上 20~30 °C，保温适当时间，然后随炉缓慢冷却，冷到 500 °C 左右出炉空冷。

等温球化退火与普通球化退火工艺同样是在加热保温后，随炉冷却到略低于 Ar_1 的温度进行等温，等温后随炉冷至 500 °C 左右出炉空冷。一般等温时间为其加热保温时间的 1.5 倍。和普通球化退火相比，等温球化退火不仅可缩短周期，而且可使球化组织均匀，并能严格地控制退火后的硬度，如图 3-15 所示。

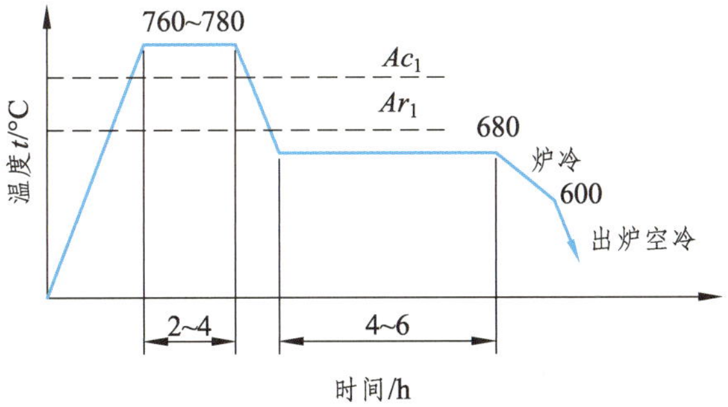

图 3-15　T10 钢的球化退火

球化退火的目的是降低硬度，改善可加工性，改善组织，为淬火作准备，主要应用于共析钢和过共析钢制造的刀具、量具和模具等零件。钢中存在大量网状二次渗碳体时，可在球化退火前先进行一次正火，消除渗碳体网后再球化退火。

知识拓展——其他退火

2. 正　火

钢的正火是指将工件加热奥氏体化后，在空气中冷却的热处理工艺。其方法为亚共析钢、共析钢、过共析钢分别加热到 Ac_3 、Ac_1 和 Ac_{cm} 以上 30~50 °C，奥氏体化后经过保温，再在空气中均匀冷却，如图 3-12 所示。正火后的组织：亚共析钢为 F+S；共析钢为 S；过共析钢为 $S+Fe_3C_{II}$。

（1）正火与退火的主要区别。

正火与退火的主要区别是正火冷却速度稍快，得到的组织较细小，强度和硬度有所提高，操作简便，生产周期短，成本较低。因此，生产中应尽可能采用正火来代替退火。从表 3-3 中可以看出同一钢种退火和正火后性能的差异。

表 3-3　45 钢退火和正火状态的力学性能

状态	R_m/MPa	$A_{11.3}$/%	a_K/（J/cm^2）	HBW
退火	650~700	15~20	40~60	≈180
正火	700~800	15~20	50~80	≈220

（2）正火的主要应用。

① 细化晶粒。对于中碳钢，正火可代替退火细化晶粒，降低加工表面的粗糙度。它代替退火可以得到满意的力学性能，缩短生产周期，降低成本。

② 改善切削加工性能。用于低碳钢或低碳合金钢时，正火可提高其硬度，防止黏刀现象，改善切削加工性能。

③ 消除网状二次渗碳体（强化）。用于过共析钢时，正火加热 Ac_{cm} 以上，可使网状二次渗碳体充分地溶解到奥氏体中，空冷时，共析碳化物来不及析出，消除了网状碳化物组织，细化了珠光体，使强度提高，同时保证了球化退火时渗碳体全部球粒化。

④ 作为最终热处理。用于中碳钢时，正火可代替调质处理作为最终热处理。对于使用性能要求不高的结构钢零件和某些淬火有开裂危险的零件，正火也可作为最终热处理。

能力知识点 2　钢的淬火

1. 淬　火

淬火（除等温淬火外）是指将钢加热到临界温度（Ac_3 或 Ac_1）以上，保温后以大于临界冷却速度 v_k 的速度冷却，使奥氏体转变为马氏体的热处理工艺。

钢的淬火主要是为了获得马氏体组织，提高钢的硬度和强度。

2. 淬火工艺

（1）淬火加热温度。

碳素钢的淬火加热温度可以根据铁碳合金相图来确定，如图 3-16 所示。

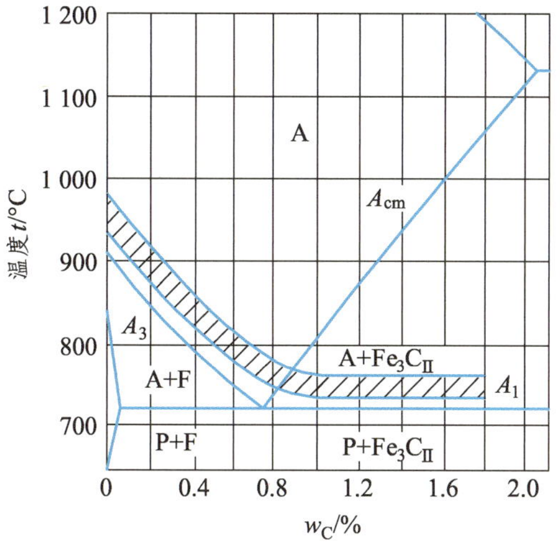

图 3-16　碳钢淬火加热温度范围

亚共析钢一般加热到 Ac_3 以上 30~50 °C，获得均匀细小的马氏体和少量残余奥氏体。亚共析钢淬火加热温度为 $Ac_1 \sim Ac_3$ 时，在淬火组织中将先有共析铁素体出现，使钢的硬度和强度下降。

共析钢、过共析钢淬火加热温度为 Ac_1 以上 30~50 °C 时，分别获得的组织是均匀细小的马氏体、少量粒状渗碳体（共析钢）和均匀细小的马氏体、少量粒状渗碳体和残余奥氏体（过共析钢）。淬火温度过高将得到粗大马氏体组织，力学性能变差。若温度过低，则获得非马氏体组织，达不到淬火目的。

温度选择时，还应考虑淬火零件的材料、尺寸、形状、原始组织状态、冷却介质及技术要求等因素。合金钢的淬火加热温度可根据其相变点来选择，多数合金元素在钢中都能细化晶粒，因此淬火加热温度可适当提高。

（2）加热时间。

加热时间包括升温和保温时间。加热时间受工件形状尺寸、装炉方式、装炉量、加热炉类型、加热介质等影响。保温时间是指从达到淬火加热温度开始，使钢件热透，并完成奥氏体均匀化所需时间。生产中可根据热处理手册或实验来确定，以保证工件质量。

（3）冷却介质。

钢件进行淬火冷却时使用的介质称为淬火介质。淬火介质应具有足够的冷却能力、较宽的使用范围，同时还应具有不易老化、不腐蚀零件、不易燃、易清洗、无公害和廉价等特点。

如图 3-17 所示，为得到马氏体，淬火的冷却速度就必须大于马氏体的临界冷却速度。根据碳钢的奥氏体等温转变曲线可知，要淬火得到马氏体，不需要在整个冷却过程中都进行快速冷却。关键是在曲线“鼻尖”附近，在 650~400 °C 必须快冷，此处过冷奥氏体很不稳定，要保证过冷奥氏体在此区间不形成珠光体。在 300~200 °C 范围内应缓冷，以减小马氏体转变时的应力，防止产生变形和开裂。能使工件达到理想冷却曲线的淬火介质称为理想的冷却介质。而实际生产中，到目前为止，还没有一种淬火冷却介质能达到理想的冷却介质的要求。

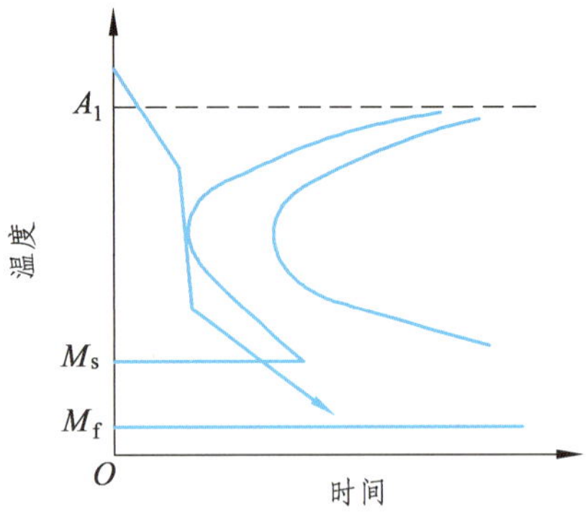

图 3-17　钢的理想淬火冷却曲线

如表 3-4 所示为几种常见的淬火介质的冷却特性。常用介质是水、油、碱或盐的水溶液。

表 3-4　常用淬火介质的冷却特性

淬火冷却介质	冷却速度/（°C/s）	
	650~550 °C	300~200 °C
水（18°C）	600	270
10%NaCl 水溶液（18 °C）	1 100	300
10%NaOH 水溶液（18 °C）	1 200	300
10%Na_2CO_3 水溶液（18 °C）	800	270
矿物油	150	30
菜籽油	200	35
硝熔盐（200 °C）	350	10

水是最常用的冷却介质，冷却能力强、成本低。缺点是在 650~400 °C 范围内冷却能力不足，在 300~200 °C 范围内冷却能力又很大，易使工件产生变形和开裂。在水中加入少量的碱或盐，能增加 650~400 °C 范围内的冷却速度，基本不改变其在 300~200 °C 时的冷却速度。

油在 300~200 °C 范围内的冷却速度远小于水，有利于减少工件的变形和开裂，但在 650~400 °C 范围内的冷却速度也远小于水，不利于工件淬硬，因此只能用于过冷奥氏体稳定性较大的低合金钢、合金钢的淬火，使用时油温应控制在 40~100 °C。

熔盐的能力介于油和水之间，主要用于贝氏体等温淬火，马氏体分级淬火。其使用温度高、工作条件差，通常用于形状复杂、尺寸较小和变形要求严格的工件。

3. 常用淬火方法

常用淬火方法动画

实际生产中为了达到所要求的组织和性能，同时又能减小淬火应力，防止工件变形或开裂，可以选用不同的淬火方法。

（1）单液淬火。

单液淬火也称单介质淬火、普通淬火，是将淬火零件放入一种淬火介质中冷却。这种方法容易产生变形和开裂，但操作简单，容易实现机械化、自动化，主要应用于形状简单的钢件。

（2）双介质淬火。

双介质淬火是指将钢件奥氏体化后，先浸入一种冷却能力较强的介质，在组织将要发生马氏体转变时立即转入冷却能力较弱的介质中冷却的淬火工艺。常用的有先水后油、先水后空气等。采用这种方法时如果能控制好在两种介质中的停留时间，就能有效防止淬火变形和开裂。双介质淬火主要用于形状复杂的高碳钢件和尺寸较大的合金钢零件。

（3）马氏体分级淬火。

马氏体分级淬火是指将零件奥氏体化后，浸入稍高或稍低于 M_s 的盐浴或碱浴中，保温一定时间，当工件整体达到介质温度后取出空冷，使之转变为马氏体组织。这种方法的优点是应力小，变形轻微；但由于盐浴或碱浴冷却能力不够大，因而只适宜形状复杂的小零件，一般直径或厚度小于 12 mm。

（4）等温淬火。

等温淬火是为了获得下贝氏体组织。等温淬火是将零件加热到奥氏体化后，随之快冷到贝氏体转变温度区间保持等温，使奥氏体转变为贝氏体的淬火工艺。这种方法淬火后应力和变形很小，但生产周期长、效率低，主要用于形状复杂、尺寸要求精确且强韧性小的小型模具及弹簧。

（5）局部淬火。

对某些零件，如果只是在某些部位要求高硬度，可进行局部加热和淬火，以避免其他部分产生变形和裂纹。如图 3-18 所示为卡规的局部淬火法。

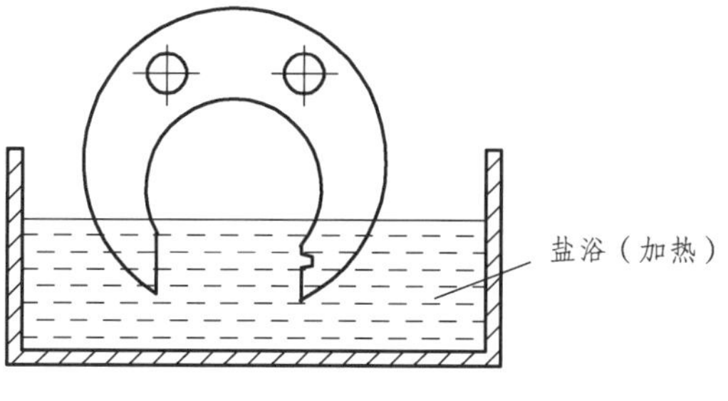

图 3-18　卡规的局部淬火法

能力知识点 3　钢的淬透性

1. 淬透性

钢的淬透性是指在规定条件下决定钢材淬硬层深度和硬度分布的特性。淬透性用来表征钢淬火时获得马氏体深度的能力，是钢的一种重要的热处理工艺性能。

实际淬火时，如果整个截面都得到马氏体，表明工件已经淬透，但多数工件经常表面淬成了马氏体，而心部未得到马氏体。这是因为工件在淬火时，整个截面的冷却速度不同，工件表层的冷却速度大于临界的冷却速度 v_k，心部的冷却速度小于 v_k，如图 3-19（a）所示。如

图 3-19（b）所示影线区域表示获得马氏体组织的深度。一般规定：由钢的表面向里至非马氏体区处的垂直距离为有效淬硬深度。

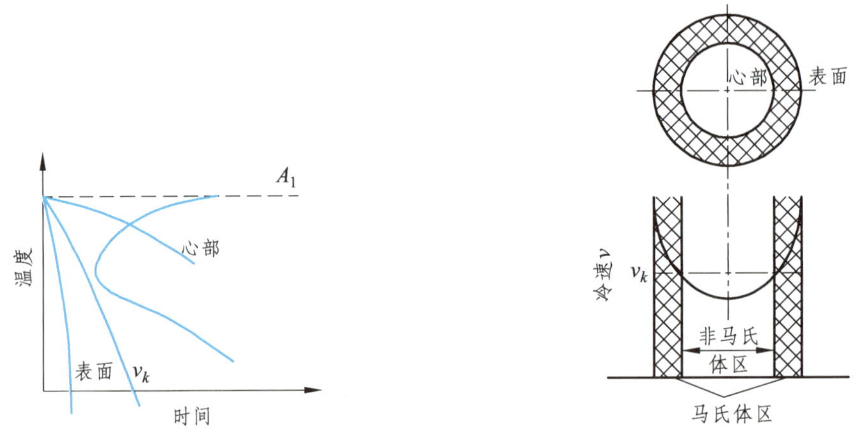

（a）工件截面上不同冷却速度　　（b）淬硬区与未淬硬区

图 3-19　工件有效淬硬层深度与冷却速度的关系

影响淬透性的因素很多，主要是化学成分和奥氏体化条件。除钴、铝（>2%）外，所有溶于奥氏体中的合金元素都可不同程度地提高淬透性。奥氏体的均匀性、晶粒大小、过冷奥氏体的稳定性即等温转变曲线的位置都会影响其淬透性。钢的等温转变曲线越靠右，其淬透性越大。

2. 淬透性与淬硬层深度

淬透性与实际工件淬硬层深度是有区别的。同一种钢不同截面的工件在同样奥氏体化条件下淬火，其淬透性是相同的。淬透性是钢本身所固有的属性，对于一种钢，它是确定的，可用于不同钢种之间的比较。而实际工件的淬硬层深度除了取决于钢的淬透性外，还与工件的形状、尺寸及采用的淬火介质等外界因素有关。用不同钢种制造的相同形状和尺寸的工件，在同样条件下淬火，有效淬硬层越深其淬透性越好。

3. 淬透性与淬硬性

钢的淬透性与淬硬性是两个不同的概念，淬硬性是指钢淬火硬化所能达到的最高硬度的能力，它主要取决于马氏体的含碳量。淬透性好的钢其淬硬性不一定高。例如，低碳合金钢淬透性相当好，但其淬硬性却不高；高碳非合金钢的淬硬性高，但其淬透性却差。

知识拓展——淬透性的临界直径法与应用

知识拓展——钢的淬火缺陷及预防

能力知识点 4　淬火钢的回火

1. 回　火

回火是指将淬火后的钢加热至 Ac_1 以下的某一温度后，保温一段时间，然后冷却到室温的热处理工艺。

淬火后的钢组织里有马氏体和残余奥氏体两种亚稳定组织，有自发向铁素体和渗碳体平衡组织转变的倾向，会引起工件在使用过程中形状、尺寸的变化。同时淬火内应力，易使工件产生变形或开裂。因此，钢在淬火后一般要进行回火。

淬火钢回火目的如下：

（1）降低脆性，消除或减少内应力，防止工件的变形和开裂。

（2）稳定组织、调整硬度，获得工艺所要求的力学性能。

（3）稳定工件尺寸，保证工件在使用过程中不发生尺寸和形状的变化，满足各种工件使用性能要求。

（4）对于某些高淬透性的合金钢，空冷时即可淬火成马氏体组织，通过回火可使碳化物聚集长大，降低钢的硬度，以利于切削加工。

2. 常用回火方法

淬火钢的回火性能主要取决于回火温度。根据回火温度不同将其分为 3 类。

（1）低温回火（150~250 °C）。

低温回火后的组织为回火马氏体。低温回火时从淬火马氏体内部析出碳化物 $Fe_{2.4}C$ 薄片，马氏体的过饱和度减小，部分残余奥氏体转变为下贝氏体（量少可忽略），纤维组织如图 3-20 所示。

低温回火的目的是降低淬火应力，提高工件韧性，保证淬火后的高硬度（一般为 58~64 HRC）和高耐磨性，主要用于处理各种高碳钢工具、模具、滚动轴承以及渗碳和表面淬火的零件。

（a）淬火马氏体

（b）回火马氏体

图 3-20　淬火马氏体与回火马氏体的显微组织

（2）中温回火（350~500 °C）。

中温回火后的组织为回火托氏体。中温回火时，碳化物 $Fe_{2.4}C$ 转变为高度弥散分布的极细小的粒状渗碳体，淬火马氏体转变成铁素体，但形态仍为针状，显微组织如图 3-21 所示。

回火托氏体具有较高的弹性极限和屈服强度，同时也具有一定的韧性，其硬度一般为 35~50 HRC，主要用于弹性零件和热锻模具的处理。

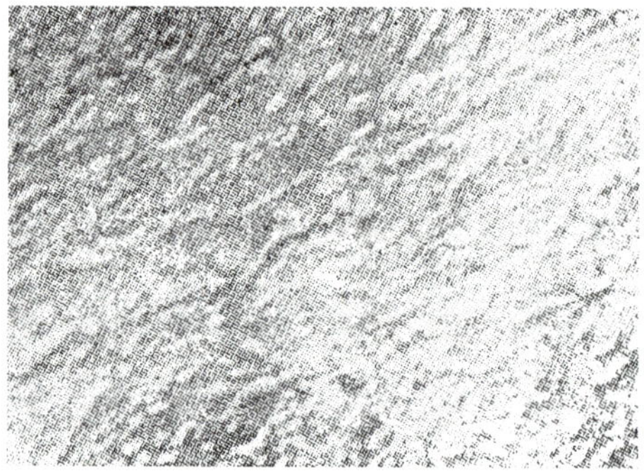

图 3-21　回火托氏体的显微组织

（3）高温回火（500~650 °C）。

高温回火后的组织为回火索氏体。高温回火时，极细小粒状渗碳体逐渐转变为较大粒状渗碳体，铁素体由针状转变为多边形，形成在多边形铁素体基体上分布着粗粒状渗碳体的复相组织，如图 3-22 所示。

回火索氏体综合力学性能最好，即强度、塑性和韧性都较好，硬度一般为 220~330 HBW。淬火加高温回火工艺通常称为调质处理。

钢经调质后的硬度与正火的硬度相近，但塑性和韧性显著高于正火，因此调质广泛用于各种重要的机器结构件，如受交变载荷的连杆、曲轴、齿轮、螺栓、机床主轴等，也可作为表面淬火、渗碳之前的预先热处理。如表 3-5 所示为 45 钢调质和正火后力学性能的比较。

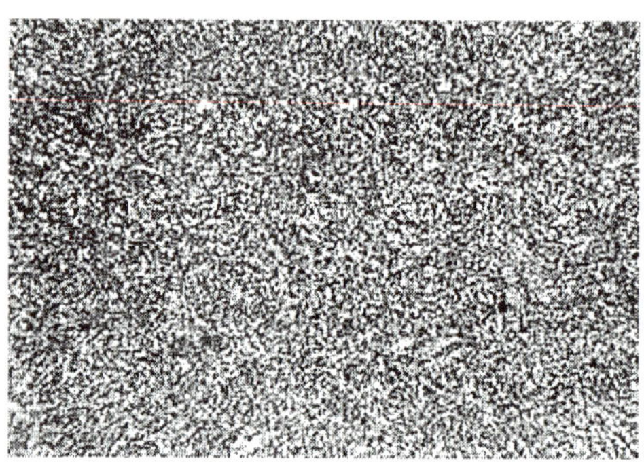

图 3-22　回火索氏体的显微组织

表 3-5　45 钢调质和正火后力学性能的比较

热处理状态	R_m/MPa	$A_{11.3}$/%	a_K/（J/cm^2）	HBW	组织
正火	700~800	15~20	50~80	162~220	细珠光体、铁素体
调质	750~850	20~25	80~120	210~250	回火索氏体

淬火钢回火时的组织转变是在不同温度范围内进行，但多半又是交叉重叠进行的，即在同一回火温度可能进行几种不同的转变。淬火钢回火后的性能取决于组织变化，随着回火温度的升高，强度、硬度降低，塑性、韧性提高。钢在不同温度下回火后硬度随回火温度的变化，以及钢的力学性能与回火温度的关系分别如图 3-23、图 3-24 所示。

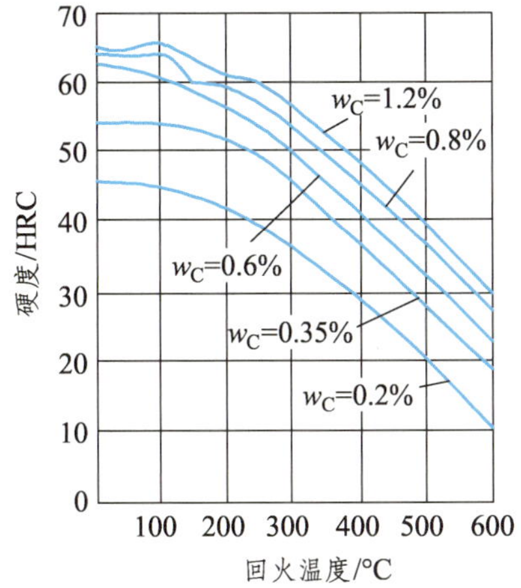

图 3-23　钢的硬度随回火温度的变化

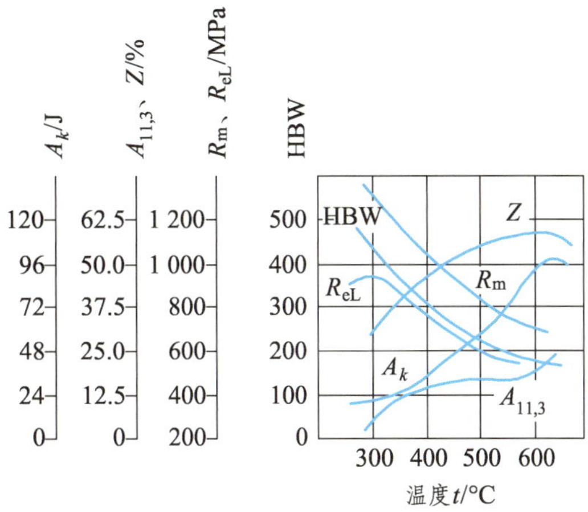

图 3-24　钢回火温度与力学性能的比较

3. 回火脆性

钢在某些温度区间回火，或从回火温度缓慢冷却通过该温度区间时，冲击韧性明显下降，这种脆化现象称为回火脆性。回火脆性可分为两类。

（1）低温回火脆性。

钢在 250~350 °C 范围内回火时出现的脆性称为低温回火脆性，也称第一类回火脆性。低温回火脆性为不可逆回火脆性，几乎所有的工业用钢都有这类脆性。冷却速度对这种脆性没有影响。为防止低温回火脆性，常避免在脆化温度范围内回火，如必须在脆化温度回火时，可采取等温淬火。

（2）高温回火脆性。

钢在 500~650 °C 范围内回火时出现的脆性称为高温回火脆性，也称第二类回火脆性、可逆回火脆性。此类回火脆性主要发生在含有 Cr 、Ni 、Mn 、Si 等元素的合金钢中，当淬火后在上述温度范围长时间保温或以缓慢速度冷却时，明显的回火脆性便发生。但回火后采取快冷，高温回火脆性将受到抑制或消失。尽量减少钢中杂质元素含量以及采用含 W 、Mo 等元素的合金钢可防止高温回火脆性。

能力知识点 5　钢的冷处理和时效处理

1. 钢的冷处理

淬火后将高碳钢及一些合金钢继续冷却到 0 °C 以下（ M_f 在 0 °C 以下），会使残留奥氏体转变为马氏体，这种操作称为冷处理。

冷处理的温度应由 M_f 决定，一般是在干冰和酒精的混合物或冷冻机中冷却，温度为 −70～−80 °C，应紧随淬火操作之后进行，效果显著。冷处理后可进行回火，以消除应力，避免裂纹。

冷处理的目的：（1）提高钢的硬度和耐磨性，如合金钢渗碳后的冷处理；（2）提高工具的寿命和稳定精密量具的尺寸；（3）冷处理时体积增大，用此方法恢复某些高度精密件的尺寸，如量规。

目前，用液氮在 −130 °C 以下的深冷处理显著延长了工具及耐磨零件的寿命。

2. 时效处理

金属和合金经过冷、热加工或热处理后，在室温下放置或适当升高温度时常发生力学和物理性能随时间而变化的现象，统称为时效。时效过程中，金属和合金的显微组织并不发生明显变化，常用的时效方法主要有自然时效和人工时效。

知识拓展——时效处理

任务 3　钢的表面热处理

表面热处理是指为改变工件表面的组织和性能，仅对工件表层进行热处理的工艺。

某些用于在冲击载荷、交变载荷及摩擦条件下的机械零件，如齿轮、凸轮、曲轴等，不但要求工作表面承受较高的应力，表层具有较高的强度、硬度、耐磨性和疲劳强度，而且要求心部仍保持足够的塑性和韧性。为了满足上述要求，生产中可采用表面热处理以达到强化工作表面的目的。常用的表面热处理方法包括表面淬火和化学热处理两类。

能力知识点 1　钢的表面淬火

钢的表面淬火是指将工件表面迅速加热到淬火温度进行淬火的工艺方法。工件经表面淬火后，表层得到马氏体组织，具有高硬度和耐磨性，而心部仍保持淬火前的组织，具有足够的强度和韧性。目前，广泛应用的有感应加热表面淬火、火焰加热表面淬火等。

1. 感应加热表面淬火

感应加热表面淬火简称感应淬火，是指利用感应电流通过工件所产生的热量，使工件表层迅速加热并快速冷却的淬火工艺。

（1）感应加热淬火基本原理。

感应加热过程如图 3-25 所示，感应线圈通交流电时，会在它的内部和周围产生与交流电频率相同的交变磁场，如果把工件放在感应磁场中，工件内部将产生感应电流，并由于电阻的作用而被加热。感应电流在工件表层密度最大，而心部几乎为零，这种现象称为集肤效应。电流透入工件表层的深度主要与电流频率有关。感应加热器通入电流，工件表面在几秒钟内

迅速加热到远高于 Ac_3 的温度，然后迅速冷却，可以用水、乳化液或聚乙烯醇水溶液喷射淬火，最后在工件表面获得一定深度的硬化层。齿轮感应加热淬火过程如图 3-26 所示。

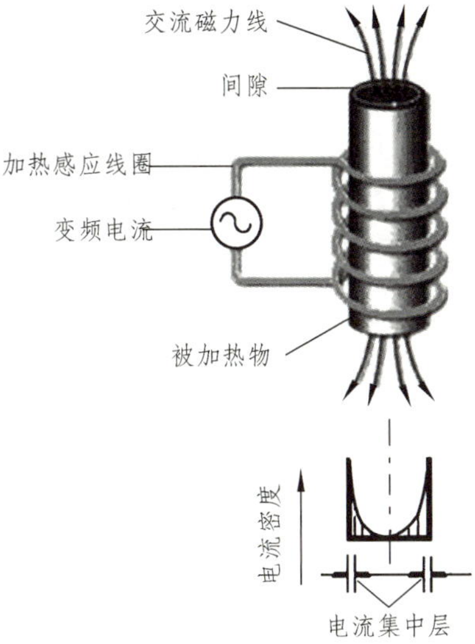

图 3-25　感应加热

感应加热淬火

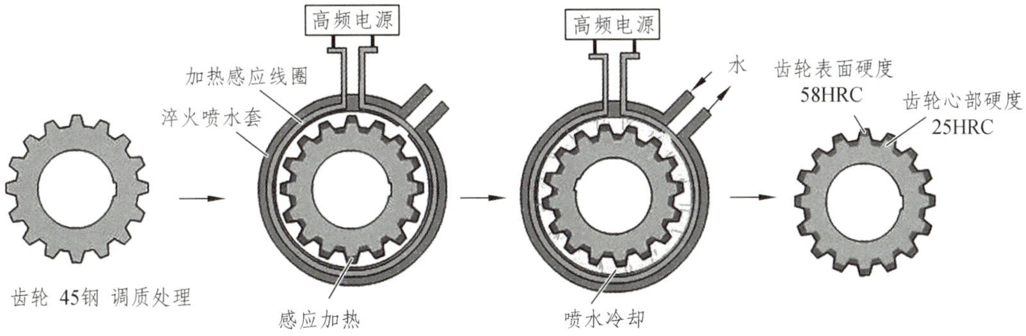

图 3-26　齿轮感应加热淬火过程

（2）感应加热类型。

生产中应根据对零件表面有效淬硬层深度的要求，选择合适的感应淬火频率。

① 高频感应淬火。高频感应淬火的常用频率为 200~300 kHz，淬硬层深度为 0.5~2 mm；主要用于要求淬硬层较薄的中、小模数齿轮和中、小尺寸轴类零件等。

② 中频感应淬火。中频感应淬火的常用频率为 2 500~8 000 Hz，淬硬层深度为 2~10 mm；主要用于大、中模数齿轮和较大直径轴类零件。

③ 工频感应淬火。工频感应淬火的常用频率为 50 Hz，淬硬层深度为 10~20 mm；主要用于大直径零件（如轧辊、火车车轮等）和直径较大钢件。

（3）感应淬火的特点。

感应淬火最适宜于中碳钢（如 40 钢、45 钢等）和中碳合金钢（如 40Cr 钢、40MnB 钢等），也可用于高碳工具钢、含合金元素较少的合金工具钢及铸铁等。感应淬火工艺设备较贵，维修调整困难，不易处理形状复杂的零件。

与普通淬火相比，感应淬火有以下特点：

① 加热速度极快，一般只需要几秒至几十秒就可以达到淬火温度。因为不进行保温，所以加热温度一般比普通淬火温度高 200~300 °C。

② 工件表层获得极细小的马氏体组织，使工件表层具有比普通淬火稍高的硬度（高 2~3 HRC）和疲劳强度，且脆性较低。

③ 工件表面质量好，因快速加热，所以工件表面不易氧化、脱碳，且淬火时工件变形小。

④ 生产率高，便于实现机械化、自动化，淬硬层深度也易控制。

2. 火焰加热表面淬火

火焰加热表面淬火是指利用氧-乙炔（或其他可燃气体）火焰，对工件表层加热并快速冷却的淬火工艺，如图 3-27 所示。其淬硬层深度一般为 2~6 mm 。

火焰淬火操作简便，设备简单，成本低，灵活性大，但加热温度不易控制，工件表面易过热，淬火质量不稳定；主要用于单件、小批生产以及大型零件（如大模数齿轮、大型轴类等）。

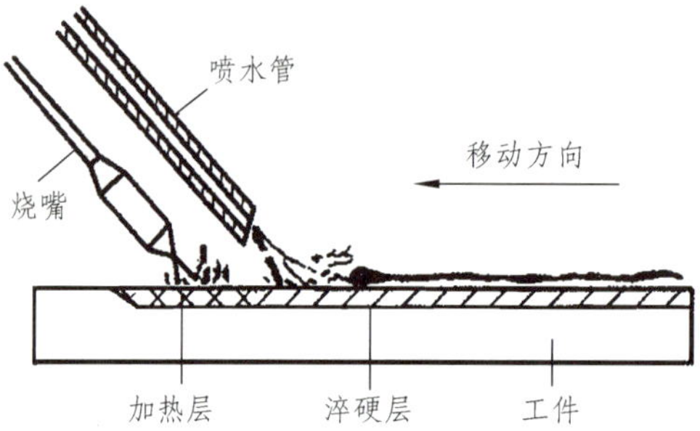

图 3-27　火焰加热表面淬火

知识拓展——其他表面淬火

能力知识点 2　化学热处理

化学热处理是指将工件置于适当的活性介质中加热、保温，使一种或几种元素渗入其表层，以改变表层一定深度的化学成分、组织和性能的热处理工艺。

化学热处理的基本过程：

（1）分解。化学介质分解出能够渗入工件表层的活性原子。

（2）吸收。活性原子由钢的表面进入铁的晶格中形成固溶体，甚至可能形成化合物。

（3）扩散。渗入的活性原子由工件表面向内部扩散，形成一定深度的扩散层。

目前，常用的化学热处理有渗碳、渗氮（氮化）、碳氮共渗等。

1. 渗　碳

渗碳是将工件放入渗碳气氛中，在 900~950 °C 的温度下加热、保温，用于增加钢件表层的含碳量和形成一定碳浓度梯度的化学热处理工艺。

（1）渗碳目的。

使工件表面具有高的硬度和耐磨性，而心部仍保持一定强度和较高的韧性，既能承受大的冲击，又能承受大的摩擦。

（2）渗碳方法。

渗碳所用介质称为渗碳剂，根据渗碳剂的不同，渗碳的方法分为固体渗碳、气体渗碳、真空渗碳和液体渗碳等。

① 固体渗碳。如图 3-28 所示，固体渗碳是指将工件置于四周填满固体渗碳剂的渗碳箱中，用盖和耐火泥封将渗碳箱密封后，送入炉中加热至渗碳温度，保温一定时间后出炉，获得一定厚度的渗碳层。常用的固体渗碳剂是碳粉和碳酸盐（$BaCO_3$ 或 Na_2CO_3 等）的混合物。固体渗碳的平均速度为 0.1 mm/h，其设备简单，成本低廉，但劳动条件差，质量不易控制，生产效率低；主要用于单件、小批生产，目前在一些中小型工厂中仍有使用。

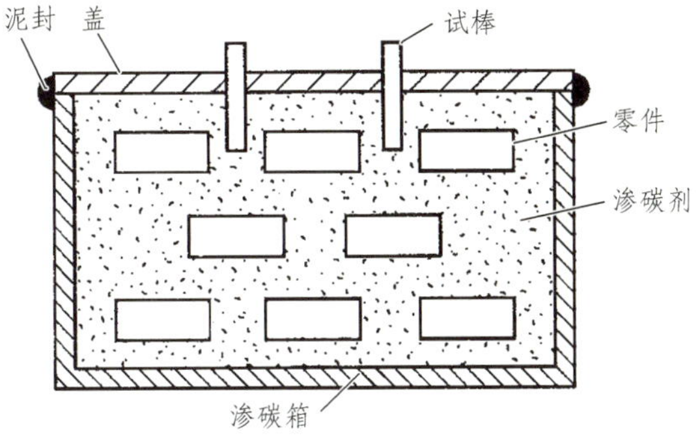

图 3-28　固体渗碳

② 气体渗碳。气体渗碳是指在气体渗碳介质中进行渗碳的工艺。如图 3-29 所示，将工件装挂好，置于密封的井式渗碳炉内，滴入易于热分解和气化的煤油、甲醇、丙酮等渗碳剂或直接通入煤气、石油液化气等渗碳气体，加热到渗碳温度，渗碳剂在高温下分解形成渗碳气氛，由 CO、CO_2、H_2、CH_4 等组成。渗碳气氛在钢件表面发生反应，提供活性碳原子[C]。活性碳原子[C]被工件表面吸收而溶于高温奥氏体中，并向工件内部扩散形成一定深度的渗碳层。渗碳层深度主要取决于渗碳时间，一般按 0.1~0.15 mm/h 进行估算。

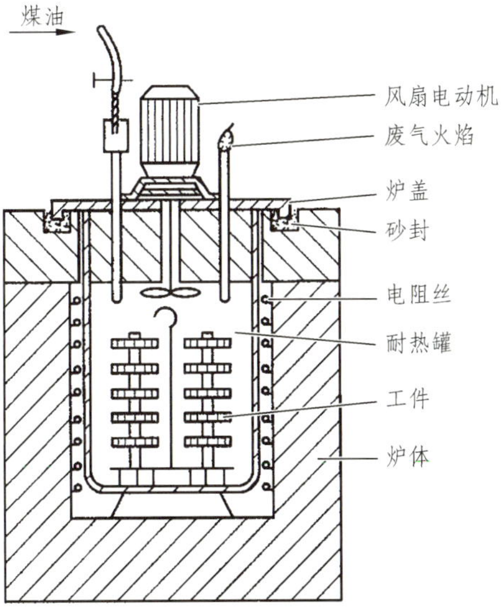

图 3-29　气体渗碳

气体渗碳生产效率高，渗碳过程易控制，渗碳层质量好，易实现机械化，但设备成本高，不宜用于单件、小批生产，广泛应用于大批量生产中。

③ 真空渗碳。真空渗碳是将零件放入特制的真空渗碳炉中，并使之达到一定的真空度，然后将炉温升至渗碳温度，再通入一定量的渗碳气体进行渗碳。由于渗碳炉中无氧化性气体，零件表面无吸附的气体，所以通入渗碳气体后，渗碳速度快，渗碳时间约为气体渗碳的 1/3，且表面光洁。

（3）渗碳零件技术要求。

决定渗碳层质量的主要指标是渗碳层的含碳量、深度和组织，这对渗碳件的使用寿命有重要影响。

① 含碳量。渗碳用钢为低碳钢和低碳合金钢，碳的质量分数一般为 0.1%~0.2%。碳的质量分数提高，将降低工件心部的韧性。工件渗碳后其表层碳的质量分数通常为 0.85%~1.05% 。

② 深度。一般规定，从渗碳工件表面向内至碳的质量分数为规定值（一般 $w_C = 0.4\%$ ）处的垂直距离为渗碳层深度。工件的渗碳层深度取决于工件尺寸和工作条件，一般为 0.5~ 2.5 mm 。

③ 组织。渗碳后缓冷组织自表面至心部依次为过共析组织（珠光体+碳化物）、共析组织（珠光体）、亚共析组织（珠光体+铁素体）的过渡层，直至心部的原始组织，如图 3-30 所示。

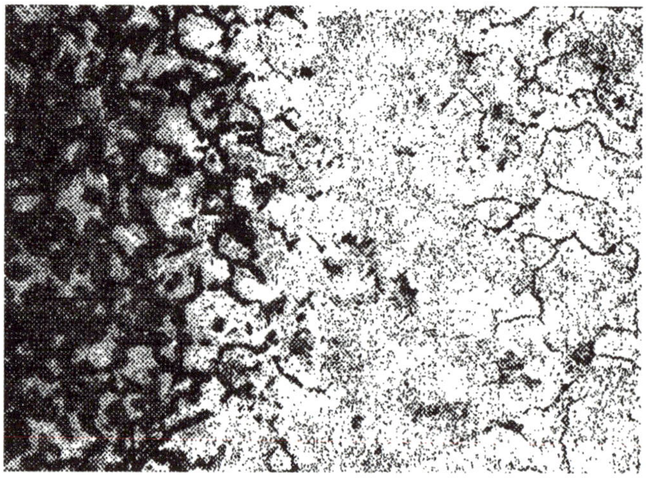

图 3-30　低碳钢渗碳缓冷后组织

（4）渗碳后的热处理。

渗碳层组织在缓冷后是珠光体和网状渗碳体，硬度并不高，没有达到表面硬度和耐磨性的要求，此外，在高温下长时间保温，往往引起奥氏体晶粒长大。因此，工件渗碳后必须进行热处理，可通过淬火及低温回火处理，提高硬度和耐磨性，使心部具有良好的韧性。

2. 渗　氮

渗氮俗称氮化，是指在一定温度下（一般在 Ac_1 以下），使活性氮原子渗入钢件表面，形成含氮硬化层的化学热处理工艺。常用的渗氮方法有气体渗氮和离子渗氮。

（1）渗氮目的是使工件表面获得高硬度、高耐磨性、高疲劳强度和耐蚀性。

（2）渗氮用钢主要是含有 Al 、Cr 、Mo 、V 、Ti 的合金钢，应用最广泛的渗氮用钢是 38CrMoAl 、35CrMo 、18CrMoW 等。钢中 Cr 、Mo 、Al 等元素在渗氮过程中形成高度弥散、硬度很高的稳定氮化物（CrN 、MoN 、AlN ），使渗氮后工件表面有很高的硬度（1 000~1 200 HV，相当于 72 HRC ）和耐磨性。

（3）渗氮特点及应用。

与渗碳相比，渗氮后无须再进行淬火就具有高硬度、耐磨性和热硬性，还具有良好的耐蚀性和高的疲劳强度，同时由于渗氮温度低，工件的变形小。但渗氮的生产周期长，一般要得到 0.3~ 0.5 mm 的渗氮层，渗氮前零件需经调质处理，以保证心部的强度和韧性。形状复杂的精密零件，在渗氮前、精加工后还要进行消除应力的退火，以减少渗氮时的变形。

渗氮主要用于要求表面高硬度，耐磨、耐热、耐蚀的精密零件，如精密机床的主轴、蜗杆、发动机曲轴、高速精密齿轮等。如图 3-31 所示为 38CrMoAl 钢氮化工艺曲线及显微组织图。显微组织中白亮层为含氮浓度高的氮化物层，不易腐蚀、薄而脆，不能受冲击，应避免将此层磨掉。

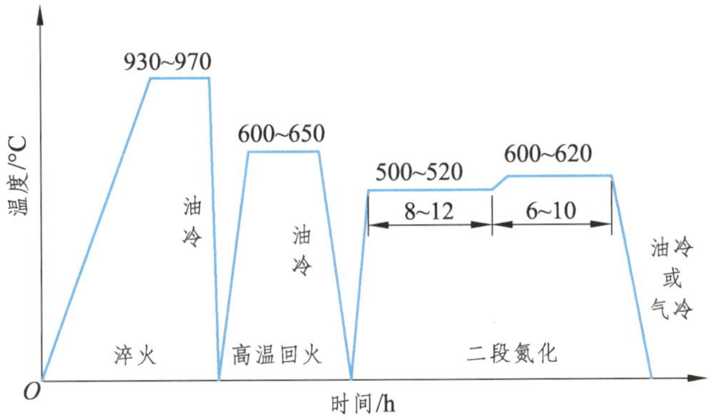

（a）38CrMoAl 钢氮化工艺曲线图

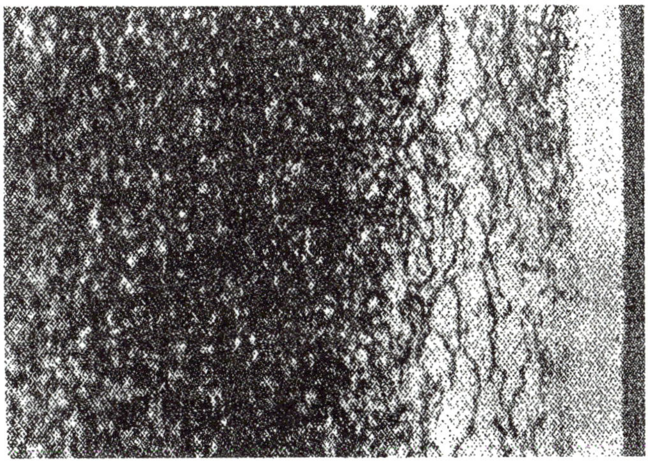

（b）38CrMoAl 钢氮化显微组织图

图 3-31　38CrMoAl 钢氮化工艺曲线及显微组织图

3. 碳氮共渗

碳氮共渗是指在工件表面同时渗入碳和氮的化学热处理工艺。其主要目的是提高工件表面的硬度和耐磨性，常用的是气体碳氮共渗。气体碳氮共渗工艺与渗碳基本相似，常用渗剂为煤油+氮气等，加热温度为 820~860 °C。

碳氮共渗后要进行淬火和低温回火。共渗层表面组织为回火马氏体、粒状碳氮化合物和少量残余奥氏体，渗层深度一般为 0.3~0.8 mm。碳氮共渗用钢大多为低碳或中碳的碳素钢、低合金钢及合金钢，也可用于铸铁。此工艺常应用于汽车的变速箱齿轮和轴类零件等。近年来，国内外都在发展深层碳氮共渗以代替渗碳，效果很好，其缺点是气氛较难控制。

知识拓展——表面气相沉积

知识拓展——其他热处理

练习 3

一、填空题

（1）共析钢的奥氏体化过程可分为________、________、________和________四个阶段。

（2）退火的冷却方式是________，常用的退火方法有________、________及________等。

（3）板条状马氏体的性能特点是具有________及较好的________。

（4）正火的冷却方式是________，对于低碳钢正火的主要目的是________，对于过共析钢正火的主要目的是________。

（5）钢的常用淬火方法有________、________、________和________。

（6）钢的淬透性与________有密切关系，________越低，钢的淬透性越好。

（7）钢的表面淬火方法主要有________和________。

（8）渗碳零件必须采用________或________制造。

（9）调质工序一般安排在________之后、________之前，目的是________________。

二、判断题（正确的在括号内画“√”，错误的在括号内画“×”）

（1）过冷奥氏体的冷却速度越快，钢冷却后的硬度越高。（　）

（2）马氏体转变是在等温冷却的条件下进行的。（　）

（3）对于同一种钢，淬火可以使其硬度最高。（　）

（4）本质细晶粒钢是指在任何加热条件下晶粒均不粗化的钢。（　）

（5）化学热处理既改变工件表面化学成分，又改变其表面组织。（　）

三、名称解释

（1）奥氏体、过冷奥氏体、残余奥氏体。

（2）淬透性、淬硬性、淬硬层深度。

四、分析讨论

（1）有一批直径为 5 mm 的共析钢制成的销子，采用什么热处理方法可得到下列组织？①珠光体；②索氏体；③下贝氏体；④回火索氏体；⑤马氏体+残余奥氏体。

（2）同一种钢在相同加热条件下水淬比油淬的淬透性好，这个说法对吗？为什么？

（3）根据如表 3-6 所示归纳、比较共析钢过冷奥氏体转变几种产物的特点。

表 3-6　习题表

冷却转变产物	表示符号	形成条件	相组成物	显微组织	HRC	塑性和韧性
珠光体						
索氏体						
托氏体						
上贝氏体						
下贝氏体						
马氏体						

（4）将 45 钢和 T12A 钢加热至 700 °C、770 °C、840 °C 淬火，说明淬火温度是否正确？为什么 45 钢在 770 °C 淬火后的硬度比 T12A 钢的低？

练习 3 答案

项目 4

工业用钢与铸铁

教学基本要求

1. 知识目标

（1）了解钢铁中的元素及其作用；

（2）理解材料成分、组织对材料性能的影响；

（3）掌握常用碳素钢、低合金钢、合金钢和铸铁的牌号、性能、用途及热处理工艺；

（4）掌握典型特殊性能钢、硬质合金的牌号与应用。

2. 能力目标

（1）具有根据应用场合选择常用结构钢、工具钢、特殊性能钢及铸铁材料的能力；

（2）初步选择适合钢铁材料热处理方法的能力。

思维导图

本项目思维导图如图 4-0 所示。

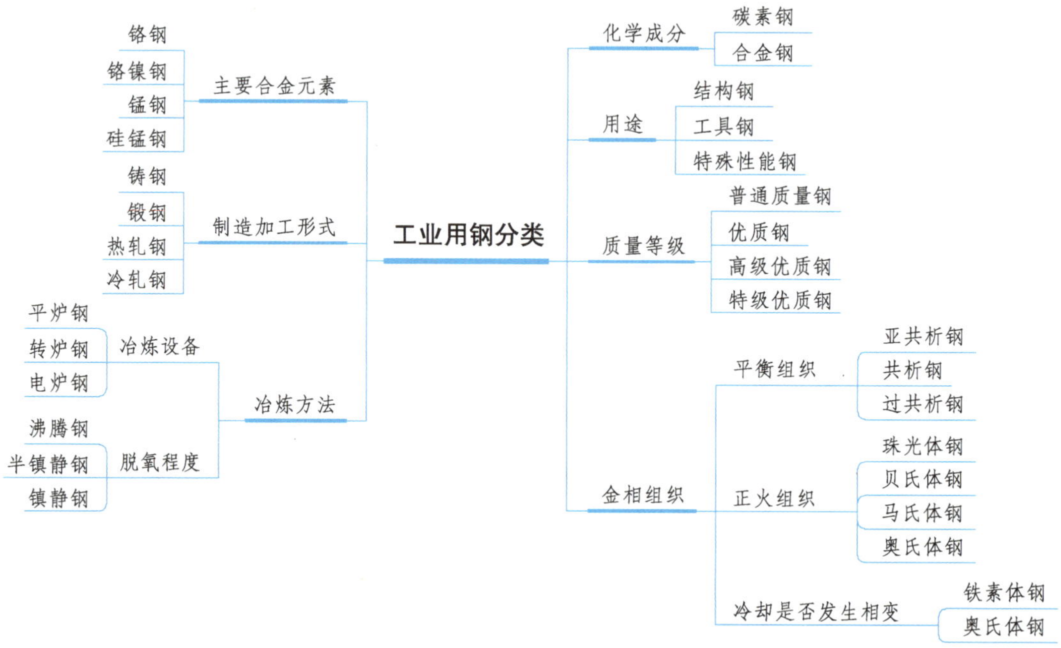

（a）

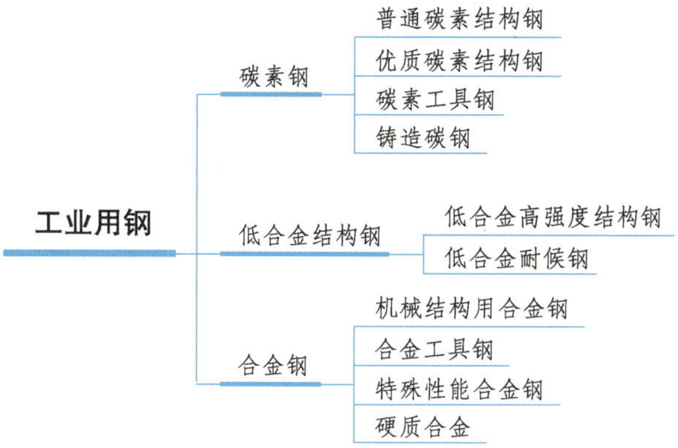

（b）

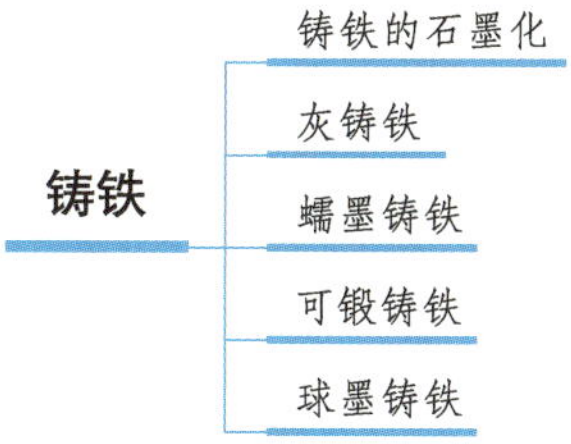

（c）

图 4-0　思维导图

引导案例　**中国“超级钢”领先世界——破解含碳量高的钢材容易断裂难题**

应用中含碳量高的棒材发生过很多次断裂。查找原因时，发现为了确保更高的强度，在钢中添加更多的碳，随之就会析出铁碳化物。从电化学的观点来看，铁碳化物发挥了阴极作用，加快了基体周边的阳极溶解反应。钢材表面易于产生并吸附氢，氢原子向钢材内部渗入的同时，氢的体积分数就可能会增加，最终使得材料的抗氢脆性能显著降低。因此，高强钢材耐腐蚀性和抗氢脆性的显著降低不仅有害于钢材的性能，还会极大地限制钢材的应用。例如，汽车用钢暴露于氯化物等各种腐蚀环境中，在应力作用下，可能出现的应力腐蚀开裂现象就会对车身的安全性造成严重的威胁。所以，研究人员不断探索开发兼具优秀耐腐蚀性和抗氢脆性的超高强钢。我国研制“超级钢”屈服强度达到 2 200 MPa，并且是第一个实现工业化量产的国家。现已将其应用于“蓝鲸 1 号”钻井平台等领域。

任务 1　碳素钢

能力知识点 1　碳素钢的概述

钢铁材料又称黑色金属材料，是以铁和碳为主要成分的 $Fe\text{-}Fe_3C$ 合金。钢的种类很多，按化学成分不同，将钢分为非合金钢、低合金钢和合金钢。各种钢的合金元素的规定质量分数的界限值见附录 4。碳钢属于非合金钢范畴，这部分仍沿用常规的分类方法。

含碳量小于 2.11%的铁碳合金称为碳素钢，简称碳钢，属于非合金钢。碳素钢容易冶炼，价格低廉，易于加工，性能上能满足一般机械零件的使用要求，是工业中用量最大的金属材料。

1. 常存杂质元素对碳素钢性能的影响

钢铁的主要组元是铁和碳，但在冶炼过程中，还会带入一定量的Si 、Mn 、S 、P 等金属或非金属夹杂物及氧、氮、氢等气体，这些非有意加入或保留的元素称为杂质。

（1）Si、Mn 的影响。

Si 可改善钢质，还可溶入铁素体，显著提高钢的强度和硬度，但含量较高时，会使钢的塑性和韧性下降。Mn 可防止形成 FeO，减轻 S 的有害作用，强化铁素体，增加珠光体相对含量，使组织细化，提高钢的强度。Si 和 Mn 在一定含量范围内是有益元素，作为少量杂质存在时对钢的力学性能的影响并不显著。

（2）S、P 的影响。

在固态下，S 在钢中主要以 FeS 的形态存在，使钢在 1 100 °C 左右的高温下进行变形加工时沿着晶界开裂，称为热脆。P 在固态下可溶入铁素体中，使钢的强度、硬度提高，并提高铁液的流动性，但在室温下会使钢的塑性、韧性显著下降，在低温时这种脆化现象更为严重，称为冷脆。P 的存在也使焊接性能变坏。S 和 P 的含量必须严格控制，它是衡量钢的质量等级的指标之一。

（3）O 、H 的影响。

炼钢过程中，在钢中存在着相当数量的 FeO 。冶炼末期用锰铁、硅铁或铝进行脱氧后，仍会有少量 O 残留在钢中以各种夹杂形式存在，如 MnO 、SiO 、AlO ，这将大幅度地降低钢的强度、韧性和疲劳强度、冲击韧性，以及急剧提高钢的脆性转折温度。

H 在冶炼时以原子状态进入钢水中。钢中 H 的质量分数极低，对组织影响极小，但对钢的性能却有较大的危害。微量的 H 会导致钢产生氢脆，出现微裂纹即“白点”，使钢的塑性降低。

2. 碳素钢的分类

（1）按钢中碳的含量分类。

根据钢中含碳量的不同，可分为

① 低碳钢：$w_C < 0.25\%$；

② 中碳钢：$w_C = 0.25\% \sim 0.6\%$；

③ 高碳钢：$w_C > 0.6\%$。

（2）按钢的质量分类。

这种分类方法主要根据钢中所含有害杂质 S 、P 的质量分数进行分类。

① 普通碳素钢：$w_S \leqslant 0.050\%$ 、$w_P \leqslant 0.045\%$；

② 优质碳素钢：$w_S \leqslant 0.040\%$ 、$w_P \leqslant 0.040\%$；

③ 高级优质碳素钢：$w_S \leqslant 0.030\%$ 、$w_P \leqslant 0.035\%$。

（3）按钢的用途分类。

根据钢的用途不同，可分为

① 碳素结构钢。其主要用于制造各种工程构件，如桥梁、船舶、建筑用钢；也用于制造机器零件，如齿轮、轴、螺钉、螺母、曲轴、连杆等。这类钢一般属于低碳和中碳钢。

② 碳素工具钢。其主要用于制造各种刀具、量具、模具。这类钢含碳量较高，一般属于高碳钢。

③ 碳素铸钢。其主要用于制作形状复杂、难以用锻压等方法成形的铸钢件。

（4）按冶炼的脱氧程度分类。

按冶炼的脱氧程度可分为以下三类：强脱氧形成镇静钢、普通脱氧形成半镇静钢、弱脱氧形成沸腾钢，其中气泡依次逐渐增多。普通钢基本都是沸腾钢，内部气孔在轧制工序将被压碎，所以对实际应用没有影响，材料利用率较高，制造成本低。镇静钢上的缩孔需要切除，材料利用率较低，制造成本提高，材料内外质量都很好。特种钢都是镇静钢。

知识拓展——按脱氧程度分类及合金元素对钢加工工艺性能的影响

（5）钢铁的牌号命名。

在实际使用中，在给钢的产品命名时，往往把成分、质量和用途几种分类方法结合起来，如碳素结构钢、优质碳素结构钢、碳素工具钢、高级优质碳素工具钢、合金结构钢等。

能力知识点 2　普通碳素结构钢

1. 钢的特性与用途

碳素结构钢含杂质较多、价格低廉，用于对性能要求不高的地方。其含碳量多在 0.30% 以下，含锰量不超过 0.80%，强度较低，但塑性、韧性、冷变形性能较好。

碳素结构钢加工成形后一般不进行热处理，大都在热轧状态下直接使用，通常轧制成板材、带材及各种型材。其用途很多，用量很大，多用于铁道、桥梁、各类建筑工程，制造承受静载荷的各种金属构件、一般焊接件及不太重要的机械零件。

2. 牌号表示方法

普通碳素结构钢简称为碳素结构钢，其牌号由“Q+数字+字母+字母”组成。GB/T 700—2006 中的牌号编排如图 4-1 所示。

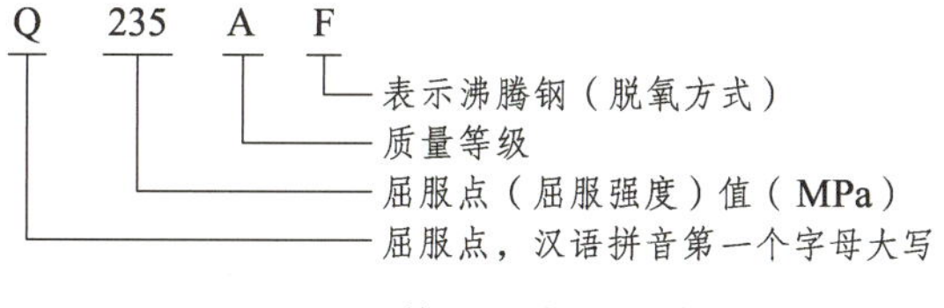

图 4-1　牌号的表示方法

第一组字母包括 A、B、C、D、E，表示钢的等级，由 A 到 E 质量依次增高；第二组字母包括 F、b、Z、TZ，分别表示沸腾钢、半镇静钢、镇静钢和特殊镇静钢，Z、TZ 符号可以省略。牌号 Q235AF 表示普通质量非合金钢中屈服强度 $R_{eL} \geqslant 235$ MPa 、质量等级为 A 级的沸腾钢。

3. 典型牌号

Q195 、Q215 常制成薄板、钢筋，也可用于制作铆钉、螺钉、轻负荷的冲压零件和焊接结构件等。

Q235 、Q255 强度稍高，可制作螺栓、螺母、销钉、吊钩和不太重要的机械零件，也可用于制作建筑结构中的螺纹钢、型钢、钢筋等；质量较好的 Q235C 、Q235D 可用于制作重要的焊接结构件。

Q275 的强度较高，可用于制作受力中等的链轮、拉杆、小轴活塞销等零件，代替优质的碳素结构钢使用，如图 4-2 所示。

图 4-2　Q275 的加工

查表——碳素结构钢的化学成分及力学性能表

能力知识点 3　优质碳素结构钢

1. 钢的特性与用途

优质碳素结构钢中有害杂质 S、P 含量较低（ $w_S \leqslant 0.030\%$ 、 $w_P \leqslant 0.035\%$ ），非金属夹杂物也较少，出厂时既保证化学成分，又保证力学性能，主要用于制造较重要的机械零件，可以通过热处理提高其力学性能。

2. 牌号表示方法

查表——优质碳素结构钢的牌号、性能和用途表

优质碳素结构钢的牌号由两位数字组成，表示平均含碳量的万分数。例如，08 钢，表示平均 $w_C = 0.08\%$ 的优质碳素结构钢；45 钢，表示平均 $w_C = 0.45\%$ 的优质碳素结构钢。

优质碳素结构钢按含 Mn 量的不同，分为普通含锰量（ $w_{Mn} = 0.35\%\sim0.8\%$ ）和较高含锰量（ $w_{Mn} = 0.7\%\sim1.2\%$ ）两组。较高含锰量在钢的牌号后面标出元素符号“Mn”，例如，65Mn 钢表示平均 $w_C = 0.65\%$ ，并含较多锰的优质碳素结构钢；若为沸腾

钢，则在牌号数字后面加“F”，如08F、15F等。高级优质钢，在数字后面加上符号“A”；特级优质钢在数字后面加上符号“E”。

3. 典型牌号

优质碳素结构钢主要用于制造机械零件，一般都需要经过热处理才能使用，如图4-3所示。

（a）本体为20钢，连接部分为45钢

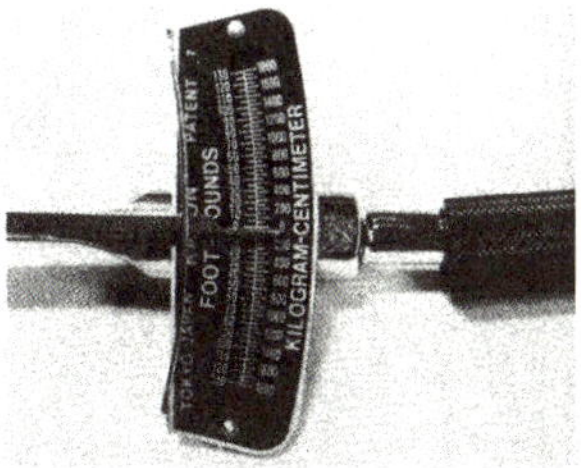

（b）板形扭矩扳手的支撑部位为25钢

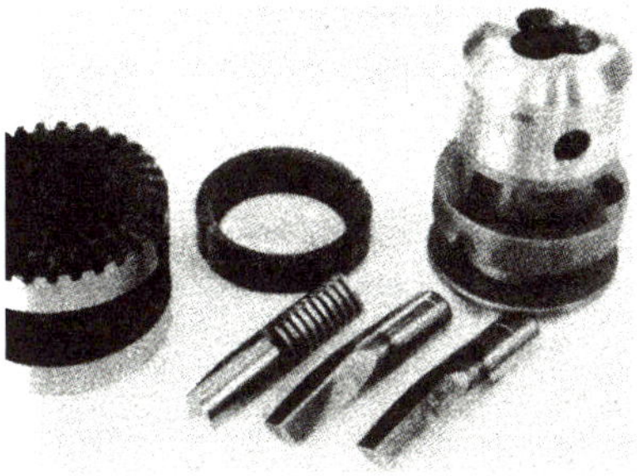

（c）钻夹、钻套材质为35钢

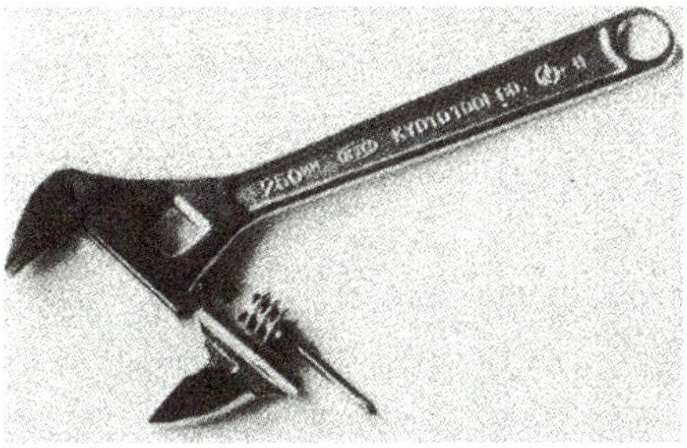

（d）本体和夹头都是55钢锻件

图4-3 优质碳素结构钢应用举例

08F钢为含碳量很低、含硅量极少的沸腾钢，强度低，塑性好，一般可轧成很薄的板带，主要用于制造冷冲压零件，如家电、汽车和仪表外壳等。

15钢、20钢主要用于制造渗碳件，经渗碳热处理后，使工件表面具有高硬度和高耐磨性，而心部应保持较高的韧性。宜于制造承受冲击载荷及易磨损条件下工作的各种零件，如轴套、小模数的渗碳齿轮、链轮等，也可用于制造冷变形零件和焊接件。

30钢、45钢、55钢属于中碳钢，经调质后具有良好的综合力学性能，主要用于制造受力较大的机械零件，如汽车上的轴、曲轴、连杆、低速齿轮等。

65、65Mn钢属于高碳钢，经淬火+中温回火后，具有高的强度，主要用于制造各类弹簧、机车轮缘、低速车轮。

能力知识点4 碳素工具钢

1. 钢的特性与用途

碳素工具钢碳含量较高（$w_C = 0.65\% \sim 1.35\%$），S、P含量较低，都是优质或高级优质钢，经淬火、低温回火后具有较高的硬度（60 ~ 65 HRC）和耐磨性，加工性能良好，塑性和韧性较差，热硬性差，适用于各种手工工具，如图 4-4 所示。此类钢一般以退火状态供应市场，使用时再进行适当的热处理。

因其热硬性差，当刃部温度高于 200 °C 时，硬度、耐磨性会显著降低。由于其淬透性差，直径厚度不大于15~20 mm 的试样在水中才能淬透，尺寸大的难以淬透，另外，形状复杂的零件水淬容易变形和开裂，所以碳素工具钢多用于制造受热程度较低、尺寸较小的手工工具及低速、小走刀量的机加工工具，也可用于制造尺寸较小的模具和量具。

（a）螺栓剪的刃口

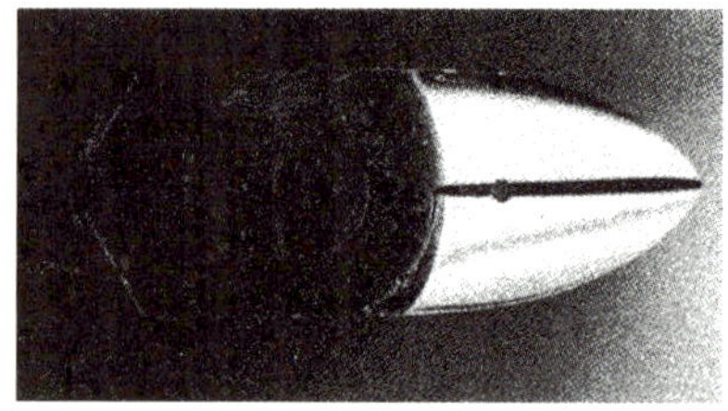

（b）剪钳刃口

图 4-4　碳素工具钢应用举例

2. 牌号表示方法

碳素工具钢的牌号由“T+数字”组成。“T”是“碳”字汉语拼音大写首字母，数字是钢平均含碳量的千分数表示。若为高级优质碳素工具钢，则在数字后加“A”，如 T12A 。在末尾处加上“Mn”，表示含锰量较高。

查表——常用碳素工具钢的牌号、性能及用途表

各种碳素工具钢淬火后的硬度相差不大，但随含碳量的增加，钢的耐磨性增加，韧性降低。因此，不同牌号工具钢在用途上有所区别。

3. 典型牌号

T7 钢，具有良好的韧性，但耐磨性不高，适于制作切削软材料的刃具和承受冲击载荷的工具，如木工工具、镰刀、凿子、锤子等；

T8Mn 钢，淬透性较好，适于制作断口较大的木工工具、煤矿用凿、石工凿和要求变形小的手锯条、横纹锉刀；

T13 钢，硬度极高，耐磨性好，但韧性低，不能承受冲击载荷，只适于制作切削高硬度材料的刃具和加工坚硬岩石的工具，如锉刀、刻刀、雕刻工具等。

能力知识点 5　铸造碳钢

1. 钢的特性与用途

铸造碳钢中碳的质量分数 $w_C = 0.15\% \sim 0.60\%$ 。铸钢的铸造性能比铸铁差，力学性能比铸

铁好，主要用于制造形状复杂、力学性能要求较高、难以锻压成形的重要机械零件，例如，汽车的变速箱壳，机车车辆的车钩和联轴器等，如图 4-5 所示。

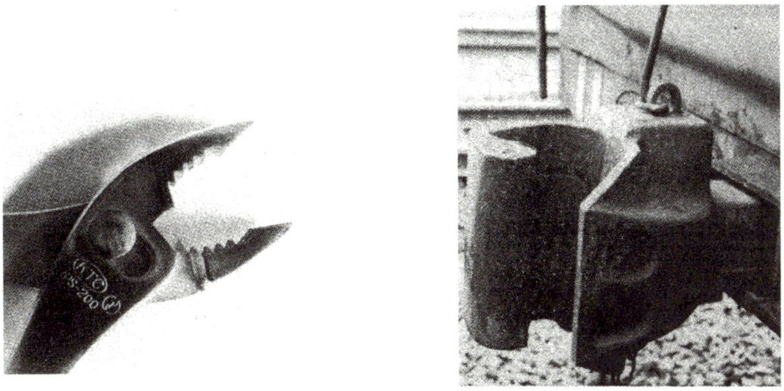

（a）钳子　　（b）连接器本体

图 4-5　铸造碳钢（ZG230-450）的应用示例

2. 牌号表示方法

铸造碳钢牌号通常由“ZG +数字-数字”组成。“ZG”是“铸钢”二字的汉语拼音首字母，第一组数字代表最低屈服强度值，第二组数字代表最低抗拉强度值。例如 ZG200-400 表示 $R_{eL} \geqslant$ 200 MPa 、$R_m \geqslant$ 400 MPa 的铸造碳钢。（GB/T 5613—1995 中沿用的是旧的力学性能符号，为方便阅读已将其改为对应的新标准符号）

查表——工程用铸造碳钢的牌号、化学成分、力学性能及用途表

任务 2　低合金结构钢

低合金结构钢是一类可焊接的低碳低合金工程结构用钢，钢中合金元素总质量分数一般不超过 3%。常用的有低合金高强度结构钢、低合金耐候钢和低合金专业用钢等。

能力知识点 1　低合金高强度结构钢

低合金高强度结构钢强度高，韧性和加工性能优异，合金元素含量少且不需要复杂的热处理。结合我国富锰资源条件，低合金高强度结构钢具有广阔的发展前景。

1. 化学成分特点

（1）低碳。由于塑性、韧性、焊接性和冷成形性能的要求高，所以碳的质量分数不超过 0.20%。

（2）加入以 Mn 为主的合金元素。含 Mn 适量（1.0%～1.6%）使强度提高，降低硫、氧的热脆影响，改善热加工性能。

（3）加入 Nb、Ti、V、Si 等辅加元素。少量的 Nb、Ti 或 V 在钢中形成细碳化物或碳氮化物，有利于获得细小的铁素体晶粒和提高钢的强度和韧性。硅的主要作用是溶于铁素体中，起固溶强化作用。

此外，加入少量 Cu（$w_{Cu} \leqslant 0.4\%$）和 P（w_P 在 0.1% 左右）等，可提高抗腐蚀性能；加入少量稀土元素，可以脱硫、去气，净化钢材，改善其韧性和工艺性能。

2. 牌号、性能及用途

低合金高强度结构钢的牌号与碳素结构钢相同，如 Q295、Q345、Q390、Q420、Q460，其中，Q345 应用最广泛。低合金高强度结构钢是一类可焊接的低碳、低合金工程结构用钢，具有较高的强度，良好的塑性、韧性、焊接性、耐蚀性和冷成型性，低的韧脆转变温度，适于冷弯和焊接。

低合金高强度结构钢一般在热轧和正火状态下使用，有时在焊接后进行一次正火处理，个别要求高强度的情况下，如高压容器，需进行调质处理；广泛用于建筑、桥梁、船舶、车辆、铁道、高压容器及大型军事工程等方面。它用于代替普通碳钢，可大大减轻结构质量，保证使用可靠、耐久，如图 4-6 所示。

查表——常用低合金高强度结构钢的化学成分、力学性能及用途表

专用低合金高强度结构钢的牌号表示方法与通用低合金高强度结构钢大致相同，只是在牌号的尾部加上产品用途汉语拼音首字母。例如：Q345R 表示压力容器用钢；Q295HP 表示焊接气瓶用钢；Q390g 表示锅炉用钢；Q420q 表示桥梁用钢，Q340NH 表示耐候钢等。低合金高强度结构钢按脱氧方法分为镇静钢和特殊镇静钢，但在牌号中没有表示脱氧方法的符号。

（a）南京长江大桥，Q345 钢，跨度 160 m　　（b）九江长江大桥，Q420 钢，跨度 216 m

图 4-6　用低合金高强度结构钢建桥

能力知识点 2　低合金耐候钢

低合金耐候钢即耐大气腐蚀钢，是在低碳非合金钢的基础上加入少量 Cr、Cu、Ni、Mo 等合金元素，添加微量的 Nb、Ti、V 等元素，使钢表面在空气中形成一层保护膜，从而提

高钢材的耐大气腐蚀性。

我国耐候钢分为焊接结构用耐候钢和高耐候性结构钢（GB/T 4171—2008）两大类。焊接结构用耐候钢适用于桥梁、建筑及其他要求耐候性的结构件；高耐候性结构钢适用于车辆、建筑、塔架等构件，也可制作铆接和焊接件。

焊接结构用耐候钢的牌号由“Q+数字+NH+字母”组成，数字表示最低屈服强度值；“NH”是“耐候”的汉语拼音首字母；字母（C、D、E）表示质量等级。如Q355NHC表示 $R_{eL} \geqslant 355$ MPa、质量等级为C级的焊接结构用耐候钢。

高耐候性结构钢的牌号由“Q+数字+GNH”组成，字母“GNH”是“高耐候”的汉语拼音首字母。含Cr、Ni的高耐候性结构钢牌号后缀以“L”表示，如Q345GNHL。

任务3　合金钢

为了进一步改善钢的性能，在碳钢的基础上有目的加入一定量的一种或几种元素而获得的钢称为合金钢。合金钢常见于生活中，如图4-7所示。

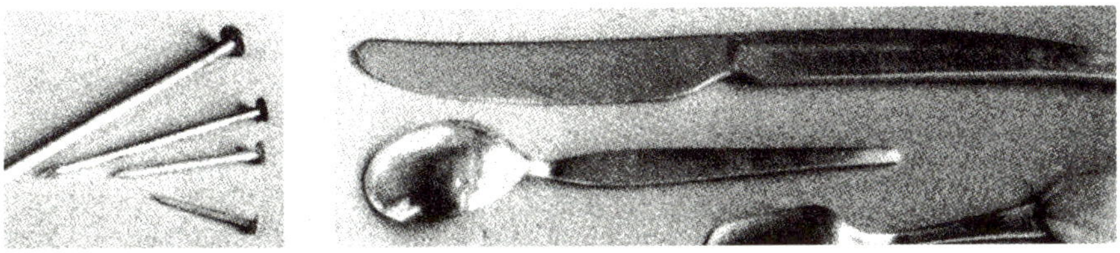

图4-7　合金钢制成的生活用品

能力知识点1　合金钢的分类与牌号

1. 合金钢的分类

钢一般是指 $w_C \leqslant 2.11\%$，并可能含有其他元素的 $Fe\text{-}Fe_3C$ 合金。合金钢的种类很多，为便于生产、选材、管理和研究，根据某些特性，从不同角度出发将其分成若干种类。

（1）按用途分类。

① 合金结构钢。其可分为低合金结构钢、机械制造用合金钢两大类，主要用于制造各种工程构件和机械零件。

② 合金工具钢。其可分为刃具钢、模具钢、量具钢三类，主要用于制造各种刃具、模具和量具。

③ 特殊性能钢。其可分为不锈钢、耐热钢、耐磨钢、易切削钢。

上述具体分类如图4-8所示。

（2）按合金元素含量（质量分数）分类。

① 低合金钢。合金元素的总含量在5%以下。

② 中合金钢。合金元素的总含量在5%~10%。

- 合金钢
  - 合金结构钢
    - 低合金结构钢
      - 低合金高强度结构钢
      - 低合金耐候钢
      - 低合金专业用钢
    - 机械制造用合金钢
      - 合金渗碳钢
      - 合金调质钢
      - 合金弹簧钢
      - 滚动轴承钢
      - 超高强度钢
  - 合金工具钢
    - 刃具钢
      - 低合金刃具钢
      - 高速钢
    - 量具钢
    - 模具钢
      - 冷作模具钢
      - 热作模具钢
  - 特殊性能钢
    - 不锈钢
    - 耐热钢
    - 耐磨钢
    - 易切削钢

图 4-8　合金钢的分类

③ 高合金钢。合金元素的总含量在 10%以上。

（3）按金相组织不同分类。

① 按平衡组织或退火组织，其可以分为亚共析钢、共析钢、过共析钢和莱氏体钢。

② 按正火组织，其可以分为珠光体钢、贝氏体钢、马氏体钢和奥氏体钢。

（4）其他分类方法。

① 按工艺特点，其可分为铸钢、渗碳钢、易切削钢等。

② 按质量，其可以分为普通质量钢、优质钢和高级优质钢，区别主要在于钢中含有 S、P 杂质元素的多少。

2. 牌号表示

钢的编号原则：一是根据编号可大致看出钢的成分；二是根据编号可大致看出钢的用途。因此，合金钢的牌号在国标中常采用如下格式：

数字 ＋ 化学元素 ＋ 数字 ＋ 尾缀符号

化学元素采用元素中文名称或化学符号。产品名称、用途、浇铸方法等则采用汉语拼音字母表示。

（1）含碳量数字。

① 含碳量数字为两位数，用在合金结构钢的牌号中，表示钢中平均含碳量的万分数。例如 30W4Cr2VA 钢的平均含碳量为万分之三十，即 0.30%。

② 含碳量数字为 1 位数，用在合金工具钢的牌号中，表示钢中平均含碳量的千分数。例如 9SiCr 钢的平均含碳量为千分之九，即 0.9%。

③ 无含碳量数字，用在合金工具钢的牌号中，表示钢中平均含碳量≥1%，此时不标。例

如 Cr12 钢的平均含碳量≥1%，未标。

（2）合金元素含量数字。

其表示该合金元素平均含量的百分数，当合金元素平均质量分数小于 1.5%时不标数字。例如 Cr12MoV 钢中平均 $w_{Cr}=12\%$ 、平均 $w_{Mo}<1.5\%$ 、平均 $w_{V}<1.5\%$ 。

（3）尾缀符号。

当采用汉语拼音字母表示该产品的名称、用途、特性和工艺方法时，一般用代表产品名称的汉语拼音字母表示，加在牌号首或尾部。例如 GCr15 钢，G 表示滚动轴承；SM3Cr3Mo 钢，SM 表示塑料模具。

（4）特殊性能钢的牌号表示。

牌号表示法与合金工具钢相同，只是在不锈钢中，当平均含碳量小于 0.1 % 时，前面加"0"表示；当平均含碳量小于等于 0.03%时，前面加"00"表示。例如 00Cr12 钢，表示含碳量为 0.03%，含铬量为 12%的耐热钢。

（5）专门用途钢。

此类钢是指某些有专门用途的钢，以其用途名称汉语拼音第一个字母表示该钢的类型，以数字表明其含碳量；化学元素符号表明钢中含有的合金元素，其后的数字表明合金元素的大致含量。例如，锅炉用 20 钢，其牌号为 20g；铆螺用 30CrMnSi 钢，牌号表示为 ML30CrMnSi 。

能力知识点 2　合金元素在钢中的作用

合金元素是为了改变钢的组织与性能而有意加入的元素。合金钢中经常加入的元素有锰（Mn）、铬（Cr）、钼（Mo）、钨（W）、钒（V）、铌（Nb）、锆（Zr）、钛（Ti）、镍（Ni）、硅（Si）、稀土元素（RE）等。

能形成碳化物的元素，如 Fe 、Mn 、Cr 、Mo 、W 、V 、Nb 、Zr 、Ti（按照与碳的亲和力由弱到强依次排列）等称之为碳化物形成元素。一般认为，V 、Nb 、Zr 、Ti 为强碳化物形成元素；Cr 、Mo 、W 为中强碳化物形成元素；Fe 、Mn 为弱碳化物形成元素。不能形成碳化物的元素，如 Ni 、Co 、Si 、Al 、N 等称之为非碳化物形成元素，主要是以溶入 α-Fe 或 γ-Fe 的形式存在。

合金元素在钢中的作用形式复杂，包括与钢中铁和碳的相互作用及合金元素间的相互作用。

1. 合金元素对 $Fe\text{-}Fe_3C$ 相图的影响

（1）使 *S*、*E* 点位置左移。

从图 4-9 中可见，扩大奥氏体区的合金元素，使 *S*、*E* 点向左下方移动；缩小奥氏体区的合金元素，使 *S*、*E* 点向左上方移动。由此图可知，大多数合金元素均使 *S*、*E* 点左移。*S* 点左移意味着合金钢中共析点的碳的质量分数将小于 0.77%，会使合金钢中的亚共析成分出现过共析钢组织。*E* 点左移，使出现莱氏体的碳的质量分数降低，即钢中有可能出现莱氏体组织（称为莱氏体钢）。

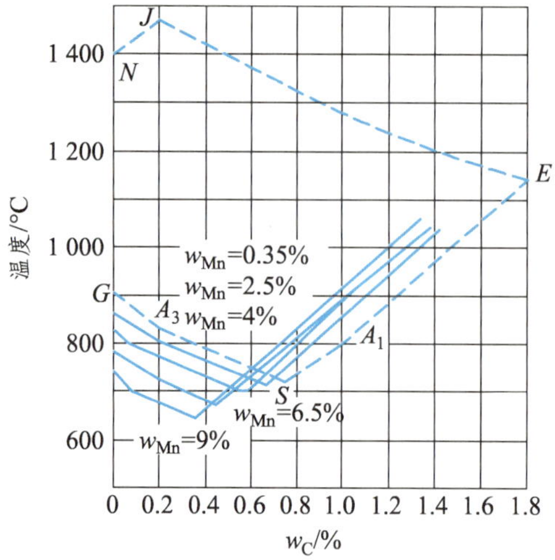

（a）Mn 的影响

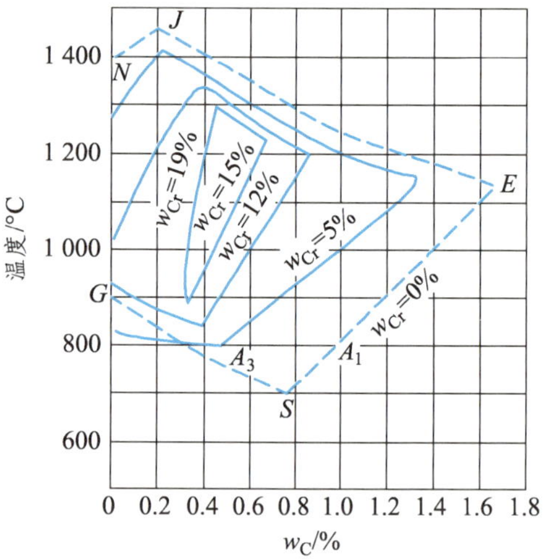

（b）Cr 的影响

图 4-9　合金元素对奥氏体相区的影响

（2）对临界点的影响。

从图 4-9 中可见，合金元素的加入会影响 *S* 点、*GS* 线、*ES* 线上下移动。*S* 点、*GS* 线向下移动，表明临界点 A_1 和 A_3 下降；*S* 点、*GS* 线、*ES* 向上移动，表明临界点 A_1、A_3 和 A_{cm} 点上升。几种常见合金元素对共析温度影响如图 4-10 所示。

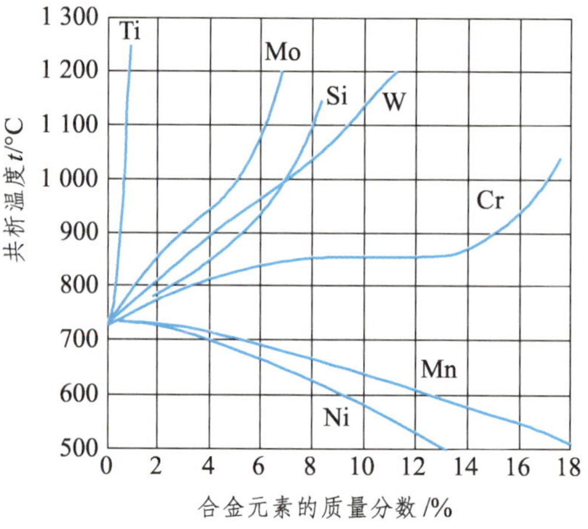

图 4-10　常见合金元素对共析温度的影响

2. 合金元素使钢获得特殊性能

（1）形成单相稳定组织。

① 奥氏体钢。Ni、Co、Mn 等合金元素的加入使奥氏体区扩大，*GS* 线向左下方移动，A_1 线、A_3 线下降，如图 4-9（a）所示。当钢中含有大量扩大奥氏体区的合金元素时，会使相图中奥氏体区一直延展到室温以下，得到在室温下仍具有稳定的单相奥氏体组织的钢，称为奥氏体钢。

② 铁素体钢。Cr、Mo、W、V、Ti、Si、Al 等合金元素的加入会缩小奥氏体区，*GS* 线向左上方移动，A_1 线、A_3 线升高，如图 4-9（b）所示。当钢中加入大量缩小奥氏体区的合金元素时，可能会使奥氏体区完全消失。此时，钢在室温下的平衡组织是单相铁素体，称为铁素体钢。

（2）形成致密氧化膜和金属间化合物。

合金元素 Cr、Mo、W、Ti、Si、Al 等形成的致密氧化膜覆盖在钢的表面，提高了钢的耐蚀性和高温抗氧化性；形成的金属间化合物则提高了钢的高温抗蠕变能力，尤其当它们以细小的颗粒弥散分布时，会显著提高钢的高温强度。

3. 合金元素对钢的力学性能的影响

（1）固溶强化作用。

合金元素 Si、Al、Cr、Mo、W、Mn、Cu、Co 等可溶入铁素体、奥氏体、马氏体中，使钢的强度提高，产生固溶强化。几种合金元素对铁素体力学性能的影响如图 4-11 所示。

（2）第二相强化作用。

① 形成合金渗碳体。合金渗碳体是合金元素溶入渗碳体所形成的化合物。合金渗碳体较渗碳体略为稳定，硬度也较高，是一般低合金钢中碳化物的主要存在形式。

② 形成特殊碳化物。特殊碳化物通常由中强或强碳化物形成元素所形成。特殊碳化物比合金渗碳体具有更高的熔点、硬度与耐磨性，并且更为稳定，不易分解。一般情况下，碳化物越稳定，其硬度越高；碳化物颗粒越细小，对钢的强化效果越显著。

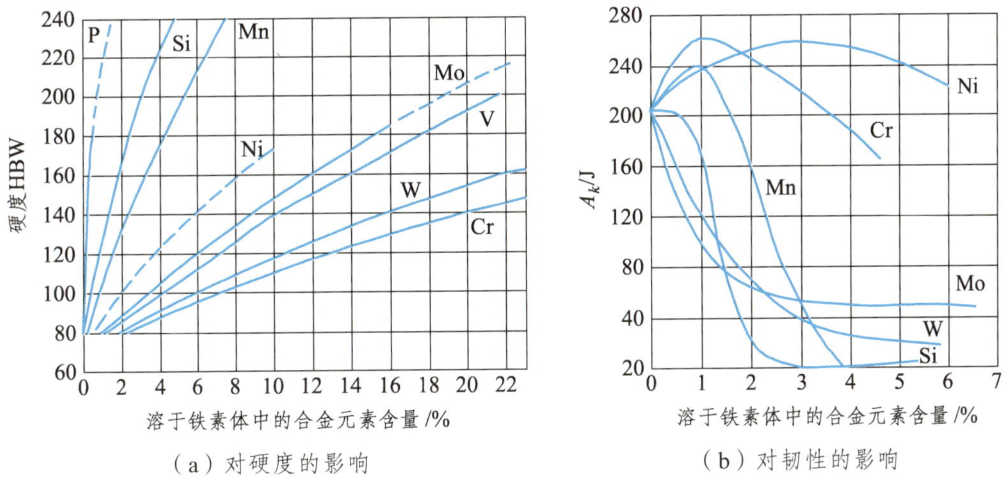

图 4-11 几种合金元素对铁素体力学性能的影响（退火状态）

③ 细晶强化。大多数合金元素都能阻止奥氏体晶粒的长大，使得钢冷却后的组织细化，在提高钢的强度和硬度的同时，也提高了钢的塑性和韧性。

4. 合金元素对钢的热处理工艺性能的影响

（1）对加热过程奥氏体化的影响——细化奥氏体晶粒、减缓奥氏体化速度。

在钢的奥氏体化过程中，除 Mn、P 外的合金元素均阻止奥氏体晶粒长大。V、Nb、Zr、

Ti 等强碳化物形成元素强烈阻止奥氏体晶粒长大，具有细化晶粒的作用。除锰钢外，合金钢在加热时不易出现过热现象，有利于在淬火后获得细马氏体，有利于增加淬透性、提高钢的力学性能及减小淬火时变形与开裂的倾向。

除 Ni 、Co 外，大多数合金元素均减缓奥氏体化速度。V 、Ti 、Cr 、Mo 、W 等合金元素形成的合金碳化物，有的要达到 1 050 °C 才溶解，而且即使溶解也难以扩散。所以为了加速奥氏体化，充分发挥合金元素的有益作用，合金钢在热处理时需要提高加热温度和延长保温时间。

（2）在钢冷却过程中的表现——提高淬透性。

合金元素（除 Co 、Al 外）溶入奥氏体后，均使奥氏体稳定性增加，使过冷奥氏体等温转变曲线右移，降低了钢的马氏体临界冷却速度，提高了钢的淬透性。因此，与碳素钢相比，合金钢淬火能使较大截面的工件获得均匀一致的组织，从而获得较高的力学性能。对复杂的合金钢工件，我们可用冷却能力较强的淬火剂，如熔盐等淬火，从而减少工件淬火时的变形与开裂。

提高淬透性作用最大的元素是 Mo 、Mn 、Cr 、Ni 。微量的 B（$<0.005\%$）能显著提高钢的淬透性。M_s 点和 M_f 点的下降，使合金钢淬火后残余奥氏体量较非合金钢多，可进行冷处理或进行多次回火，使残余奥氏体转变为马氏体或贝氏体。必须指出，加入的合金元素只有完全溶入奥氏体时，才能提高淬透性。如果未完全溶解，就会成为奥氏体分解时新相的结晶核心，使分解速度加快，反而降低钢的淬透性。

（3）在淬火钢回火时的表现——提高回火稳定性、产生二次硬化。

在淬火钢回火时，大多数合金元素可以提高钢的回火稳定性。淬火钢在回火时抵抗硬度下降的能力称为钢的回火稳定性。由于合金元素溶入了马氏体，阻碍了原子扩散，使马氏体在回火过程中不易分解，碳化物不易析出。因此，合金钢回火时硬度下降较慢，回火稳定性较高。合金钢若与碳素钢在相同温度下回火，则合金钢的强度和硬度将比碳素钢高。提高回火稳定性较强的合金元素有 V 、Si 、Mo 、W 等。

某些合金钢回火时在某些温度范围出现硬度不降反而回升的现象，称为二次硬化。产生二次硬化的主要原因：含 V 、Mo 、W 等强碳化物形成元素的合金钢在高温回火时，析出了与马氏体保持共格关系并高度弥散分布的特殊碳化物，如 VC 、Mo_2C 、W_2C 等。

高回火稳定性和二次硬化使合金钢具有很好的高温强度和热硬性。热硬性是指合金在高温下保持高硬度（≥60 HRC）的能力。热硬性对高速切削刀具有重要意义。

能力知识点 3　机械结构用合金钢

机械结构用合金钢主要用于制造各种机械零件，其质量都属于特殊质量等级，大多需经热处理后才能使用。

按用途及热处理特点，机械结构用合金钢可分为渗碳钢、调质钢、非调质钢、弹簧钢、滚动轴承钢、超高强度钢、易切削钢等。按冶金质量的不同，合金钢可分为三类：优质钢；高级优质钢，牌号后加 A；特级优质钢，牌号后加 E 。

1. 合金渗碳钢

（1）性能特点及应用。

合金渗碳钢是用于制造渗碳零件的合金钢，具有外硬内韧的性能，可用于制造承受冲击及耐磨的产品。与碳素渗碳钢相比，合金渗碳钢淬透性高，零件心部的硬度和强度在热处理前后差别较大，可通过热处理使渗碳件的心部达到显著强化的效果；常用于制造汽车、拖拉机上的变速齿轮与内燃机上的凸轮轴、活塞销等。

（2）化学成分。

合金渗碳钢含碳量低，$w_C = 0.1\% \sim 0.25\%$，属于低碳钢。低含碳量保证淬火后零件心部有足够的塑性和韧性（一般高于 700 kJ/m^2）。为了提高淬透性，加入 Cr、Mn、Ni、B 等，可强化渗碳层和心部组织（Cr 是主加元素）。加入微量 V、W、Ti、Mo 等强碳化物形成元素，可形成细小难溶的碳化物，阻止晶粒长大，并增加渗碳层硬度，提高耐磨性。

（3）热处理工艺。

预先热处理：低、中淬透性的渗碳钢，锻造后正火；高淬透性的渗碳钢，锻压、空冷淬火后，再于 650 °C 左右高温回火，以改善切削加工性能。

最终热处理：渗碳后淬火+低温回火（180~200 °C）。最终表层组织是高碳回火马氏体、合金渗碳体、碳化物及少量的残余奥氏体，保证了表面的高硬度和耐磨性，硬度可达 60~62 HRC。心部组织淬透后的回火组织是低碳回火马氏体，硬度为 40~48 HRC；未淬透的回火组织是托氏体、少量低碳回火马氏体及铁素体，硬度为 25~40 HRC。

（4）常用牌号。

20Cr、20MnV 钢属于低淬透性渗碳钢，水淬临界淬透直径为 20~35 mm，心部强度不高，常用于制造尺寸较小的零件，如小齿轮、活塞销等。

20CrMnTi 钢属于中淬透性渗碳钢，油淬临界淬透直径为 25~60 mm，渗碳过渡层比较均匀，奥氏体晶粒长大倾向小，可自渗碳温度预冷到 870 °C 左右直接淬火；常用于制造高速、中载、冲击和在剧烈摩擦条件下工作的零件，如汽车、拖拉机的变速齿轮、离合器轴等。

查表——常用渗碳钢的牌号、化学成分、热处理、力学性能及用途表

18Cr2Ni4WA、12Cr2Ni4、20Cr2Ni4A 钢等属于高淬透性渗碳钢，油淬临界淬透直径为 110 mm 以上，甚至空冷也能淬成马氏体，主要用于制造负荷大、磨损剧烈的大型零件，如内燃机的主动牵引齿轮、精密机床上控制进刀的蜗轮、飞机及坦克的曲轴与齿轮等。

2. 合金调质钢

（1）性能特点及应用。

合金调质钢是经调质处理后的合金钢，具有高强度、良好的塑性和韧性相结合的综合力学性能，同时具有良好的淬透性；主要用于制造在多种载荷作用下工作、受力复杂的重要零件，如汽车、拖拉机、机床等的齿轮、轴类零件、连杆、高强度螺栓等。合金调质钢是机械结构用合金钢的主体。

（2）化学成分。

合金调质钢中一般 $w_C = 0.25\% \sim 0.5\%$，以 $w_C = 0.4\%$ 居多。主要添加的合金元素有 Mn、Cr、Ni、B、Si 等，能提高钢的淬透性，获得高而均匀的综合力学性能，特别是高的屈强比。其他元素的添加主要有 V 用于细化晶粒，提高综合力学性能；Mo、W 用于减轻或抑制第二类回火脆性；Al 用于加速合金调质钢的氮化过程。

（3）热处理工艺。

预先热处理：指锻造成形后的热处理。低淬透性调质钢常采用正火，中淬透性调质钢常采用退火，高淬透性调质钢则采用正火后高温回火。

最终热处理：粗加工后的调质处理。合金调质钢淬透调质后的屈服强度约为 800 MPa，冲击韧性达 800 kJ/m^2，硬度可达 22~25 HRC。局部要求硬度高、耐磨性好的零件，在调质后进行局部表面淬火及低温回火或氮化处理，表面硬度可达 55~60 HRC。

（4）常用牌号。

40Cr、40MnB 钢属于低淬透性调质钢，合金元素总量低于 2.5%，油淬临界淬透直径为 20~40 mm，常用于制造载荷较小的连杆螺栓、机床主轴等。

35CrMo、38CrSi 钢属于中淬透性调质钢，合金元素较多，油淬临界淬透直径为 40~60 mm，常用于制造载荷较大的火车发动机曲轴、连杆等。

查表——常用调质钢的牌号、化学成分、热处理、力学性能及用途表

38CrMoAlA、40CrNiMoA 钢属于高淬透性调质钢，合金元素含量多于前两种，油淬临界淬透直径为 60~100 mm，常用于制造精密机床主轴、汽轮机主轴、航空发动机曲轴、连杆等。

（5）非调质钢简介。

非调质钢是近年为节约能源发展的不进行调质处理的钢材。在中碳钢中添加微量合金元素 V、Ti、Nb、N 等，然后加热使这些合金元素同溶于奥氏体中，再通过控温轧制或锻制，使钢在轧制或锻制后获得与碳素结构钢或合金结构钢经调质处理后所达到的同样力学性能的钢种。

例如，用 YF35MnV 钢制造汽车发动机连杆，性能已达到或超过 55 钢连杆，可加工性远远优于 55 钢。非调质钢大多属于低合金钢。

3. 合金弹簧钢

（1）性能特点及应用。

合金弹簧钢主要用于制造各种重要弹性元件，如车辆、坦克的减振弹簧、螺旋弹簧、大炮缓冲弹簧、钟表发条等。合金弹簧钢具有高的弹性极限、屈服极限及高的屈强比；高的疲劳强度；足够的塑性和韧性；良好的淬透性及较低的脱碳敏感性；良好的耐热性、耐蚀性和较高的表面质量。与高碳钢相比，合金弹簧钢可制造截面较大、屈服极限较高的重要弹簧。

（2）化学成分。

合金弹簧钢为中、高碳成分，一般 $w_C = 0.5\% \sim 0.7\%$，满足高弹性、高强度的性能要求。主加元素是 Mn、Si、Cr，其作用是强化铁素体，提高钢的淬透性、弹性极限及回火稳定性，使之回火后沿整个截面获得均匀的回火托氏体组织，具有较高的硬度和强度。辅加元素 Mo、

W、V可减少钢的过热倾向和脱碳，细化晶粒，进一步提高弹性极限、屈强比和耐热性及冲击韧性。

（3）热处理工艺。

① 冷成形弹簧的热处理。

当弹簧直径或板簧厚度小于10 mm时，常采用冷拉弹簧钢丝或弹簧钢带冷卷成形。其成形前后的热处理方法如下：

退火状态的弹簧钢丝。此类钢丝在绕制成弹簧之前，经冷拔至要求的直径，然后进行退火软化处理，绕制成形。其强度、硬度低，冷卷成形后需进行淬火和中温回火。

铅浴等温淬火钢丝。将钢丝坯料奥氏体化后，在500~550 °C的铅浴中等温淬火，经冷拔后绕制成形，再在200~300 °C下进行一次回火，消除应力并使弹簧定形。这类钢丝强度很高，而且还有较高的韧性。

油淬回火钢丝。将钢丝冷拔到规定的尺寸后，进行油淬和中温回火处理。这种钢丝的抗拉强度虽然不及铅浴等温淬火钢丝，但它的性能比较均匀一致，强度波动范围小。钢丝冷卷成弹簧后，在200~300 °C低温回火，无须再经淬火和回火处理。

② 热成形弹簧的热处理。

热成形弹簧多用热轧钢丝或钢板制成，通常采用淬火加热后成形工艺。即将弹簧加热至比正常淬火温度高50~80 °C后进行热卷成形，然后利用余热立即淬火、中温回火，获得回火托氏体组织，硬度为40~48 HRC，具有较高的弹性极限、疲劳强度和一定的塑性和韧性。

弹簧在热处理后，往往需要喷丸处理，以消除或减轻表面缺陷的有害影响，并可使表面产生硬化层，形成残余压应力，提高疲劳强度和使用寿命。例如，60Si2Mn钢制成的汽车板簧经喷丸处理后，使用寿命提高了5~6倍。

查表——常用弹簧钢的牌号、化学成分、热处理、力学性能及用途表

（4）常用牌号。

60Si2Mn钢是应用最广泛的合金弹簧钢，其淬透性、弹性极限、屈服极限和疲劳强度均较高，价格较低，常用于制造截面尺寸较大的弹簧，如汽车、拖拉机、火车的板簧和螺旋弹簧等。

50CrVA钢是含Cr、V元素的合金弹簧钢，淬透性更高，Cr和V能提高弹性极限、强度、韧性和耐回火性，常用于制造截面较大的重载弹簧，如内燃机的气阀弹簧等。

4. 滚动轴承钢

（1）性能特点及应用。

滚动轴承钢主要用来制造各种滚动轴承元件，必须具有高而均匀的硬度和耐磨性；高的弹性极限和一定的冲击韧性；足够的淬透性和耐蚀能力以及高的接触疲劳强度和抗压强度。其纯度、组织均匀性、碳化物分布情况和脱碳程度都有严格要求。其虽是制作滚动轴承的专用钢，但也可制作冷冲模、精密量具等工具，也可制作要求耐磨的精密零件，如柴油机喷油嘴、精密丝杠。

（2）化学成分。

滚动轴承钢成分接近于工具钢，属高碳成分，$w_C = 0.95\% \sim 1.15\%$，保证高强度、高硬度

及高耐磨性。主要合金元素为 Cr，$w_{Cr}=0.4\%\sim1.65\%$，以提高淬透性，形成细小均匀分布的合金渗碳体 $(FeCr)_3C$，提高接触疲劳强度和耐磨性。在制造大尺寸轴承时，可加入 Mn、Si，以进一步提高其淬透性。同时，滚动轴承钢还要严格限制 S、P 的质量分数。

（3）热处理工艺。

预先热处理：球化退火，目的一是降低硬度（硬度为 170~210 HBW）、利用切削加工；二是获得均匀分布的细粒珠光体，为最终热处理作好组织准备。

最终热处理：淬火后低温回火，获得细回火马氏体+细粒状碳化物+少量残余奥氏体，硬度为 61~65 HRC。

对于精密轴承零件，为了保证使用过程中的尺寸稳定性，淬火后还应进行冷处理（−60～−80 °C），减少残余奥氏体量，然后再进行低温回火、磨削加工，接着再在 120~130 °C 下时效 5~10 h，去除应力，以保证它在工作中的尺寸稳定性。

（4）常用牌号。

牌号前的字母“G”表示滚动轴承钢类别，后面附元素符号 Cr 和平均含量的千分数及其他元素符号。

查表——常用滚动轴承钢的牌号、化学成分、热处理及用途表

滚动轴承钢包括高碳铬轴承钢、渗碳轴承钢、高碳铬不锈轴承钢、高温轴承钢、无磁轴承钢等，如图 4-12 所示。高碳铬轴承钢中以 GCr15、GCr15SiMn 钢应用最多；对于承受很大冲击或特大型轴承，常用渗碳轴承钢 G20Cr2Ni4A 和 G20Cr2Mn2MoA 钢等制造；对于要求耐腐蚀的不锈轴承，常用 9Cr18、9Cr18Mo 钢等制造；对于要求耐高温的轴承，常用 Cr4Mo4V、Cr15Mo4V 钢等制造。为了节约铬而研制出的无铬轴承钢，例如 GSiMnMoV、GSiMnMoVRE 钢等，在一定程度上可替代高碳铬轴承钢。

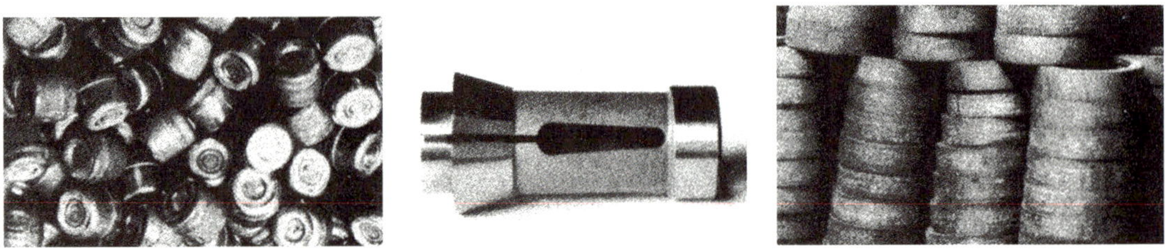

（a）小尺寸 GCr15 钢柱毛坯　（b）GCr15 弹簧夹头　（c）大尺寸 G20Cr2Ni4A 套圈毛坯

图 4-12　滚动轴承钢应用举例

能力知识点 4　合金工具钢

用于制造各种刀具、模具、量具等工具用钢，称为工具钢。

与渗碳钢不同，工具钢可在材料由表及里相当大的深度上保持很高的强度和耐磨性。因此，工具钢除用于制造工具外，还用于制造滚珠和滚柱轴承、量规、多种弹簧、燃油系统元件以及各种零件，如各种小齿轮、蜗轮、蜗杆等。

工具钢的分类方法很多，按用途分类可分为刃具钢、模具钢、量具钢；按成分分类可分为碳素工具钢、合金工具钢。

合金工具钢按成分分为低合金工具钢、中合金工具钢和高合金工具钢；按用途（GB/T 1299—2000）分为量具刃具用钢、耐冲击工具钢、冷作模具钢、热作模具钢、无磁模具钢和塑料模具钢，各类钢的实际应用界限并不明显。

1. 合金刃具钢

（1）性能特点及应用。

刃具切削时受工件的压力，刃部与切屑之间产生强烈的摩擦；由于切削发热，刃具温度升高为 500~600 °C，有时可达 800 °C 以上；此外还承受一定的冲击和振动。因此，刃具钢应具有以下基本性能。

① 高硬度。刃具的硬度一般应在 60 HRC 以上。钢在淬火后的硬度主要取决于含碳量，故刃具钢均以高碳马氏体为基体。

② 高耐磨性。耐磨性是保证刃具锋利不钝的主要因素，更重要的是，刃具在高温下应保持高的耐磨性。耐磨性不仅取决于硬度，也与钢的组织密切相关。高碳马氏体+均匀细小碳化物的组织，其耐磨性要比单一的马氏体组织高得多。

③ 高热硬性。刃具在高温下保持高硬度的能力称为热硬性（也称为红硬性）。热硬性通常用保持 60 HRC 硬度时的加热温度来表示，其与钢的回火稳定性和特殊碳化物的弥散析出有关。

④ 足够的强度、塑性和韧性。切削时刃具要承受弯曲、扭转和冲击振动等载荷的作用，应保证刃具在这些情况下不会断裂或崩刃。

合金刃具钢分两类，一类主要用于低速切削，称为低合金刃具钢；另一类用于高速切削，称为高速钢。

（2）低合金刃具钢。

① 应用。

低合金刃具钢的工作温度一般不超过 300 °C，常用于制造截面较大、形状复杂、切削条件较差的手工刃具或低速小切削用量的机用刃具，如搓丝板、丝锥、板牙、钻头、车刀、铣刀等，如图 4-13 所示。

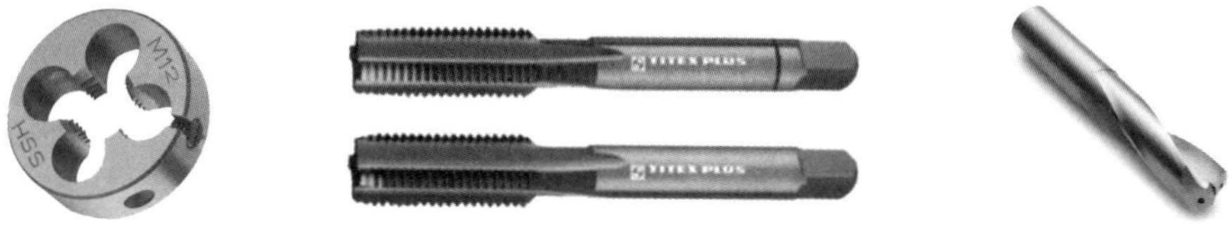

（a）板牙　　（b）管螺纹丝锥　　（c）钻头

图 4-13　低合金刃具钢应用

② 化学成分。

低合金刃具钢的 $w_C = 0.75\% \sim 1.5\%$，以保证有高的淬硬性和形成合金碳化物，获得高硬度和高耐磨性；加入合金元素 W、Mn、Cr、V、Si 等（一般合金元素总含量 $< 5\%$），以提高淬透性和回火稳定性，形成碳化物，细化晶粒，提高热硬性，降低过热敏感性。

③ 热处理工艺。

预先热处理：一般采用球化退火，改善切削加工性能。

最终热处理：淬火后+低温回火，用以获得细小回火马氏体、粒状合金碳化物及少量残余奥氏体组织，硬度为 60~65 HRC 。

低合金刃具钢的导热性较差，对形状复杂或截面较大的刃具，淬火加热时应进行预热 600~650 °C，可采用油淬、分级淬火或等温淬火。加热速度不宜过快，淬火温度不宜过低，防止溶入奥氏体的碳化物量减少，使钢的淬透性降低。

④ 常用牌号。

9SiCr 钢淬透性很高，直径 40~50 mm 的工具可在油中淬透，淬火回火后的硬度在 60 HRC 以上，热硬性较高，可达 250~300 °C；在相同回火硬度下，比碳素工具钢的切削寿命提高 10%~30%；可用于制作要求变形小的各种薄刃低速切削刃具，如板牙、丝锥、铰刀等。

查表——常用量具刃具用钢的化学成分、热处理及用途表

CrWMn 钢具有高的淬透性，热处理后变形小，故称微变形钢，适于制造较复杂的精密低速切削刃具，如长铰刀和拉刀等。

（3）高速钢。

① 性能特点及应用。高速工具钢是高速切削用钢的代名词，简称高速钢。高速钢具有高的硬度和耐磨性以及足够的韧性和塑性，并具有很高的热硬性，当切削温度高达 600°C 时，仍具有良好的切削性能，故俗称“锋钢”。高速钢主要用于制造各种高速切削刃具，如车刀、铣刀、拉刀、滚刀等；各种形状复杂、负荷较重的成形刀具，如齿轮铣刀、拉刀等，如图 4-14 所示。

（a）对称双角铣刀　　（b）拉刀

图 4-14　高速工具钢刀具应用

② 化学成分。高速钢的 $w_C = 0.7\%\sim1.25\%$，一般含有较多数量的 W 元素， W 是提高钢的热硬性的主要元素。Cr 的加入可提高钢的淬透性，并能形成碳化物强化相。

③ 热处理工艺。高速工具钢铸态组织中有大量粗大鱼骨状的合金碳化物，此碳化物硬而脆，不能用热处理消除，只能由锻造来打碎，并将其均匀地分布在基体中。

预先热处理：锻造后球化退火，以改善切削加工性能，消除应力，为淬火作好组织准备。退火后的组织是索氏体及粒状碳化物，硬度为 207~267 HBW 。

最终热处理：淬火后回火，特点是“两高一多”，即加热温度高（1 200 °C 以上）、回火温度高（560 °C 左右）、回火次数多（3 次）。高速工具钢的导热性差，在淬火加热时要进行预热，以减小热应力，防止开裂。

典型 W18Cr4V 钢的热处理工艺如图 4-15 所示。

④ 常用牌号。高速工具钢应用广泛，尤以 W18Cr4V 、W6Mo5Cr4V2 钢为甚，如图 4-16 所示。

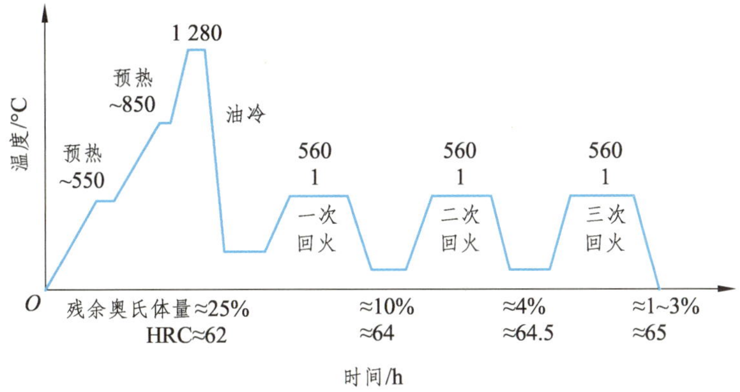

图 4-15　W18Cr4V 钢的热处理工艺

（a）W18Cr4VCo5 铣刀

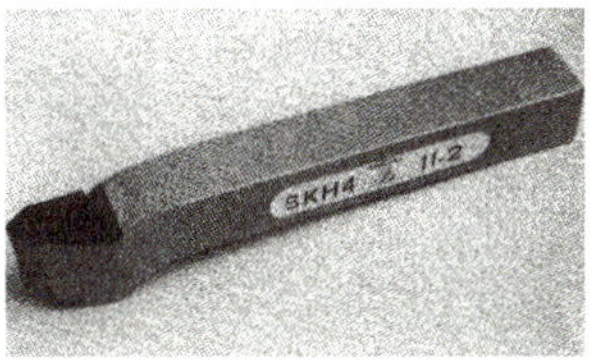

（b）W18Cr4VCo8 切削刀具

（c）W6Mo5Cr4V2 钻头

图 4-16　高速工具钢材料

W18Cr4V 钢的热硬性较好，在 600 °C 可保持 60 HRC 的高硬度，热处理时的脱碳和过热倾向较小。

W6Mo5Cr4V2 钢与 W18Cr4V 钢相比，钼的碳化物细小，故有较好的耐磨性、热塑性和韧性，主要用于制作热加工成形的薄刃刀具，如麻花钻头。

注：当刀具的工作温度高于 700 °C 时，高速工具钢一般无法胜任，应使用硬质合金材料刀具或陶瓷材料刀具等。

查表——常用高速钢的牌号、成分、热处理及用途表

2. 合金量具钢

（1）性能特点及应用。

合金量具钢是用于制造各种测量工具，如卡尺、千分尺、量块、塞尺等的合金钢。合金量具钢工作时主要受摩擦、磨损，因此，量具用钢要求：① 具有高的硬度（60~65 HRC）、耐磨性，防止使用过程中因磨损而失效；② 要求组织稳定性高，保证使用过程中高尺寸精度与稳定性；③ 具有良好的磨削加工性。

（2）化学成分。

量具钢的成分与低合金刃具钢相同，$w_C = 0.9\% \sim 1.5\%$，以保证高硬度和高耐磨性要求；加入 W、Mo、Cr 等合金元素，以提高淬透性。

（3）热处理工艺。

量具用钢热处理的关键在于保证量具的精度和尺寸稳定性，常采用球化退火→调质→淬火→冷处理→回火→时效。其中，调质处理可减小淬火应力和变形；冷处理可使残余奥氏体转变成马氏体，提高硬度、耐磨性和尺寸稳定性，应在淬火后立即进行；时效处理可稳定马氏体和残余奥氏体，并消除淬火应力，通常在淬火回火后进行。量具经磨削后，还要在 120~130 °C 下时效 8 h，以消除磨削应力，稳定尺寸。

（4）常用牌号。

量具用钢没有专用钢，常用牌号如表 4-1 所示。

表 4-1　量具用钢的选用举例

量具	钢号
平样板或卡板	10、20 或 50、55、60、60Mn、65Mn
一般量规与块规	T10A、T12A、9SiCr
高精度量规与块规	Cr（刃具钢）、CrMn、GCr15
高精度且形状复杂的量规与块规	CrWMn（低变形钢）
抗蚀量具	4Cr13、9Cr18（不锈钢）

CrWMn 钢的淬透性较高、淬火变形小，主要用于制造高精度且形状复杂的量规和块规。

GCr15 钢的耐磨性、尺寸稳定性较好，多用于制造高精度块规、千分尺。

9Cr18、4Cr13 钢多用于制造在腐蚀介质中使用的量具。

3. 合金模具钢

制作模具的材料很多，碳素工具钢、高速工具钢、轴承钢、耐热钢、不锈钢、蠕墨铸铁等都可制作各种模具，用得最多的是合金模具钢。根据用途我们可将模具用钢分为冷作模具钢、热作模具钢和塑料模具钢。

查表——模具用钢表

（1）冷作模具钢。

① 性能特点及应用。

冷作模具钢用于冷态下（工作温度低于 200~300 °C）金属的成形加工，如制造各种冷冲模、冷挤压模、冷拉模、切边模等。此类模具要承受很大的冲压力、挤压力或张力，同时模具与坯料间还发生强烈摩擦，所以要求冷作模具钢应具备高的硬度（58~62 HRC）和高的耐磨性，足够的强度、韧性和疲劳强度。此外，形状复杂、精密、大型的模具还要求具有较高的淬透性和较小的淬火变形。

② 化学成分。

冷作模具钢具有高含碳量，$w_C = 1.0\% \sim 2.0\%$，以获得高硬度、高耐磨性。加入 W、Mo、

Cr、V 等，显著提高了冷作模具钢耐磨性、淬透性及耐回火性。

③ 热处理工艺（以 Cr12 钢为例）。

预先热处理：Cr12 钢属于莱氏体钢，需反复锻造来破碎鱼骨状共晶碳化物，并使其分布均匀，锻造后应进行等温球化退火。

最终热处理有两种方法：

一次硬化法，采用较低的淬火温度和回火温度，淬火变形小，耐磨性和韧性较好，适用于重载模具。如 Cr12 钢加热到 980 °C 保温后油淬，然后在 170 °C 低温回火，硬度可达 61~63 HRC。

二次硬化法，采用较高的淬火温度与多次回火，得到的组织为回火马氏体、碳化物和残余奥氏体。如 Cr12 钢加热到 1 100 °C 油淬后，残余奥氏体较多、硬度较低，但经多次 510~520 °C 回火，产生二次硬化，硬度可达 60~62 HRC，热硬性和耐磨性都较高，但韧性较差，适用于在 400~450 °C 工作的模具。

④ 常用牌号。

Cr12 型钢包括 Cr12、Cr12MoV 钢等，这类钢的淬透性及耐磨性好，热处理变形小，常用于大型冷作模具。其中，Cr12MoV 钢除耐磨性不及 Cr12 钢外，强度、韧性都较好，应用最广。尺寸较小的冷作模具可选用低合金冷作模具钢 CrWMn 钢等，也可采用刃具钢 9SiCr 钢或轴承钢 GCr15 钢。

（2）热作模具钢。

① 性能特点及应用。

热作模具钢用于热态金属的成形加工，如各种热锻模、热挤压模、压铸模等。热作模具钢工作时受到较高的冲击载荷，同时模腔表面要与炽热金属接触并发生摩擦，局部温度可达 500 °C 以上，并且还要不断地受热和冷却，常因热疲劳使模腔表面龟裂。所以，热作模具钢在高温下具有较高的力学性能、良好的耐热疲劳性及淬透性。

② 化学成分。

热作模具钢 $w_C = 0.3\%\sim0.6\%$，以保证在回火后获得高强度、高韧性和高硬度（35~52 HRC）；Si、Ni、Cr、Mn 等可以提高钢的淬透性、回火稳定性及耐热疲劳性；W、Mo、V 等能产生二次硬化，Mo 还能防止第二类回火脆性，提高高温强度和回火稳定性。

③ 典型热作模具钢的热处理工艺。

预先热处理：锻后退火，以消除锻造应力，降低硬度，改善切削加工性能。

最终热处理：淬火后高温或中温回火，回火温度视模具大小确定，硬度约为 40 HRC。

④ 常用牌号。

5CrMnMo、5CrNiMo 钢是最常用的热作模具钢，其中 5CrMnMo 钢常用来制造中小型热锻模，5CrNiMo 钢常用来制造大中型热锻模。

4CrW2Si、3Cr2W8V 钢常用于受静压力作用的模具，如压铸模、挤压模。

（3）塑料模具钢。

塑料模具是在不超过 200 °C 的低温加热状态下，将细粉或颗粒状塑料压制成形的。按塑料制品的成形方法，塑料模具可分为压铸模具、挤塑模具、注射模具、挤出成形模具、泡沫塑料模具及吹塑模具。工作时，模具持续受热、受压，并受到一定程度的摩擦和有害气体的腐蚀。因此，塑料模具钢要求在 200 °C 时具有足够的强度和韧性，较高的耐磨性和耐蚀性，并具有良好的加工性、抛光性、焊接性能及热处理工艺性能。常用的塑料模具及其用钢如表4-2所示。

表 4-2　常用的塑料模具及其用钢

塑料模具类型及工作条件	推荐用钢
泡沫塑料、吹塑模具	非铁金属 Zn、Al、Cu 及其合金或铸铁
中、小模具，精度要求不高，受力不大，生产批量小	45、40Cr、T8~T10、10、20、20Cr、Q235
受磨损及动载荷较大、生产批量较大的模具	20Cr、12CrNi3、20Cr2Ni4、20CrMnTi
大型复杂的注射成形模或挤压成形模，生产批量大	4Cr5MoSiV、4Cr5MoSiV1、4Cr3Mo3SiV、5CrNiMnMoVSCo
热固性成形模，要求高耐磨性、高强度的模具	9Mn2V、CrWMn、GCr15、Cr12、Cr12MoV、7CrSiMnMoV
耐腐蚀性、高精度模具	2Cr13、4Cr13、9Cr18、Cr18MoV、3Cr2Mo、Cr14Mo4V、8Cr2MnWMoVS、3Cr17Mo
无磁模具	7Mn15Cr2Al3V2WMo

知识拓展——特殊性能合金钢和硬质合金

任务 4　铸　铁

能力知识点 1　铸铁的分类与石墨化

1. 铸铁的分类

铸铁是指碳的质量分数大于 2.11% 的 $Fe\text{-}Fe_3C$ 合金，它以 Fe、C、Si 为主要组成元素，并比钢含有较多的 S 和 P 等杂质。

（1）按碳存在的形式分类。

① 灰口铸铁。碳全部或大部分以游离状态石墨的形式存在，断口呈灰黑色。

② 白口铸铁。少量碳溶入铁素体，其余的碳以渗碳体的形式存在，断口呈亮白色。此类铸铁组织中存在大量莱氏体，硬而脆，切削加工较困难，除少数用来制造不需要加工、硬度高、耐磨的零件外，主要用作炼钢原料。

③ 麻口铸铁。碳以石墨和渗碳体的混合形式存在，断口呈黑白相间的麻点。

（2）按石墨的形态分类。

① 灰铸铁。灰铸铁中石墨呈片状形式存在，力学性能较差，生产工艺简单、价格低廉，工业上应用广泛，如图 4-17（a）所示。

② 蠕墨铸铁。蠕墨铸铁中石墨呈蠕虫状形式存在，强度和塑性介于灰铸铁和球墨铸铁之间，其铸造性、耐热疲劳性比球墨铸铁好，可用来制造大型复杂的铸件，以及在较大温度梯度下的铸件，如图 4-17（b）所示。

③ 可锻铸铁。可锻铸铁中石墨呈棉絮状形式存在，力学性能好于灰铸铁，但生产工艺较复杂，成本高，可用来制造一些重要的小型铸件，如图 4-17（c）所示。

④ 球墨铸铁。球墨铸铁中石墨呈球状形式存在，生产工艺比可锻铸铁简单，且力学性能较好，应用广泛，如图 4-17（d）所示。

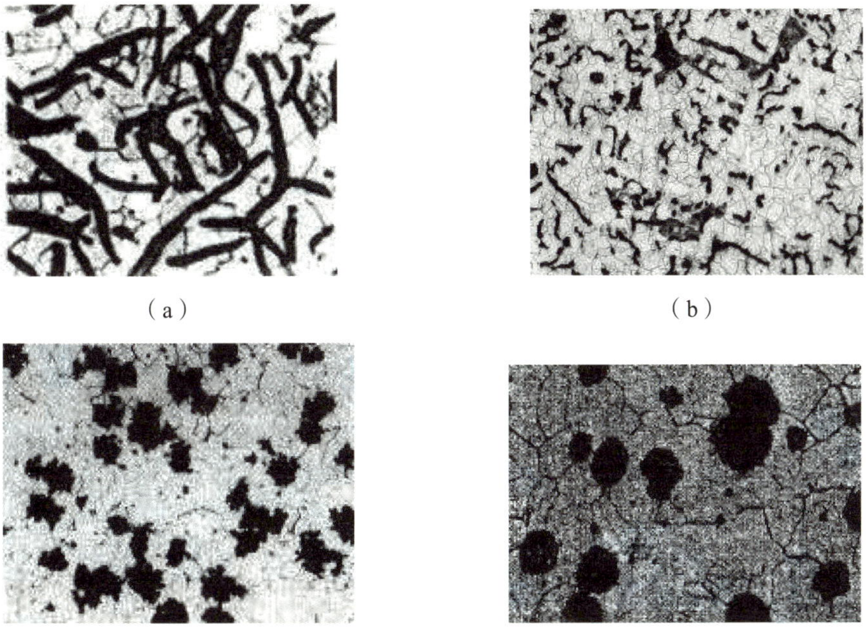

（a）　（b）　（c）　（d）

图 4-17　铸铁中的石墨形态

（3）按化学成分分类。

① 普通铸铁。如普通灰铸铁、蠕墨铸铁、可锻铸铁和球墨铸铁等。

② 合金铸铁。合金铸铁又称为特殊性能铸铁，如耐磨铸铁、耐热铸铁和耐蚀铸铁等。

2. 铸铁的石墨化

在铁碳合金中，碳可以三种形式存在：一是固溶在 F 、A 中；二是化合物态渗碳体（ Fe_3C ）；三是游离态石墨（ G ）。碳在铸铁中主要以石墨的形式存在。

（1）石墨化概念。

铸铁中的碳以石墨的形式析出的过程称为石墨化，常用 G 表示石墨。铸铁在冷却过程中，可以从液体和奥氏体中析出 Fe_3C 或石墨，还可以在一定条件下由 Fe_3C 分解出铁素体和石墨。

由于铸铁中的碳能以石墨或 Fe_3C 两种独立相的形式存在，因而使得铁-碳合金系统存在着铁-渗碳体（Fe-Fe_3C）和铁-石墨（Fe-G）双重相图，如图 4-18 所示。图中虚线表示稳定态 Fe-G 相图，实线表示亚稳定态 Fe-Fe_3C 相图，虚线与实线重合的线用实线画出。铸铁在冷却过程中，是按 Fe-Fe_3C 相图形成渗碳体还是按 Fe-G 相图形成石墨，取决于加热冷却条件或获得的平衡性质（亚稳定平衡还是稳定平衡）。

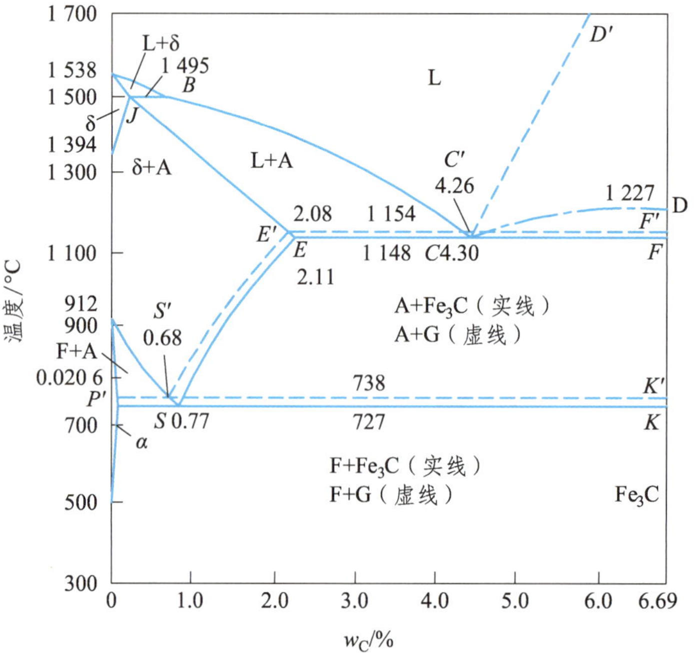

图 4-18　Fe-Fe_3C 和 Fe-G 双重相图

（2）石墨化过程。

按照 Fe-G 相图，铸铁的石墨化过程分为三个阶段：第一阶段石墨化是铸铁液相冷却至 *C′D′* 线时，通过共晶成分合金结晶出一次石墨，在 1 154 °C 时（*E′C′F′* 线）通过共晶反应形成共晶石墨；第二阶段石墨化是在 1 154~738 °C 范围内，奥氏体沿 *E′S′* 线析出二次石墨；第三阶段石墨化是在 738 °C（*P′S′K′* 线）通过共析转变析出共析石墨。

（3）影响石墨化的主要因素。

① 温度和冷却速度。在生产过程中，铸铁的缓慢冷却或在高温下长时间保温，均有利于石墨化。

② 化学成分。按对石墨化的作用，化学成分可分为促进石墨化的元素（C、Si、Al、Cu、Ni、Co、P 等）和阻碍石墨化的元素（Cr、W、Mo、Mn、V、S 等）两大类。C 和 Si 是强烈促进石墨化的元素；S 是强烈阻碍石墨化的元素，而且还降低铁液的流动性和促进铸件高温开裂；Cu、Ni 有利于得到珠光体基体的铸铁；适量的 Mn 既有利于珠光体基体形成，又能消除 S 的有害作用；P 是促进石墨化不太强的元素，能提高铁液的流动性，但当其质量分数超过奥氏体或铁素体的溶解度时，会形成硬而脆的磷共晶，使铸铁强度降低，脆性增大。生产中，C、Si、Mn 为调节组织元素，P 为控制使用元素，S 为限制元素。

能力知识点 2　铸铁的组织与性能

1. 铸铁的组织

由于石墨化程度不同，所以得到铸铁的类型、显微组织也不同，如表 4-3 所示。

表 4-3　铸铁经不同程度石墨化后所得到的显微组织

名称	石墨化程度			显微组织
	第一阶段	第二阶段	第三阶段	
灰口铸铁	充分进行	充分进行	充分进行	F+G
	充分进行	充分进行	部分进行	F+P+G
	充分进行	充分进行	不进行	P+G
麻口铸铁	部分进行	部分进行	不进行	L_d'+P+G
白口铸铁	不进行	不进行	不进行	L_d'+P+Fe_3C

2. 铸铁的性能

铸铁基体组织的类型和石墨的数量、大小、分布形态决定了铸铁的性能。

（1）石墨的影响。

石墨是碳的一种结晶形态，其碳的质量分数 $w_C \approx 100\%$，具有简单六方晶格。石墨的硬度为 3~5 HBW，约为 20 MPa，塑性和韧性极低，伸长率接近于零，导致铸铁的力学性能，如抗拉强度、塑性、韧性等均不如钢。但石墨的存在，使铸铁具有优异的切削加工性能、良好的铸造性能和润滑作用、很好的耐磨性能和抗振性能，大量石墨的割裂作用，使铸铁对缺口不敏感。

铸铁的减振性能图例

（2）基体组织的影响。

对同一类铸铁来说，在其他条件相同的情况下，铁素体相的数量越多，塑性越好；珠光体相的数量越多，则抗拉强度和硬度越高。由于片状石墨对基体的强烈作用，所以只有当石墨为团絮状、蠕虫状或球状时，改变铸铁基体组织才能显示出对性能的影响。

能力知识点 3　常用铸铁材料

1. 灰铸铁

灰铸铁，简称灰铁。其生产工艺简单，铸造性能优良，在生产中应用最为广泛，约占铸铁总量的 80%。

（1）灰铸铁的成分、组织和性能。

灰铸铁中碳、硅、锰是调节组织的元素，磷是控制使用的元素，硫是应限制的元素。目前生产中，灰铸铁成分一般为 $w_C = 2.7\% \sim 3.6\%$ ，$w_{Si} = 1.0\% \sim 2.2\%$ ，$w_{Mn} = 0.5\% \sim 1.3\%$ ，$w_S < 0.15\%$ ，$w_P < 0.3\%$ 。

按组织分类：铁素体灰铸铁，在铁素体基体上分布着片状石墨；珠光体+铁素体灰铸铁，在珠光体+铁素体基体上分布着片状石墨；珠光体灰铸铁，在珠光体基体上分布着片状石墨，如图 4-19 所示。

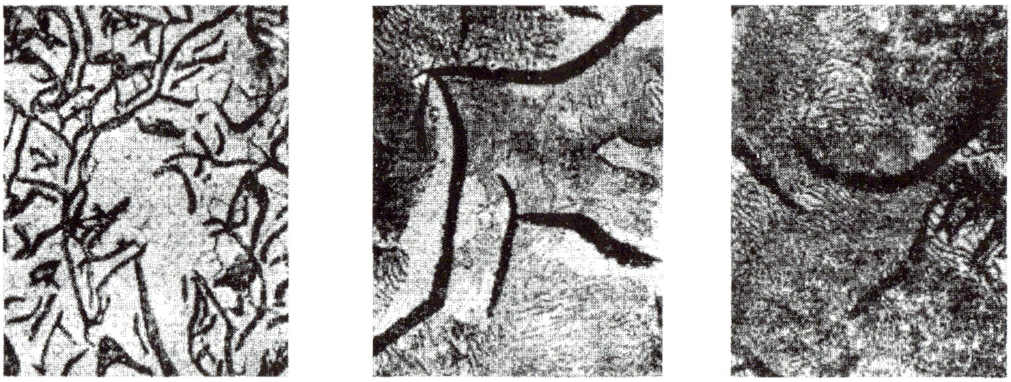

（a）铁素体灰铸铁　（b）铁素体+珠光体灰铸铁　（c）珠光体灰铸铁

图 4-19　三种基体的灰铸铁

灰铸铁组织相当于在钢的基体上分布着片状石墨，基体具有和钢一样的强度和硬度。石墨的强度、塑性、韧性极低，在灰铸铁中相当于裂缝和孔洞，破坏了基体金属的连续性，同时很容易造成应力集中。因此，灰铸铁的抗拉强度、塑性及韧性都明显低于碳钢。

石墨的存在，使灰铸铁的铸造性能、减摩性、减振性和切削加工性能都高于碳钢，缺口敏感性也较低。灰铸铁的硬度和抗压强度主要取决于基体组织，而与石墨的存在基本无关。因此，灰铸铁的抗压强度为抗拉强度的 3~4 倍。

（2）灰铸铁的牌号及用途。

灰铸铁的牌号由“HT+数字”组成。其中“HT”是“灰铁”二字汉语拼音首字母，数字表示最低抗拉强度值（MPa）。

注：选择灰铸铁时必须考虑铸件的壁厚，因其强度与铸件壁厚有关，铸件壁厚增加则强度降低。例如：某铸件壁厚是 40 mm，要求抗拉强度值为 200 MPa，此时，应选 HT250。

灰铸铁的孕育处理与查表

（3）灰铸铁的热处理。

热处理仅能改变灰铸铁的基体组织，改变不了石墨形态，常用于消除灰铸铁的内应力和稳定尺寸，消除白口组织、提高铸件表面的硬度及耐磨性。

① 时效处理。

一般铸件形状复杂、厚薄不均，在冷却过程中，由于各部位冷却速度不同而形成内应力，既降低强度，又容易在随后的切削加工中引起变形甚至开裂。因此，铸件在成型后都需要进行时效处理。一些大型、复杂或加工精度较高的铸件，如机床床身、柴油机气缸等，在铸造后、切削加工前，甚至在粗加工后都要进行一次时效退火。

② 石墨化退火

石墨化退火一般是将铸件以 70~100 °C/h 的速度加热至 850~900 °C，保温 2~5 h（取决于铸件壁厚)，然后炉冷至 400~500 °C 后空冷。其目的是消除灰铸铁件表层和薄壁处在浇注时产生的白口组织，改善切削加工性能。

③ 表面热处理。

有些铸件，如机床导轨、缸体内壁等，表面需要高的硬度和耐磨性，可进行表面淬火处理，如高频表面淬火、火焰表面淬火和激光加热表面淬火等。淬火前铸件需进行正火处理，以保证获得大于 65%以上的珠光体组织，淬火后表面硬度可达 50~ 55 HRC。

2. 球墨铸铁

球墨铸铁是将铁液经球化处理和孕育处理，使铸铁中的石墨全部或大部分呈球状而获得的一种铸铁。将球化剂加入铁液的操作过程称为球化处理，为防止铁液球化处理后出现白口，必须进行孕育处理。经孕育处理的球墨铸铁，其石墨球数量增加，球径减小，形状圆整，分布均匀，力学性能接近于钢。

(1) 球墨铸铁的成分、组织和性能。

球墨铸铁的成分要求比较严格，一般 $w_C = 3.6\%\sim3.9\%$、$w_{Si} = 2.2\%\sim2.8\%$、$w_{Mn} = 0.6\%\sim0.8\%$、$w_S < 0.07\%$、$w_P < 0.1\%$。

球墨铸铁常见的基体组织有铁素体、铁素体+珠光体和珠光体三种。通过合金化和热处理后，还可获得下贝氏体、马氏体、托氏体、索氏体和奥氏体等基体组织的球墨铸铁。常见球墨铸铁的显微组织如图 4-20 所示。

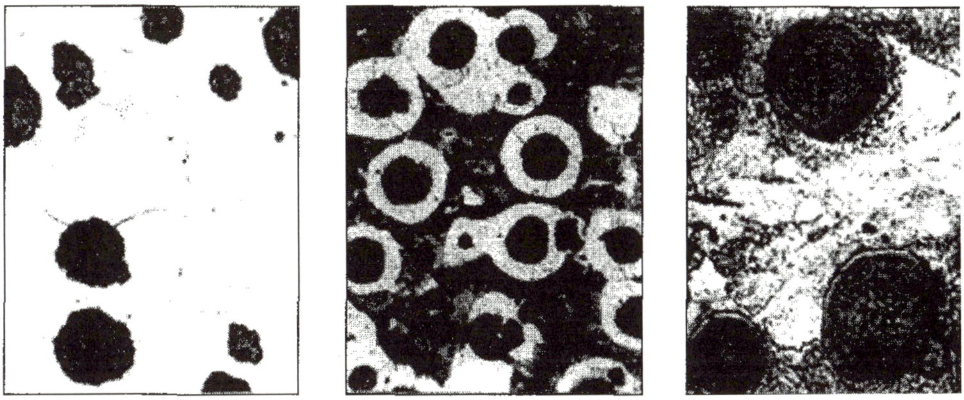

(a) 铁素体球墨铸铁　(b) 珠光体+铁素体球墨铸铁　(c) 珠光体球墨铸铁

图 4-20　球墨铸铁的显微组织

球墨铸铁的金属基体强度的利用率可高达 70%~90%，而普通灰铸铁仅为 30%~50%。同其他铸铁相比，球墨铸铁的强度、塑性、韧性高，屈服强度很高，屈强比可达 0.7~0.8，疲劳强度可接近一般中碳钢，耐磨性优于碳钢，铸造性能优于铸钢，加工性能几乎可与灰铸铁相媲美，如图 4-21 所示。

(2) 球墨铸铁的牌号及用途。

球墨铸铁的牌号由“QT+数字-数字”组成。其中“QT”是“球铁”二字汉语拼音首字母，其后的第一组数字表示最低抗拉强度值(MPa)，第二组数字表示最小断后伸长率(%)。

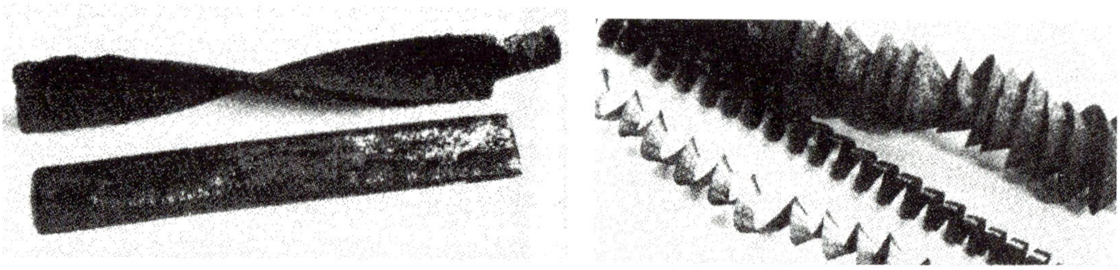

（a）扭曲球墨铸铁时不易折断　　（b）球墨铸铁的切削如此卷曲

图 4-21　球墨铸铁的性能

由于球墨铸铁可以通过热处理改变其基体组织，所以其性能可以在较大范围内变化，使得其应用范围进一步扩大：可代替铸造非合金钢、铸造合金钢、可锻铸铁和非铁金属等强度、韧性和耐磨性要求高的零件；代替 45 钢和 35CrMo 钢制造柴油机、机车和拖拉机的曲轴、凸轮轴、齿轮和连杆；代替 65 Mn 钢和高锰钢用于制造球磨机、破碎机的磨球、衬板等。

球墨铸铁查表及热处理工艺

（3）球墨铸铁的热处理。

铸态下的球墨铸铁基体组织一般为铁素体和珠光体，采用热处理方法来改变球墨铸铁基体组织，可有效地提高其力学性能。

① 退火。球墨铸铁的铸造内应力比灰铸铁约大两倍。对于不再进行其他热处理的球墨铸铁铸件，都要进行去应力退火。

石墨化退火是为了使铸态组织中的自由渗碳体和珠光体中的共析渗碳体分解，获得高塑性的铁素体基体的球墨铸铁，消除铸造应力，改善其加工性能。

② 正火。

正火的目的是得到以珠光体为主的基体组织，细化晶粒，提高球墨铸铁强度、硬度和耐磨性。正火可分为高温正火和低温正火两种。球墨铸铁的导热性较差，正火后铸件内应力较大，因此正火后应进行一次消除应力退火。

③ 等温淬火。

当铸件形状复杂，热处理易变形开裂，又需要高强度和较好的塑性、韧性时，需采用等温淬火，如齿轮、曲轴、滚动轴承套圈、凸轮轴等。将铸件加热至 860~920 °C，适当保温（热透），迅速放入 250~350 °C 的盐浴炉中进行 0.5~1.5 h 的等温处理，然后取出空冷，使过冷奥氏体转变为下贝氏体。

④ 调质处理。

调质处理是将铸件加热到 860~920 °C，保温后油冷，然后在 550~620 °C 高温回火 2~6 h，获得回火索氏体和球状石墨组织的热处理方法。调质处理可获得高的强度和韧性，适用于受力复杂、截面尺寸较大、综合力学性能要求高的铸件，如柴油机曲轴、连杆等重要零件。

球墨铸铁在淬火后也可进行中温回火或低温回火。中温回火后获得回火托氏体基体组织，具有高的强度和一定的韧性；低温回火后获得回火马氏体基体组织，具有高的硬度和耐磨性。

球墨铸铁还可以采用表面强化处理，如渗氮、离子渗氮、渗硼等。

3. 可锻铸铁

可锻铸铁是由一定化学成分的白口铸铁经退火得到的具有团絮状石墨的铸铁。可锻铸铁的生产过程是先浇注成白口铸铁，然后通过高温石墨化退火（又称可锻化退火），使渗碳体分解得到团絮状石墨。

（1）可锻铸铁的成分、组织和性能。

为保证在一般冷却条件下铸件能获得全部白口，可锻铸铁中碳、硅含量较低。可锻铸铁的化学成分要求较严，一般为：$w_{C}=2.2\%\sim2.8\%$ 、$w_{Si}=1.2\%\sim2.0\%$ 、$w_{Mn}=0.4\%\sim1.2\%$ 、$w_{S}<0.2\%$ 、$w_{P}<0.1\%$ 。

可锻铸铁分为铁素体基体可锻铸铁（称为黑心可锻铸铁）和珠光体基体可锻铸铁，通过采取不同的退火工艺而获得，如图 4-22 所示。

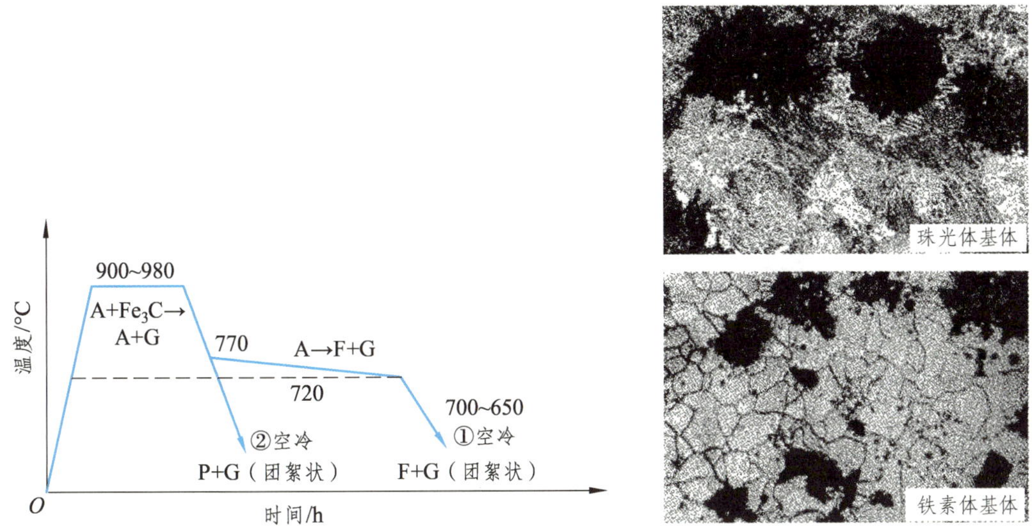

（a）可锻铸铁石墨化退火工艺曲线　　（b）可锻铸铁显微组织

图 4-22　可锻铸铁退火工艺曲线与显微组织

由于可锻铸铁中石墨为团絮状，因此与灰铸铁相比，可锻铸铁有较好的强度和塑性，特别是低温冲击性能较好；与球墨铸铁相比，具有成本低、质量稳定、铁液处理简便和便于组织生产的特点；可锻铸铁的耐磨性和减振性优于普通质量碳钢；切削性能与灰铸铁接近，适于制作形状复杂的薄壁中小型零件和工作中受到振动而对强韧性要求较高的零件。可锻铸铁因其较高的强度、塑性和冲击韧性而得名，实际上并不能锻造。

可锻铸铁查表与应用

（2）可锻铸铁的牌号及用途。

常用的两种可锻铸铁的牌号由“KTH +数字-数字”或“KTZ +数字-数字”组成。“KTH”和“KTZ”，分别代表黑心可锻铸铁，即“可铁黑”和珠光体可锻铸铁，即“可铁珠”，其后的第一组数字表示最低抗拉强度值（MPa），第二组数字表示最小断后伸长率（%），如 KTH 300-6。

4. 蠕墨铸铁

蠕墨铸铁是在一定成分的铁液中加入适量的蠕化剂和孕育剂所获得的石墨形似蠕虫状的铸铁。其生产方法与程序和球墨铸铁基本相同。

（1）蠕墨铸铁的成分、组织及性能。

蠕墨铸铁是在 $w_C = 3.5\% \sim 3.9\%$、$w_{Si} = 2.2\% \sim 2.8\%$、$w_{Mn} = 0.4\% \sim 0.8\%$、$w_S < 0.1\%$、$w_P < 0.1\%$的铁液中，加入适量的蠕化剂并经孕育处理后而获得的，具有铁素体、珠光体、铁素体+珠光体三种基体组织。

蠕虫状石墨形态介于片状和球状之间，所以蠕墨铸铁的性能介于球墨铸铁和灰铸铁之间。工艺性能方面与灰铸铁相近，但铸造性能、减振性和导热性优于球墨铸铁。

（2）蠕墨铸铁的牌号及用途。

蠕墨铸铁的牌号由"RuT +数字"组成。其中"RuT"表示蠕墨铸铁，数字表示最小抗拉强度值（MPa）。

（3）蠕墨铸铁的热处理。

蠕墨铸铁的热处理主要是为了调整基体组织，获得不同的力学性能要求。

蠕墨铸铁正火的目的是增加珠光体量，提高强度和耐磨性。蠕墨铸铁的退火是为了获得85%以上的铁素体基体或消除薄壁处的自由渗碳体。

蠕墨铸铁查表与热处理工艺

知识拓展——合金铸铁

练习 4

一、根据要求完成以下内容填充

（1）常用合金元素的作用（示例如 Mn）。

合金元素	对淬透性影响	形成碳化物倾向	抵抗回火	细化晶粒	强化铁素体	其他
Mn	强	弱	弱	促进晶粒长大	强	形成奥氏体钢
Si						
Ni						
Cr						
Mo						
W						
V						
Ti						
Al						
B						

（2）工业用钢。

类别				典型牌号	常用热处理工艺	用途举例
碳钢	普通碳素结构钢			Q215、Q235	一般不进行热处理	螺栓、高压线塔
	优质碳素结构钢					
	碳素工具钢					
	铸造碳钢					
低合金钢	低合金高强度结构钢					
	低合金耐候钢					
合金钢	机械结构用合金钢	合金渗碳钢				
		合金调质钢				
		合金弹簧钢				
		滚动轴承钢				
		易切削钢				
	合金工具钢	刃具用钢	低合金刃具钢			
			高速钢			
		合金量具用钢				
		模具用钢	冷作模具钢			
			热作模具钢			
			塑料模具钢			
	特殊性能钢	不锈钢				
		耐热钢				
		耐磨钢				
	硬质合金	钨钴类硬质合金				
		钨钴钛类硬质合金				
		通用硬质合金				

（3）铸铁。

分类	石墨形态	牌号	性能	用途
普通灰铸铁				
球墨铸铁				
可锻铸铁				
蠕墨铸铁				

二、名称解释

（1）合金元素、杂质元素。

（2）石墨化、时效强化。

（3）回火稳定性、二次硬化。

三、分析讨论

（1）用 Q235 代替 45 钢制造齿轮是否可以？为什么？

（2）为什么常用的滚动轴承钢应具有较高的碳和铬的质量分数？淬火后为什么需要冷处理？

练习 4 答案

项目 5
非铁合金

教学基本要求

1. 知识目标

（1）了解铜合金、铝合金强化方法；

（2）掌握铜合金、铝合金、钛合金常用牌号、性能、用途。

2. 能力目标

（1）培养识别铜合金、铝合金、硬质合金的常用牌号的能力；

（2）培养根据工作条件初步选用铜合金、铝合金、钛合金的能力。

思维导图

本项目思维导图如图 5-0 所示。

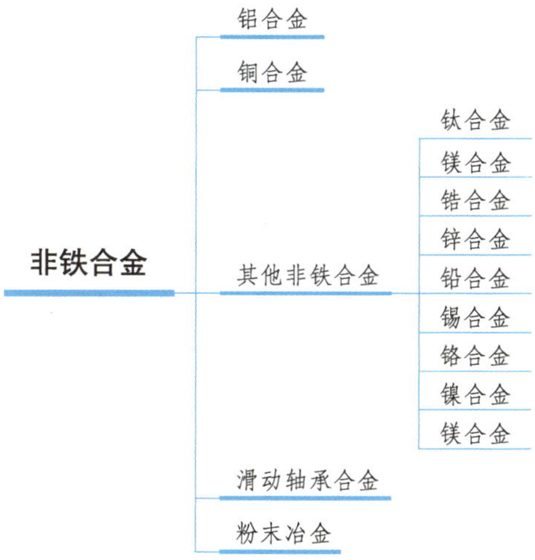

图 5-0　思维导图

引导案例　“胖五”开启我国航天新时代——火箭外壳厚度为何只有几毫米?

“胖五”是承载着中华民族对浩瀚宇宙向往的“梦想之剑”，也是我国由航天大国迈向航天强国的重要标志。

看到长征五号这个身高数十米的庞然大物，很可能让人产生一种误解：这个大火箭的外壳肯定特别厚重，才能足够坚固。但事实上，常用的火箭壳体“蒙皮”的厚度仅为 1.2~2 mm，而整流罩的“蒙皮”最薄处仅有 0.3 mm，如图 5-1 所示。

“蒙皮”的主要材料为铝合金，这种材料强度高、耐腐蚀、质量轻、成本低，在长征三号甲系列、长征二号 F 等火箭飞行过程中综合性能最好，是做“蒙皮”的最佳选择。更为重要的是，铝合金材料轻，可以为火箭减轻质量，人们形容火箭是“薄皮大馅”，“蒙皮”薄了，就可以装更多的燃料，“举”起更重的卫星。火箭外壳设计得这么薄，主要是为了让火箭减重，增加有效载荷。

图 5-1　运载火箭壳体蒙皮（引自中国运载火箭技术研究院新闻中心）

金属材料通常分为铁基金属和非铁金属两大类，即黑色金属和有色金属。铁基金属主要指钢和铸铁，其余金属材料及其合金统称为非铁金属。

与铁基金属相比，非铁金属成本较高，产量和使用量不多，但其特殊的电性能、磁性能、热性能、耐蚀性能以及高的比强度等使之成为现代工业不可缺少的材料，广泛应用于空间技术、核能、计算机等新型工业领域。

任务 1　铝及铝合金

铝是地壳中储存量最多的一种元素，约占地表总量的 8.2%。铝及其合金是仅次于钢铁用量的非铁金属，在实际应用中主要是工业纯铝及铝合金。

能力知识点 1　工业纯铝

工业纯铝是指质量分数 $w_{Al} = 99.00\% \sim 99.85\%$ 时的铝，其通常含有 Fe、Si、Cu、Zn 等杂质。工业纯铝呈银白色，具有面心立方晶格，无同素异晶转变。

主要性能特点如下：

熔点为 660 °C；密度为 2.7 g/cm^3，是除 Mg 和 Be 外最轻的工程金属，具有很高的比强度和比刚度；导电性、导热性好，仅次于 Au、Cu 和 Ag；在大气中有良好的耐蚀性，无磁性；对光和热的反射能力强，耐核辐射，受冲击不产生火花；强度、硬度很低，塑性很高，无冷脆性；冷变形强化可提高其强度，但塑性会有所降低，通常利用合金化来提高其强度。杂质含量越多，其导电性、导热性、耐蚀性及塑性越差。

工业纯铝的强度低，抗拉强度仅为 50 MPa，纯铝通常制成管、棒、箔等型材使用或用于配制合金和脱氧剂，也可用来制造耐大气腐蚀的器皿及包覆材料、电线、电缆等各种导电材料和各种散热器等导热元件。

能力知识点 2　铝合金的强化及热处理

铝合金是向铝中加入适量的 Si 、Cu 、Mg 、Mn 等合金元素，进行固溶强化和第二相强化而得到的，由此可提高纯铝的强度并保持纯铝的特性。一些铝合金还可经冷变形强化或热处理，使强度显著提高。

根据成分和工艺特点，铝合金可分为变形铝合金和铸造铝合金。加热时能形成单相固溶体组织，具有良好的塑性，适于压力加工，故称为变形铝合金。它具有共晶组织，塑性较差，但熔点低，流动性好，适于铸造，故称为铸造铝合金。

铝合金的主要强化机理有热处理（时效强化）、固溶强化、冷变形（加工硬化）强化、变质处理（细晶强化）、第二相（过剩相）强化、回归处理和退火等。近年来还有通过添加颗粒、晶须、纤维等进行复合强化。这些强化手段中，通过时效处理产生沉淀强化对提高室温强度最重要。

能力知识点 3　变形铝合金

变形铝合金均是以压力加工（轧、挤、拉等）方法，制成各种型材、棒料、板、管、线、箔等半成品，供应状态有退火态、淬火自然时效态、淬火人工时效态等。

1. 变形铝合金的分类、牌号与代号

变形铝合金根据其性能特点和用途可分为防锈铝合金（代号 LF）、硬铝合金（代号 LY）、超硬铝合金（代号 LC）及锻铝合金（代号 LD）。

GB/T 16474—1996 规定，变形铝合金和铝合金采用四位数字体系和四位字符体系表达牌号。牌号的第一位数字表示铝及铝合金的组别，如表 5-1 所示。第二组数字或字母表示纯铝或铝合金的改型情况，字母 A 表示原始纯铝，数字 0 表示原始合金，B~Y 或1~9 表示原始合金改型情况。牌号最后两位数字用于标识同一组中不同的铝合金，纯铝则表示铝的最低质量分数（%）。

表 5-1　变形铝合金的组别

组别	牌号系列
以铜为主要合金元素的铝合金	2×××
以锰为主要合金元素的铝合金	3×××
以硅为主要合金元素的铝合金	4×××
以镁为主要合金元素的铝合金	5×××
以镁和硅为主要合金元素的铝合金，并以 Mg_2Si 相为强化相的铝合金	6×××
以锌为主要合金元素的铝合金	7×××
以其他元素为主要合金元素的铝合金	8×××
备用合金组	9×××

2. 常用的变形铝合金

（1）防锈铝合金。

防锈铝合金是不可进行热处理强化的铝合金，只能用冷变形强化。它抗蚀性高，塑性及焊接性能好，切削性较差，常用拉延法制造各种薄板容器，如油罐、油箱、管道等。

（2）硬铝合金。

硬铝合金是 Al-Cu-Mg 合金并含有少量的 Mn 。硬铝合金的耐蚀性差，尤其不耐海水腐蚀，所以硬铝板材的表面常包有一层纯铝，以提高其耐蚀性，包铝板材在热处理后强度降低。硬铝合金的加工工艺性能优良，可以加工成板、棒、管、型材等，广泛应用于航空、汽车和机械中。

查表——常用变形铝合金的牌号、化学成分、处理状态、力学性能及用途表

（3）超硬铝合金。

超硬铝合金是 Al-Zn-Mg-Cu 系合金。该合金具有优良的耐海水腐蚀性能，既属于防锈铝合金，也是工业上使用的室温力学性能最高的变形铝合金，R_m 可达 600 MPa，既可通过热处理强化，也可以采用冷变形强化，其时效强化效果最好，强度、硬度高于硬铝，故称为超硬铝。其主要用于要求质量轻、受力较大的结构件，如飞机大梁、起落架、桁架等。

（4）锻铝合金。

锻铝合金按成分不同，可分为两类：一类是 Al-Cu-Mg-Si 合金，常用牌号有 2A50 、2A14 等；另一类是 Al-Cu-Mg-Fe-Ni 合金，又称耐热锻铝合金，常用代号有 2A70 、2A80 等，主要用于制造在 150~225 °C 工作温度范围内的铝合金零件，如发动机的压气机叶片、超声速飞机的蒙皮、隔框、桁条等。

能力知识点 4　铸造铝合金

铸造铝合金的铸造性能良好，可获得各种近乎最终使用形状和尺寸的毛坯铸件，但塑性较低，不能承受压力加工。

1. 铸造铝合金的分类、牌号及代号

按主要添加元素的不同，铸造铝合金可分为 Al-Si 系、Al-Cu 系、Al-Mg 系、Al-Zn 系。

铸造铝合金的牌号由“Z+Al+合金元素符号+数字”组成。其中，“Z”是“铸”字汉语拼音首字母，合金元素符号后的数字是该元素的百分含量。例如，ZAlSi12 表示 w_{Si} = 10% ~ 13% 的铸造铝合金。

铸造铝合金的代号是由“铸铝”汉语拼音首字母“ZL”加三位数字组成。第一位表示合金类别，第二、三位表示合金的顺序号。例如，ZL102 表示二号的 Al-Si 系铸造铝合金。

2. 常用的铸造铝合金

（1）Al-Si 合金。

Al-Si 系合金又称硅铝明，这类合金密度小，有优良的铸造性能、一定的强度和良好的耐

蚀性，但塑性较差。如 ZAlSi12 是一种共晶成分合金，常称为简单硅铝明。若铸造铝合金中加入 Cu 、Mg 、Mn 等合金元素从而获得多元铝-硅合金，也称特殊硅铝明，如 ZL105 、ZL107 等。

（2）Al-Cu 合金。

Al-Cu 合金的优点是强度最高，加工性能好，表面粗糙度小，耐热性好，可进行时效强化，但铸造性能和耐蚀性差。常用代号有 ZL201 、ZL202 、ZL203 等，主要用来制造要求较高强度或高温下不受冲击的零件。

查表——常用铸造铝合金的牌号、代号、化学成分、处理状态、力学性能及用途表

（3）Al-Mg 合金。

Al-Mg 合金密度小，强度和塑性均高，耐蚀性优良，但铸造性能差，耐热性低。常用代号有 ZL301 、ZL303 ，主要用于舰船和动力机械零件，也可用于代替不锈钢制造某些耐蚀零件，如氨用泵体等。

（4）Al-Zn 合金。

Al-Zn 合金铸造性能好，经变质处理和时效处理后强度较高，价格便宜，但耐蚀性、耐热性差。常用代号有 ZL401 、ZL402 ，主要用于制造工作温度不超过 200 °C、结构形状复杂的汽车、仪表、飞机零件等，如图 5-2 所示。

（a）铝镁合金的地铁车体外板　（b）铝铜合金的链轮齿　（c）铝硅合金的活塞杆　（d）铝镁硅合金的窗框

图 5-2　铝合金应用示例

知识拓展——新型铝合金

任务 2　铜及铜合金

铜及其合金在电气、仪表、造船及机械制造等工业部门中获得了广泛应用，但其储量较小，价格昂贵。现代工业上使用的主要有工业纯铜、黄铜和青铜，白铜应用较少。

能力知识点 1　工业纯铜

纯铜呈玫瑰红色，工业纯铜的含铜量为 $w_{Cu}=99.5\%\sim99.95\%$，呈紫红色，故又称紫铜。纯铜具有面心立方晶格，无同素异构转变；密度为 8.9 g/cm^3，熔点为 1 083 °C；导电性和导热性良好，具有抗磁性，在大气和淡水中有良好的耐腐蚀性能；强度、硬度不高，塑性、韧性及焊接性良好，适于进行各种冷、热加工。

工业纯铜中常含有 0.1%～0.5% 的杂质，其中 P、Si、As 等的存在会显著降低导电性；Pb、Bi 会使铜出现热脆性；O 和 S 会使铜出现冷脆性。工业纯铜除配制合金外，主要用于制造电线、电缆、冷冻器材、通信器材及防磁仪器等，如图 5-3 所示。

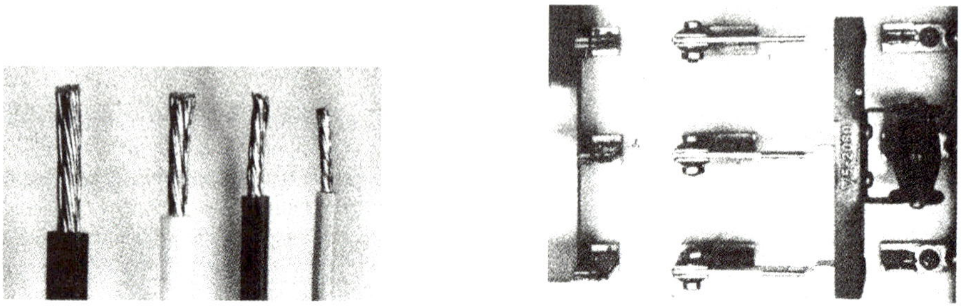

（a）铜线　　（b）纯铜材质的刀开关

图 5-3　纯铜应用举例

能力知识点 2　铜合金

工业纯铜的强度低，不适合做结构材料。工业上常对纯铜进行合金化处理，加入一些如 Zn、Al、Sn、Mn、Ni 等合金元素，获得强度和韧性都满足要求的铜合金。按化学成分不同，铜合金分为黄铜、白铜和青铜。在普通制造业中，应用较多的是黄铜和青铜。

1. 黄　铜

黄铜是指以 Zn 为主要添加元素、呈金黄色的铜合金；按成分不同分为普通黄铜和特殊黄铜；按加工方式不同分为加工黄铜和铸造黄铜。

（1）普通黄铜。

以铜和锌组成的二元铜合金称为普通黄铜。普通黄铜的牌号由“H+数字”组成。其中“H”是“黄”字汉语拼音首字母，数字表示平均含铜量。如 H62 表示 Cu 的质量分数为 62%、其余为 Zn 的普通黄铜。

当 $w_{Zn}<32\%$ 时，强度和塑性都随 w_{Zn} 的增加而提高，适于冷变形加工。当 $w_{Zn}=30\%\sim32\%$ 时，塑性最高。当 $w_{Zn}>32\%$ 时，塑性下降，不宜冷变形加工，但高温下塑性好，可进行热变形加工。当 $w_{Zn}=40\%\sim45\%$ 时，强度最高。当 $w_{Zn}>45\%$ 时，强度和塑性均急剧下降，脆性很大，在工业上已无实用价值。

当黄铜的 $w_{Zn}<7\%$ 时，耐海水和大气腐蚀性好；当 $w_{Zn}>7\%$ 时，经冷变形加工后有残留应力存在，在海水或潮湿的大气中，尤其是在含有氨的环境中，易产生应力腐蚀开裂，为消除应力，应在冷变形加工后进行去应力退火。

（2）特殊黄铜。

特殊黄铜是在普通黄铜的基础上加入 Pb 、Al 、Sn 、Mn 、Si 等元素后形成的铜合金。相应称之为铅黄铜、铝黄铜、锡黄铜等，它们具有比普通黄铜更高的强度、硬度、耐蚀性和良好的铸造性能。

特殊黄铜的牌号由“H+主加合金元素+数字-数字”组成，数字依次表示含铜量和加入元素的含量。如牌号 HSn62-1 表示加入 Sn 的特殊黄铜，其中，$w_{Cu}=61\%\sim63\%$，$w_{Sn}=0.75\%\sim1.1\%$，余量为 Zn 的质量分数。

查表——加工黄铜和铸造黄铜

（3）铸造黄铜。

加工方法为铸造的黄铜，称为铸造黄铜，其牌号是由“Z+Cu+合金元素符号+数字”组成。如 ZCuZn16Si4 是指 $w_{Cu}=79.0\%\sim81.0\%$、$w_{Si}=2.5\%\sim4.5\%$，余量为 Zn 的普通铸造黄铜。应用举例如图 5-4 所示。

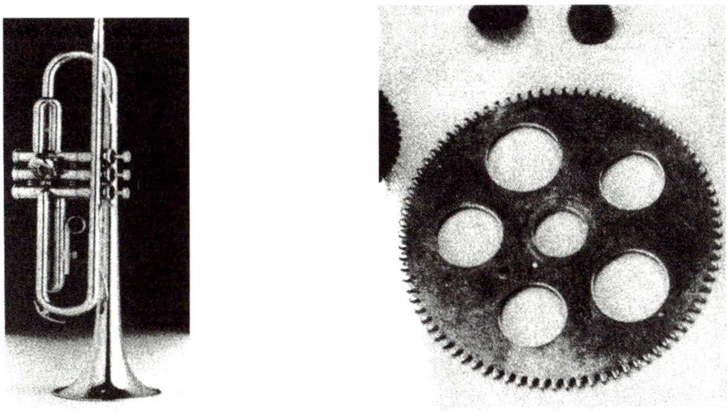

（a）管乐器　　（b）手表的冲裁齿轮

图 5-4　黄铜应用举例

2. 青　铜

青铜原指铜锡合金，但工业上将除黄铜和白铜以外，铜合金中不含有锡而含其他特殊添加元素的合金也称为青铜。青铜包含锡青铜、铝青铜、铍青铜和硅青铜等。按生产方式不同，它们分为加工和铸造青铜，如图 5-5 所示。

青铜牌号表示由“Q+主加元素符号+数字-数字”组成。“Q”是“青”字汉语拼音首字母，数字依次是主加元素的含量、其他合金元素的含量。例如 QSn4-3 表示 $w_{Sn}=3.5\%\sim4.5\%$、$w_{Zn}=2.7\%\sim3.3\%$、余量为 Cu 的锡青铜。铸造青铜的牌号前加“Z”。

（1）锡青铜。

青铜中含锡元素的称为普通青铜，也叫锡青铜。锡青铜是我国使用得最早的有色合金之一。压力加工锡青铜含锡量一般小于10%，适宜于冷热压力加工。经硬化后，强度、硬度提高，但塑性有所下降。铸造锡青铜含锡量一般为10%～14%，适宜用来生产强度和密封性要求不高，但形状复杂的铸件。

（a）加工青铜蜗轮

（b）铸造青铜球阀

图 5-5　青铜

（2）无锡青铜。

不含锡元素的特殊青铜，又称无锡青铜。常见的有铝青铜、铍青铜、铅青铜、锰青铜等。

以 Al 为主加元素的铜合金称为铝青铜，$w_{Al}=5\%\sim10\%$，其耐蚀性、耐磨性高于锡青铜与黄铜，并有较高的耐热性、硬度、韧性和强度，但铸造性能、焊接性能较差。加工铝青铜主要用于制造各种要求耐蚀的弹性元件及高强度零件；铸造铝青铜用于制造要求有较高强度和耐磨性的摩擦零件。

查表——加工青铜和铸造青铜

任务 3　钛及钛合金

钛及钛合金的主要优点是质量轻、比强度高、耐高温、耐腐蚀以及具有良好的低温韧性等，是一种理想的轻质结构材料，特别适用于航天、航空、造船和化工工业等要求比强度高的器件。钛资源丰富，有着广泛的应用前景。但目前加工条件复杂、成本比较昂贵，在一定程度上限制其应用。

能力知识点 1　工业纯钛

钛是银白色的金属，密度小（4.5 g/cm^3），熔点高（1 668 °C），热膨胀系数小，导热性差。纯钛塑性好、强度低，经冷塑性变形可显著提高工业纯钛的强度，容易加工成形，可制成细丝和薄片。钛在大气和海水中有优良的耐蚀性，在硫酸、盐酸、硝酸、氢氧化钠等介质中都很稳定。钛的抗氧化能力优于大多数奥氏体不锈钢。

钛在固态有两种结构，882.5 °C 以上直到熔点为体心立方晶格，称β-Ti。882.5 °C 以下转变为密排六方晶格，称α-Ti。

工业纯钛按纯度分为四个等级：TA0、TA1、TA2 和 TA3。其中“T”为“钛”的汉语拼音首字母，后面的数字增加，则纯度降低、强度增大、塑性降低。

工业纯钛是航空、航天、船舶常用的材料，为α-Ti，其板材、棒材常用于制造在 350 °C 以下工作的低载荷件，如飞机骨架、蒙皮、隔热板、热交换器、发动机部件、海水净化装置及柴油机活塞、连杆和电子产品（如便携式计算机外壳）等。

能力知识点 2　钛合金

根据合金在平衡和亚稳状态下不同的相组成，钛合金可分为三类：α钛合金、β钛合金和（$\alpha+\beta$）钛合金。牌号分别以 TA、TB、TC 加上编号来表示，若为铸造钛合金则在牌号前冠以“Z”。

1. α钛合金

α钛合金是α相固溶体组成的单相合金，不论在一般温度还是较高的实际应用温度下，均是α相，组织稳定，耐磨性高于纯钛，抗氧化能力强。高温 500~600 °C 下仍保持其强度和抗蠕变性能，但不能进行淬火强化，室温强度不高，通常在退火状态下使用。

典型牌号为 TA7，成分为 Ti-5Al-2.5Sn，具有较高的室温强度、高温强度及优越的抗氧化性和耐蚀性，还具有优良的低温性能，使用温度不超过 500 °C，主要用于制造导弹的燃料罐、超声速飞机的涡轮机匣等，杂质含量低时可制造低温结构件。

2. β钛合金

β钛合金是β相固溶体组成的单相合金，未经热处理就可以具有较高的强度，淬火时效后合金得到进一步强化，室温强度可达 1 372～1 666 MPa，但热稳定性差。

典型牌号为 TB1，成分为 Ti-5Al-13V-11Cr，一般在 350 °C 以下使用，适于制造压气机叶片、轴、轮盘等重载回转件以及飞机构件等。

3. $(\alpha+\beta)$钛合金

（$\alpha+\beta$）钛合金是双相合金，具有良好的综合力学性能，组织温度性好，具有良好的韧性、塑性和高温形变性能，适合锻造、焊接和切削加工。除 TC1、TC2、TC7 外，其他均可通过淬火和时效进行强化。热处理后强度可提高 50%～100%，但热稳定性稍差于α钛合金。

知识拓展——其他合金

典型牌号为 TC4，成分为 Ti-6Al-4V，经淬火及时效处理后，强度高、塑性好，在 400 °C 时组织稳定，蠕变强度较高，并且具有良好的低温韧性以及良好的耐海水应力腐蚀及耐热盐应力腐蚀的能力，适于制造在 400 °C 以下长期工作的零件、要求一定高温强度的发动机零件以及在低温下使用的火箭、导弹的液氢燃料箱部件等，如图 5-6 所示。

图 5-6　火箭的壳体和发动机的材质是钛合金

任务 4　滑动轴承合金

能力知识点 1　滑动轴承合金

滑动轴承是用于支撑轴进行工作的重要部件。与滚动轴承相比，滑动轴承具有承压面积大、工作平稳、无噪声以及拆卸方便等优点，广泛用于机床主轴轴承、发动机轴承以及其他动力设备轴承上。

1. 滑动轴承合金的工作条件及性能要求

用于制造滑动轴承中的轴瓦及内衬的合金称为轴承合金。轴承合金即特指滑动轴承合金。滑动轴承工作时，其轴瓦和轴发生强烈的摩擦，同时滑动轴承承受周期性交变载荷。由于轴的制造成本高，所以应首先考虑使轴磨损最小，然后再尽量提高轴承的耐磨性。

因此，滑动轴承合金应具备：① 较高的抗压强度和疲劳强度；② 高的耐磨性，良好的磨合性和较小的摩擦因数；③ 足够的塑性和韧性；④ 良好的耐蚀性和导热性，较小的膨胀系数和良好的工艺性。

2. 滑动轴承合金的成分和组织特征

滑动轴承合金的成分和组织特点如下。

（1）轴承材料基体应与钢铁互溶性小。

因轴颈材料多为钢铁，所以为减少轴瓦与轴颈的黏结和擦伤，轴承材料的基体应采用对钢铁互溶性小的金属，即与金属铁的晶体类型、晶格常数、电化学性能等差别大的金属，如锡、铅、铝、铜、锌等。这些金属与钢铁配对运动时，与钢铁不易互溶或形成化合物。

（2）滑动轴承合金组织应软硬兼备。

滑动轴承合金组织应由多个相组成，如软基体上分布着硬质点，或硬基体上嵌镶软质点。如图 5-7 所示。

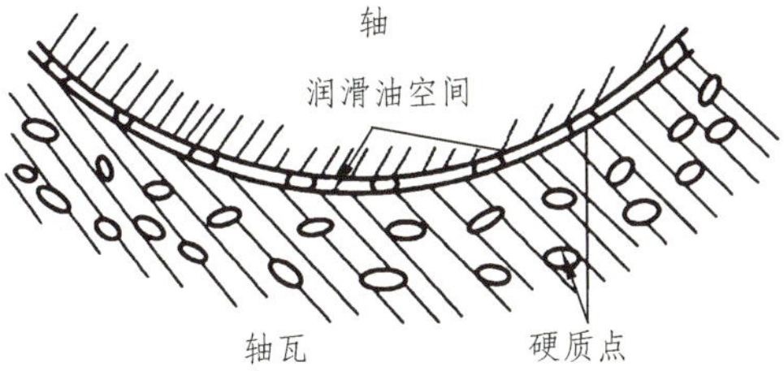

图 5-7　轴承理想表面

知识拓展——滑动轴承合金两种基体特点

（3）滑动轴承合金中应含有适量的低熔点元素。

轴承合金中的低熔点元素有锡、铅等。低熔点金属一般都是柔软的金属，这样合金能够有效地容纳和包嵌外来异物，从而保护轴不受损伤。锡基轴承合金有低的摩擦因数和良好的韧性、导热性和耐蚀性。铅合金的自润性、磨合性和减振性好，噪声小，砷的质量分数高达 2.5%~3% 的铅合金，适于制作高载荷、高转速、抗温升的重型机器轴承。

3. 滑动轴承合金的分类及牌号

滑动轴承合金按主要成分可分为锡基、铅基、铝基、铜基等。

滑动轴承合金的牌号由“Z+基体合金元素符号+主加合金元素符号+数字+辅加合金元素符号+数字”组成。合金元素符号后的数字是以名义百分数表示的该合金元素的质量分数。如牌号 ZSnSb11Cu6 表示 $w_{Sb} = 10\% \sim 12\%$ 、 $w_{Cu} = 5.5\% \sim 6.5\%$ 、余量为锡的铸造锡基轴承合金。

能力知识点 2　滑动轴承合金牌号

1. 锡基轴承合金

锡基轴承合金是以锡为主并添加少量锑和铜的合金。锡基轴承合金的特点：摩擦系数和膨胀系数小，对轴颈磨损小；具有良好的塑性、减摩性、耐蚀性、导热性、耐冲击性和工艺性；抗咬合能力强，嵌藏性较好。主要缺点是抗疲劳强度较差，且随温度升高强度急剧下降，最高运转温度为 110 °C。其广泛用于制作航空发动机、汽轮机、内燃机等大型机器的高速轴瓦。典型牌号是 ZSnSb11Cu6 。

2. 铅基轴承合金

铅基轴承合金是在铅锑合金的基础上加入锡、铜等元素形成的合金。突出的优点是成本低、高温强度好、亲油性好、有自润滑性，适用于润滑较差的场合。但导热性、耐蚀性及减摩性均比锡基轴承合金差。其广泛用于制造汽车、拖拉机、轮船、减速器等承受中、低载荷的中速轴承。典型牌号是 ZPbSb16Cu2。

3. 铜基轴承合金

有些青铜（如铅青铜、锡青铜、铝青铜等）也可用于制造轴承，这类青铜统称为铜基轴承合金。

铅青铜是硬基体软质点类型的轴承合金。同巴氏合金相比，它具有较高的抗疲劳强度和承载能力，优良的耐磨性、导热性和低摩擦系数，能在较高温度（250 °C）下正常工作。铅青铜适于制造大载荷、高速度的重要轴承，例如航空发动机、高速柴油机的轴承等，典型牌号是 ZCuPb30。青铜具有较高的强度，也适于制造高速度、高载荷的柴油机轴承。典型牌号是 ZCuSn10Pb1。

4. 铝基轴承合金

铝基轴承合金密度小，导热性、耐热性、耐蚀性好，疲劳强度高，价格低，但膨胀系数大，抗咬合性差。目前，应用较多的是高锡铝基轴承合金。它是以铝和锡为主要成分的合金，具有优良的导热性，较高的承载能力、疲劳强度与硬度，良好的耐磨、耐热和耐蚀性，已在许多机器上取代了铅基巴氏合金和其他一些轴承材料，用于制造高速、重载汽车，拖拉机和内燃机车上的发动机轴承，典型牌号是 ZAlSn6Cu1Ni1。

5. 多层轴承合金

将滑动轴承合金镶铸在钢基轴瓦上，形成一层薄的内衬材料，可制成双金属轴承；还可以用两层或三层减摩材料复合制成多层轴承合金，这样既发挥了滑动轴承合金的优良性能，又增强了支承强度。

锡基、铅基轴承合金及不含锡的铅青铜的强度比较低，承受不了太大的压力，使用时常将其镶铸在钢的轴瓦上，形成一层薄而均匀的内衬，做成双金属轴承。

6. 珠光体灰铸铁

珠光体灰铸铁的显微组织由硬基体（珠光体）与软质点（石墨）构成。石墨有润滑作用，铸铁可承受较大压力，且价格低廉，但摩擦因数较大、导热性差，只适于制造低速（$v < 2$ m/s）的不重要轴承。

7. 粉末冶金减摩材料

用粉末冶金减摩材料制成的多孔含油轴承寿命长、成本低，可实现自动润滑。

练习 5

一、根据要求完成以下内容填充

非铁合金及粉末冶金材料：

类别				典型牌号或代号	用途举例
铝合金	变形铝合金	防锈铝合金		3A21（LF21）、5A05（LF5）	焊接油箱、油管，焊条等
		硬铝合金			
		超硬铝合金			
		锻铝合金			
	铸造铝合金	Al-Si 合金			
		Al-Cu 合金			
		Al-Mg 合金			
		Al-Zn 合金			
铜合金	黄铜	普通黄铜			
		特殊黄铜			
	青铜	锡青铜			
		无锡青铜	铝青铜		
			铍青铜		
			铅青铜		
钛合金					
滑动轴承合金	锡基轴承合金				
	铅基轴承合金				
	铜基轴承合金				

二、名称解释

（1）固溶处理、时效。

（2）硬质合金、粉末冶金。

（3）滑动轴承合金。

（4）变形铝合金、铸造铝合金。

（5）青铜、黄铜、白铜。

练习 5 答案

项目 6

非金属材料

教学基本要求

1. 知识目标

（1）了解高分子材料、陶瓷材料和复合材料的成分、结构、分类及性能特点；

（2）熟悉常用塑料和橡胶、复合材料的性能特点及用途。

2. 能力目标

（1）区分高分子材料、陶瓷材料和复合材料的性能和应用；

（2）根据需要选择高分子材料、陶瓷材料和复合材料。

思维导图

本项目思维导图如图 6-0 所示。

引导案例 高科技走进生活——陶瓷刀具

陶瓷刀具作为现代高科技的产物，采用纳米氧化锆为原料高压研制而成，又称为“锆宝石刀”。其具有耐磨、高密度、高硬度、无毛细孔、不会藏污纳垢、非金属铸造不会生锈、切食物无金属味残留、轻薄锐利、易拿易切、清洗容易等优点，具有许多金属制刀具无法取代的特性，如图 6-1 所示。

陶瓷刀的莫氏硬度为 9，仅次于世界上最硬的物质——钻石（莫氏硬度为 10），所以只要使用时不摔至地面、不用外力撞击、不去剁或砍，正常使用的情况下长期不需要磨刀。基于安保方面的考虑，生产商一般都在刀身内混入金属粉，使金属探测器都可以侦测出陶瓷刀。

非金属材料是指除金属材料以外的其他材料的总称，包括高分子材料、陶瓷材料、复合材料和新型材料。

非金属材料具有金属材料无法比拟的一些特异性能，如塑料的质轻、绝缘、耐磨、隔热、美观、耐腐蚀、易成形等；橡胶的高弹性、吸振、耐磨、绝缘等；陶瓷的高硬度、耐高温、抗腐蚀等。同时，非金属材料来源广泛，自然资源丰富，成形工艺简便，所以在生产中得到了迅速发展，在某些生产领域中已成为不可取代的材料。复合材料由几种不同材料复合而成；最大特点是材料间可以优势互补，是一类很有发展前途的新型工程材料。

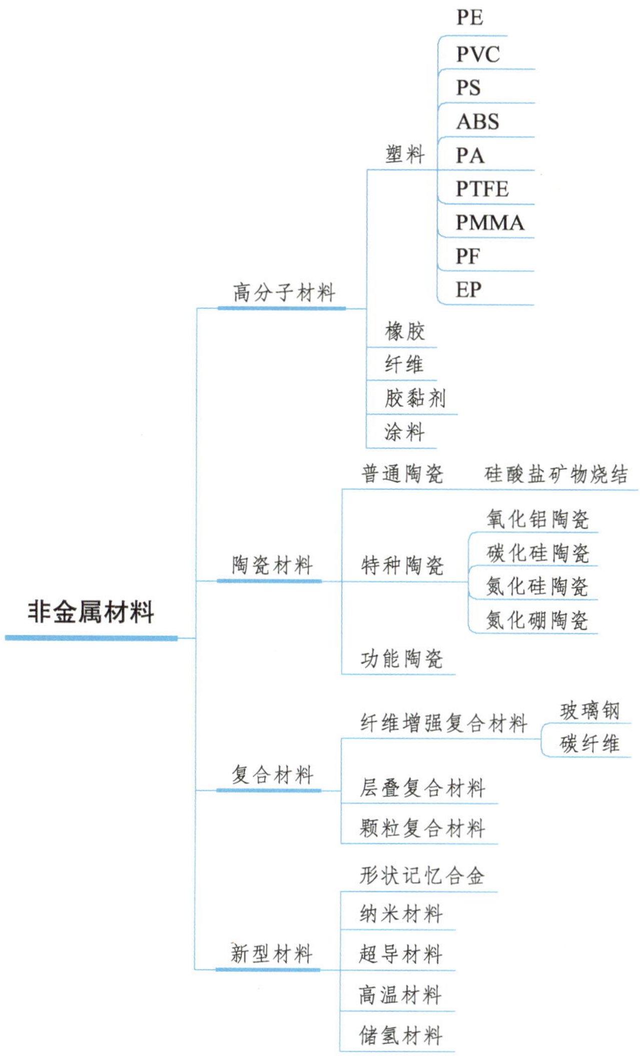

图 6-0　思维导图

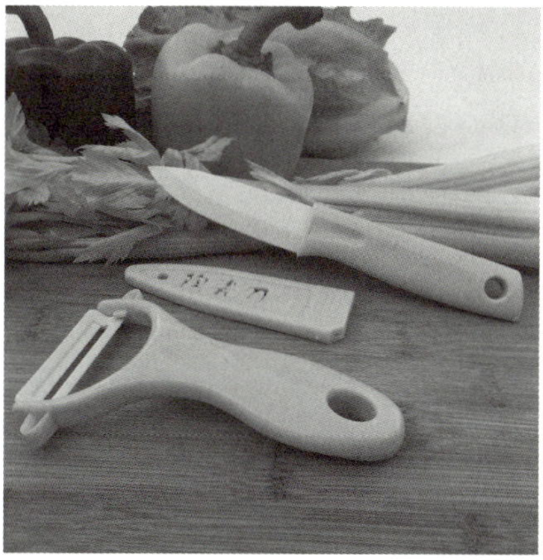

图 6-1　陶瓷刀具

任务 1　高分子材料

能力知识点 1　高分子材料特征

高分子材料也称为聚合物材料，是以高分子化合物为主要成分的材料。高分子材料主要有塑料、橡胶、合成纤维及胶黏剂等。高分子化合物的分子量虽然大，但其化学组成却比较简单，都是由一种或几种简单的低分子化合物（单体）以共价键形式重复连接而成的。由一种或几种单体通过共价键重复连接而形成的链称为大分子链，大分子链中的重复结构单元称为链节，链节的重复个数称为聚合度。

例如，以数量足够多的乙烯（$CH_2{=}CH_2$）作单体，通过聚合反应打开它们的双键便可生成聚乙烯。其反应式为

$$nCH_2{=}CH_2 \longrightarrow [-CH_2-CH_2-]_n$$

这里“$-CH_2-CH_2-$”结构单元即链节，而链节的重复个数 n 即聚合度。

高分子材料的应用状态多样、性能各异，其性能不同的原因是不同材料的高分子成分、结合力及结构不同。高分子化合物的结构复杂，按研究单元不同可分为两类：大分子链结构（分子内结构）和大分子聚集态结构（分子间结构）。

1. 大分子链结构

大分子链结构是指大分子的结构单元的化学组成、键接方式、空间构型、大分子链的形态及构象。

大分子链的主价力为原子之间、链节之间的相互作用，是强大的共价键。大分子的分子之间作用力为次价力，这种结合力较主价力小得多，但因大分子链特别长，所以总的次价力超过了主价力，以致高分子材料受拉时，不是大分子链间先滑动，而是大分子链先断裂。大分子链的几何形态可以分成两种：线型结构和体型结构，如图 6-2 所示。

（1）线型结构。

线型结构一些是整个大分子链呈细长链状，分子直径与长度之比可达 1∶1 000 以上，通常蜷曲呈不规则的线团状，受拉时可伸展呈直线状；另一些聚合物大分子链带有一些小支链，整个大分子链呈枝状。其特点是弹性和塑性良好，在加工成形时，大分子链能够蜷曲、收缩、伸直，易于加工，并可反复使用；在一定溶剂中可溶胀、溶解；加热时将软化并熔化。属于这类结构的高分子材料有聚乙烯、聚氯乙烯、未硫化的橡胶及合成纤维等。

（2）体型结构。

体型结构是大分子链之间通过支链或化学键交联起来，在空间呈网状，也称网状结构。其特点是脆性大，弹性和塑性差，但具有较好的耐热性、难溶性、尺寸稳定性和力学强度，加工时只能一次成形（在网状结构形成之前进行）。热固性塑料、硫化橡胶等都是属于这类结构的高分子材料。

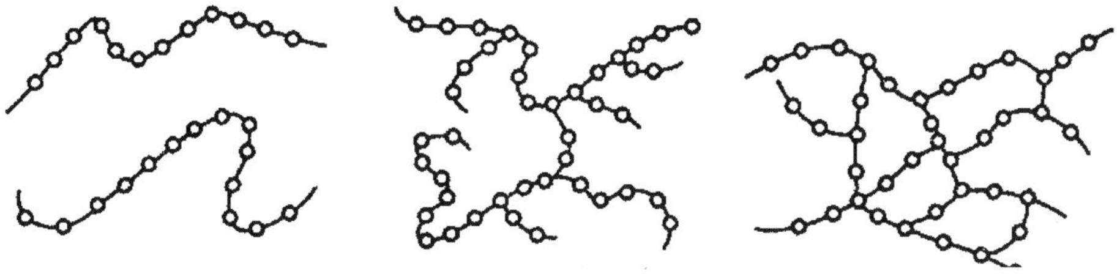

（a）线团状　　（b）枝状　　（c）网状

图 6-2　大分子链的形状

2. 大分子聚集态结构

大分子聚集态结构是指内部大分子链之间的几何排列和堆砌结构，也称超分子结构。根据分子在空间排列的规整性，高分子化合物可分为结晶型、部分结晶型和无定型三类。结晶型高分子化合物的分子排列规整有序，其聚集状态称晶态；无定型高分子化合物的分子排列杂乱不规则，其聚集状态称非晶态；部分结晶型高分子化合物的分子排列情况介于两者之间，其聚集状态称部分晶态，如图 6-3 所示。

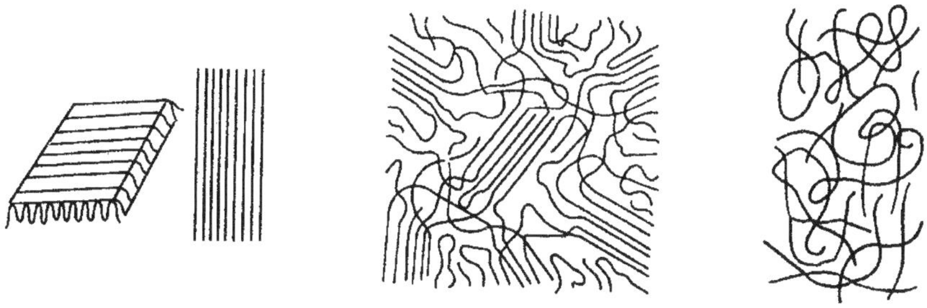

（a）晶态　　（b）部分晶态　　（c）非晶态

图 6-3　高分子化合物的三种大分子聚集态结构

实际生产中获得完全晶态高分子化合物是很困难的，大多数高分子化合物都是部分晶态或非晶态化合物。晶态结构在高分子化合物中所占的质量百分数或体积百分数称为结晶度。结晶度越高，分子间作用力越强，高分子化合物的强度、硬度、刚度和熔点越高，耐热性和化学稳定性也越好；同时，与键运动有关的性能，如弹性、延伸率、冲击韧度则降低。

能力知识点 2　工程塑料

塑料是以树脂为主要成分，加入各种添加剂，在一定温度和压力下塑造成一定形状，并在常温下能保持既定形状的高分子有机材料。塑料主要由树脂和添加剂组成。树脂是指受热时通常有软化或熔融范围，软化时受外力作用具有流动性，常温下呈固态或半固态或液态的有机聚合物。它是塑料最基本的也是最重要的成分，在塑料中占 30%~100%，也起黏接其他物质的作用。为改善塑料性能而必须加入的物质称为添加剂。常用的有填料，如石棉粉可以提高塑料的热硬性，云母可以提高塑料的电绝缘性等；此外，还有增塑剂、固化剂、稳定剂

（防老化剂）、润滑剂、着色剂及发泡剂、催化剂、阻燃剂、抗静电剂等。并非每种塑料都要加入上述全部的添加剂，应根据塑料品种和使用要求适当选择。

工程塑料是指被用作工业零件或外壳材料的工业用塑料，是强度、耐冲击性、耐热性、硬度及抗老化性均优的塑料。工程塑料在工程中作为结构材料，一般具有较高机械强度，或具备耐高温、耐腐蚀、耐磨性等良好性能，因而可代替金属作为某些机械零件。常用热塑性工程塑料的性能和应用也很多，如聚酰胺、聚四氟乙烯、ABS 塑料、聚甲醛、聚碳酸酯等。

1. 聚酰胺（PA，俗名：尼龙）

由于独特的高抗拉强度、耐磨、自润滑性好、冲击韧性优异、具有刚柔兼备的性能而赢得人们的重视，加之加工简便、效率高、比重轻（只有金属的 1/7），可以加工成各种制品来代替金属，聚酰胺已广泛用于汽车及交通运输业。

典型的制品有泵叶轮、风扇叶片、阀座、衬套、轴承、各种仪表板、汽车电器仪表、冷热空气调节阀等零部件，每辆汽车消耗尼龙制品达 3.6~4 kg。聚酰胺在汽车工业的消费比例最大。

2. 聚碳酸酯（PC）

聚碳酸酯既具有类似有色金属的强度，同时又兼备延展性及强韧性，它的冲击强度极高，用铁锤敲击不能被破坏，能经受住电视机荧光屏的爆炸。聚碳酸酯的透明度又极好，并可施以任何着色。由于聚碳酸酯的上述优良性能，已被广泛用于各种安全灯罩、信号灯、透明防护板、采光玻璃、高层建筑玻璃、汽车反射镜、挡风玻璃板、飞机座舱玻璃、摩托车驾驶安全帽。用量最大的市场是计算机、办公设备、汽车、替代玻璃和 CD、DVD 光盘等片材。

3. 聚对苯二甲酸丁二醇酯（PBT）

这是一种热塑性聚酯，非增强型的 PBT 与其他热塑性工程塑料相比，加工性能和电性能较好。PBT 玻璃化温度低，模具温度在 50 °C 时即可迅速结晶，加工周期短。聚对苯二甲酸丁二醇酯（PBT）被广泛应用于电子、电气和汽车工业中。由于 PBT 的高绝缘性及耐温性可用作电视机的回扫变压器、汽车分电盘和点火线圈、办公设备壳体和底座、各种汽车外装部件、空调机风扇、电子炉灶底座等制品。

4. 3D 打印树脂

查表——常用塑料的名称、特性及用途表

3D 打印是快速成型技术的一种，又称增材制造，它是一种以数字模型文件为基础，运用粉末状金属或塑料等可黏合材料，通过逐层打印的方式来构造物体的技术，常在模具制造、工业设计等领域被用于制造模型，后逐渐用于一些产品的直接制造。2020 年 5 月 5 日，我国首飞成功的长征五号 B 运载火箭上，搭载着“3D 打印机”。这是我国首次太空 3D 打印实验，也是国际上第一次在太空中开展连续纤维增强复合材料的 3D 打印实验。常用的材料有 ABS 树脂、PLA 树脂、PC 树脂、PPSF、PETG、光敏树脂等。

能力知识点 3　橡　胶

橡胶是具有高弹性的高分子材料，在较小的载荷下可以产生很大的变形，当载荷去除后又能很快恢复原状，是常用的弹性材料、密封材料、传动材料、防振和减振材料。

1. 橡胶的组成

（1）生胶。未加配合剂的天然或合成橡胶统称为生胶。生胶是橡胶制品的主要成分，起着黏接其他配合剂的作用，决定了橡胶制品的性能。

（2）配合剂。

配合剂是指用于改善和提高橡胶制品性能而加入的物质。常用的配合剂有硫化剂、硫化促进剂、增塑剂、填充剂、防老剂等。硫化剂的作用是使橡胶变得富有弹性，目前采用最多的硫化剂为硫磺。常用的硫化促进剂有 MgO 、ZnO 和 CaO 等，可以缩短硫化时间并降低硫化温度。常用增塑剂主要有硬脂酸、精制蜡和凡士林等。防老化主要靠加入石蜡、蜜蜡或其他比橡胶更易氧化的物质，在橡胶表面形成稳定的氧化膜，抵抗氧的侵蚀。填充剂的作用是提高橡胶的强度和降低成本，常用的有炭黑、MgO 、ZnO 和 CaO 等。

（3）增强材料。其作用是提高橡胶的力学性能，如强度、硬度、耐磨性和刚性等。常用的增强材料是各种纤维织物、金属丝及编织物，如在传送带、胶管中加入帆布、细布，在轮胎中加入帘布，在胶管中加入钢线等。

2. 橡胶的分类

查表——常用橡胶的种类、性能及用途表

（1）按原料来源不同分类，可分为天然橡胶和合成橡胶。天然橡胶是指从橡树中流出的乳胶经凝固、干燥、加压等工序制成的片状生胶，再经硫化工序所制成的一种弹性体。天然橡胶的主要化学成分是聚异戊二烯。合成橡胶是指以石油产品为主要原料，经过人工合成制得的一类高分子材料，其品种较多，如丁苯橡胶、顺丁橡胶等。

（2）按应用目的不同分类，可分为通用橡胶和特种橡胶。通用橡胶的用量一般较大，主要用于轮胎、输送带、胶管和胶板等；特种橡胶是指在高温、低温、酸、碱、油、辐射等条件下使用的橡胶制品。

3. 橡胶的性能特点

（1）极好的弹性。橡胶的主要成分是具有高弹性的高分子物质，受到较小的外力作用就能产生很大的变形（变形量在 100%~1 000%），取消外力后又能恢复原状。（2）具有很高的可挠性、伸长率，良好的耐磨性、电绝缘性、耐腐蚀性、隔音、吸振以及与其他物质易于黏结等优点。

4. 橡胶的维护保养

为保持橡胶的高弹性，延长其使用寿命，在橡胶的储存、使用和保管过程中需注意以下问题：光、氧、热及重复的屈挠作用，都会损害橡胶的弹性，应注意防护。橡胶中如含有少量变价金属（铜、铁、锰）的盐类，都会加速其老化，应根据需要选用合适的橡胶配方。不使用时，尽可能使橡胶件处于松弛状态。运输和储存过程中，避免日晒雨淋，保持干燥清洁，不要与酸、碱、汽油、有机溶剂等物质接触，远离热源。橡胶件如断裂，可用室温硫化胶浆胶结。

知识拓展——纤维、胶黏剂、涂料

任务 2　陶瓷材料

陶瓷材料是指以天然硅酸盐（黏土、石英和长石等）或人工合成化合物（氮化物、氧化物和碳化物等）为原料，经过制粉、配料、成形、高温烧结而成的无机非金属材料。

能力知识点 1　陶瓷材料的结构性能

1. 陶瓷的组织结构

陶瓷的性能与其组织结构有密切关系。陶瓷是由天然或人工的原料经高温烧结成的致密固体材料，其组织结构比金属复杂得多，其内部存在晶体相、玻璃相和气相，如图 6-4 所示。这三种相的相对数量、形状和分布对陶瓷性能的影响很大。

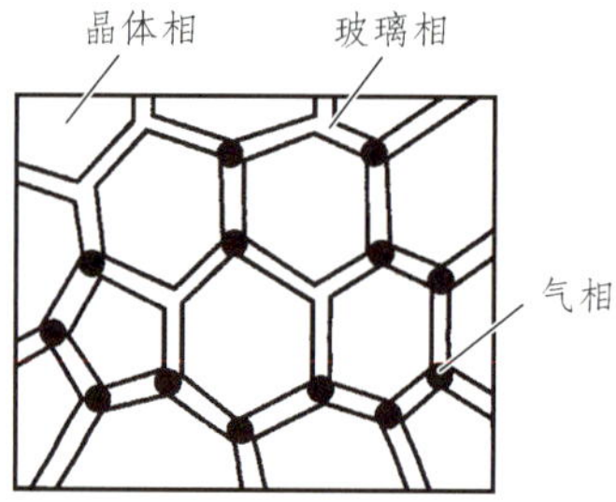

图 6-4　陶瓷的组织结构

2. 陶瓷的性能

与金属比较，陶瓷刚度大，硬度非常高，抗压强度较高，但抗拉强度较低，塑性和韧性很差。陶瓷材料熔点高（大多在 2 000 °C 以上），在高温下具有极好的化学稳定性；陶瓷的导热性低于金属材料，是良好的隔热材料。温度变化时，陶瓷具有良好的尺寸稳定性。

大多数陶瓷具有良好的电绝缘性，因此大量用于制作各种电压（1~110 kV）的绝缘器件。铁电陶瓷（钛酸钡 $BaTiO_3$）具有较高的介电常数，可用于制作电容器。铁电陶瓷在外电场的作用下，还能改变形状，将电能转换为机械能（具有压电材料的特性），可用于扩音机、电唱机、超声波仪、声纳和医疗用声谱仪等。少数陶瓷还具有半导体的特性，可制成整流器。

陶瓷在高温下不易氧化，并对酸、碱、盐具有良好的抗腐蚀能力。陶瓷还可用作固体激光器材料、光导纤维材料和光储存器等，透明陶瓷可用于高压钠灯管。磁性陶瓷（铁氧体如 $MgFe_2O_4$、$CuFe_2O_4$、Fe_3O_4）在录音磁带、唱片、变压器铁心、大型计算机记忆元件等方面有着广泛的应用。

能力知识点 2　陶瓷制品的生产过程

陶瓷制品种类繁多，其生产工艺过程各不相同，一般都要经历原料制备、成形和烧结 3 个阶段。

原料制备是指采用机械或物理或化学方法制备粉料的过程。原料的加工质量直接影响陶瓷制品成形加工工艺性能和使用性能。为了控制制品的晶粒大小，要将原料粉碎、磨细到一定的粒度；对原料要精选，去除杂质，控制纯度；为了控制制品的使用性能，要按一定比例配料；原料加工后，根据成形工艺要求，制备成粉料、浆料或可塑泥团。

成形是指用某些工具或模具将坯料制成一定形状、尺寸、密度和强度的坯型（或生坏）的过程。陶瓷制品的成形，可以采用可塑成形、压制成形、注浆成形（见图 6-5）等方法。

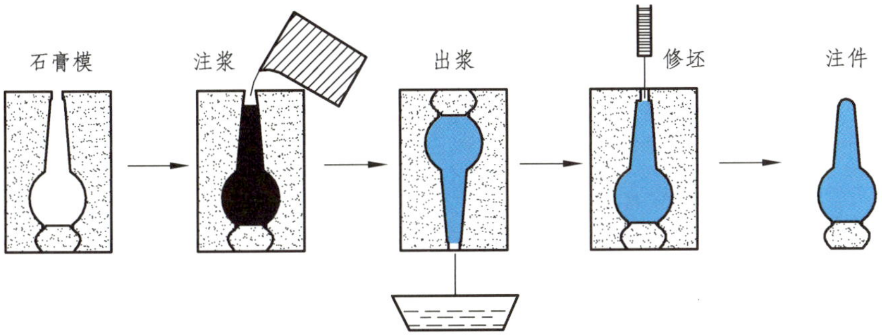

图 6-5　注浆成形

未经烧结的陶瓷坯料是由许多固体颗粒堆积的，称为生坯。生坯颗粒之间存在许多空隙，没有足够的强度，必须经过高温烧结后才能使用。高温烧结时，陶瓷内部要发生一系列物理化学变化及相变，如体积变小、密度增加、强度、硬度提高、晶粒发生相变等，使陶瓷制品达到所要求的物理性能和力学性能。

能力知识点 3　常用陶瓷材料

1. 普通陶瓷

普通陶瓷质地坚硬，绝缘性、耐蚀性、工艺性好，能耐 1 200 °C 高温，成本低廉。使用温度一般为 −15~100 °C，冷热骤变温差不大于 50 °C，抗拉强度低，脆性大。除用作日用陶瓷外，工业上主要用作绝缘的电瓷和对酸碱有耐蚀性的化学瓷，有时也可作为承载较低的结构零件用瓷。

2. 特种陶瓷

特种陶瓷又称现代陶瓷、精细陶瓷或高性能陶瓷。特种陶瓷的原料是人工提炼的，即纯度较高的金属氧化物、碳化物、氮化物、硅化物等化合物。这类陶瓷具有一些独特的性能，可满足工程结构的特殊需要。常见的特种陶瓷有以下几种。

（1）氧化铝（刚玉）陶瓷。主要组成物为 Al_2O_3，一般含量大于 45%。氧化铝陶瓷具有各种优良的性能，耐高温，可在 1 600 °C 长期使用，耐腐蚀，高强度，强度为普通陶瓷的 2~3 倍，甚至可达 5~6 倍。缺点是脆性大，不能承受环境温度的突然变化。氧化铝陶瓷可用作坩埚、发动机火花塞、高温耐火材料、热电偶套管和密封环等，也可作刀具和模具。

（2）碳化硅陶瓷。主要组成物是 SiC，这是一种高强度、高硬度的耐高温陶瓷，在 1 200~1 400 °C 使用仍能保持高的抗弯强度，是目前高温强度最高的陶瓷。它还具有良好的导热性、抗氧化性、导电性和高的冲击韧度，也是良好的高温结构材料。碳化硅陶瓷可用于火箭尾喷管喷嘴、热电偶套管、炉管等高温下工作的部件；利用其导热性可用作高温下的热交换器材料；利用其高硬度和耐磨性制成砂轮、磨料等。

（3）氮化硅陶瓷。主要组成物是 Si_3N_4，这是一种高温强度高、高硬度、耐磨、耐腐蚀并能自润滑的高温陶瓷，线膨胀系数在各种陶瓷中最小，使用温度高达 1 400 °C，具有极好的耐腐蚀性，除氢氟酸外，能耐其他各种酸的腐蚀，并能耐碱和各种金属的腐蚀，还具有优良的电绝缘性和耐辐射性。氮化硅陶瓷可用作高温轴承、在腐蚀介质中使用的密封环、热电偶套管，也可用作金属切削刀具。

（4）氮化硼陶瓷。

氮化硼有六方氮化硼和立方氮化硼。

六方氮化硼陶瓷导热性、耐热性好，有自润滑性能，在高温下耐腐蚀、绝缘性好，用于高温耐磨材料和电绝缘材料、耐火润滑剂等。

立方氮化硼陶瓷（CBN）是一种切削工具陶瓷，硬度高，仅次于金刚石，热稳定性和化学稳定性比金刚石好。立方氮化硼陶瓷可制成刀具、磨具和拉丝模等，用于淬火钢、耐磨铸铁、热喷涂材料和镍等难加工材料的切削加工。

任务 3　复合材料

能力知识点 1　复合材料及分类

复合材料是由两种或两种以上不同化学性质或不同组织结构的材料经人工组合而成的合成材料。人们早就利用复合原理，在生产中创造了许多人工复合材料，如混凝土是由水泥、沙子和石头组成的复合材料；轮胎是纤维和橡胶的复合体等。复合材料既保持了各组分材料的性能特点，同时通过叠加效应，使各组分之间取长补短，形成优于原材料的特性，取得多种优异性能。复合材料是近代重要的工程材料，已大量用于飞机结构件、汽车、轮船、压力容器、管道和传动零件等，且应用量呈逐年增加的趋势。

1. 组　成

复合材料通常具有多相结构，其中一类组成物为基体相，起黏结作用，另一类组成物为增强相，起提高强度和韧性的作用。基体相可由金属、树脂、陶瓷等构成。增强相的形态有细粒状、短纤维、连续纤维、片状等。

2. 分　类

（1）按基体材料类型分类。

① 金属基复合材料，如纤维增强金属和铝聚乙烯复合薄膜等。

② 高分子基复合材料，如纤维增强塑料、碳碳复合材料和合成皮革等。

③ 陶瓷基复合材料，如金属陶瓷、纤维增强陶瓷和钢筋混凝土等。

（2）按增强材料类型分类，如图 6-6 所示。

① 纤维增强复合材料。纤维增强复合材料结构有玻璃纤维、碳纤维、硼纤维、碳化硅纤维和难熔金属丝等。

② 层叠复合材料。层叠复合材料结构有双金属和填充泡沫塑料等。

③ 粒子增强复合材料。粒子增强复合材料结构有金属离子与塑料复合、陶瓷颗粒与金属复合等。

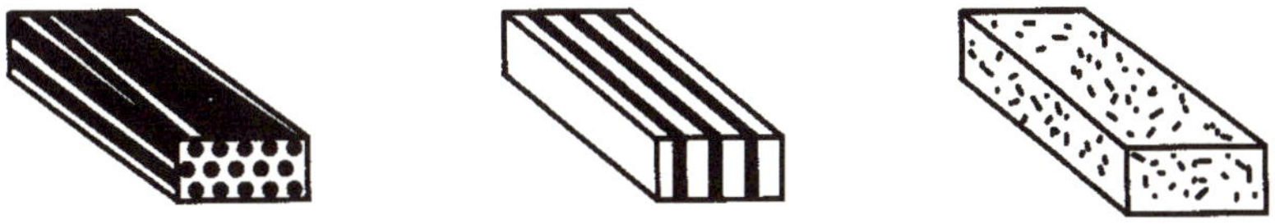

（a）纤维增强复合材料　　（b）层叠复合材料　　（c）粒子增强复合材料

图 6-6　复合材料结构

（3）按复合材料用途分类。

① 结构复合材料。通过复合，材料的力学性能得到显著提高，结构复合材料主要用作各类结构零件，如利用玻璃纤维优良的抗拉、抗弯、抗压及抗蠕变性能，可用来制作减摩、耐磨的机械零件。

② 功能复合材料。通过复合，材料具有一些其他特殊的物理、化学性能，从而制成多功能的复合材料，如雷达用玻璃钢天线罩就是具有良好透过电磁波性能的磁性复合材料。

能力知识点 2　复合材料的性能特点

复合材料是各向异性的非匀质材料，与传统材料相比，具有以下性能特点。

1. 比强度和比模量高

比强度与比模量是指材料的强度、弹性模量与其相对密度之比。比强度越大，同样承载能力下零件自重越轻；比模量越大，零件刚性越好。复合材料的比强度和比模量比金属要高得多。例如，用同等强度的树脂基复合材料和钢制造同一结构件时，树脂基复合材料质量可以减轻 70%以上。

2. 疲劳强度高

纤维增强复合材料的基体中密布着大量细小纤维，当发生疲劳破坏时，裂纹的扩展要经历非常曲折和复杂的路径，且纤维与基体间的界面能有效阻止疲劳裂纹的进一步扩展，因此其疲劳强度很高。例如，大多数金属的疲劳强度是其抗拉强度的 30%~50%，而碳纤维-聚酯树脂复合材料的疲劳强度是其抗拉强度的 70%~80%。

3. 减振能力好

机构的自振频率与材料比模量的平方根成正比，由于复合材料的比模量大，自振频率很高，不易产生共振，同时纤维与基体的界面具有吸振能力，故减振性能好。例如，对相同形状和尺寸的梁进行振动实验，同时起振时，轻合金梁需 9 s 才能停止振动，而碳纤维复合材料的梁却只需 2.5 s 就停止振动。

4. 高温性能好

大多数增强纤维可提高耐高温性能，使材料在高温下仍保持相当的强度。例如，铝合金在 400 °C 时强度已显著下降，若以碳纤维或硼纤维增强铝材，则能显著提高材料的高温性能，400 °C 时的强度与模量几乎与室温下一样。同样，用钨纤维增强钴、镍及其合金，可将这些材料的使用温度提高到 1 000 °C。而石墨纤维复合材料的瞬时耐高温性可达 2 000 °C。

5. 断裂安全性高

复合材料的基体中有大量细小纤维，过载时部分纤维断裂，载荷会迅速重新分配到未被破坏的纤维上，不致造成构件瞬间完全丧失承载能力而断裂。

6. 成形工艺性好

形状复杂的零部件，根据受力情况可以一次整体成形，减少了零件、紧固件的接头数目，提高了材料的利用率。

能力知识点 3　常用复合材料

1. 纤维增强复合材料

纤维增强复合材料常用的是以树脂、金属等为基体，以无机纤维为增强材料的复合材料。它既保持了基体材料的一些特性，又有无机纤维高模量、高强度的性能。纤维增强复合材料主要有以下 4 种。

（1）玻璃纤维复合材料。

玻璃纤维增强塑料通常称为玻璃钢。其成本低，工艺简单，是目前应用最广泛的复合材料。它的基体可以是热塑性塑料，如尼龙、聚碳酸酯和聚丙烯等；也可以是热固性塑料，如环氧树脂、酚醛树脂和有机硅树脂等。

在化学工业中，采用玻璃钢的反应罐、储罐、搅拌器和管道，节省了大量金属；在汽车、航天领域中，玻璃钢壳汽车配件广泛应用。玻璃钢在建筑业的作用也越来越大，许多新建的体育馆、展览馆、商厦的巨大屋顶都是由玻璃钢制成的，其不仅质轻、强度大，还能透过阳光。

（2）碳纤维复合材料。

目前，主要使用的是聚丙烯腈系碳纤维。在隔绝空气中经高温碳化制成，一般在 2 000 °C 烧成的是碳纤维，若在 2 500 °C 以上石墨化后可得到石墨纤维，或称高模量碳纤维。

碳纤维比玻璃纤维的强度略高，但弹性模量则是玻璃纤维的 4~6 倍，并且具有较好的高温力学性能，可以与树脂、碳、金属以及陶瓷等组成复合材料。碳纤维常与环氧树脂、酚醛树脂、聚四氟乙烯等复合，不但保持了玻璃钢的优点，而且许多性能优于玻璃钢，不足之处是碳纤维与树脂的结合力不大，具有明显各向异性。碳纤维复合材料多用于齿轮、活塞和轴承密封件，航天器外层，人造卫星和火箭机架、壳体等。

（3）硼纤维复合材料。

硼纤维是在直径约为 10 μm 的钨丝、碳纤维上或其他芯线上沉积硼元素制成直径约为 100 μm 的硼纤维增强材料。其强度和弹性模量高，耐辐射，可导电、导热。

（4）有机纤维增强复合材料。

常用的是以合成树脂为基体，以芳香族聚酰胺纤维（芳纶）进行增强。这类纤维的密度是所有纤维中最小的，而强度和弹性模量却很高。有机纤维与环氧树脂结合的复合材料已在航空、航天工业方面得到应用，也可用于轮胎帘子线、传动带和电绝缘件等。

2. 层叠复合材料

层叠复合材料是用几种性能不同的板材经热压胶合而成，根据复合形式分为夹层结构复合材料、双层金属复合材料、塑料-金属多层复合材料。

夹层复合材料已广泛应用于飞机机翼、船舶、火车车厢、运输容器、安全帽和滑雪板等；将两种膨胀系数不同的金属板制成的双层金属复合材料可用于测量和控制温度的简易恒温器等；SF 型三层复合材料（如钢-铜-塑料）可制作成高应力、高温及低温、无润滑条件下的轴承。

3. 颗粒复合材料

颗粒复合材料是由一种或多种颗粒均匀地分布在基体中所组成的材料。粒子的尺寸越小时，增强效果越明显，颗粒直径小于 0.01~0.1 μm 的称为弥散强化材料。按需要不同，加入金属粉末可增加导电性；加入 Fe_3O_4 磁粉可改善导磁性。陶瓷颗粒增强的金属基复合材料具有高的强度、硬度、耐磨性、耐蚀性和小的膨胀系数，常用于制作刀具、重载轴承及火焰喷嘴等高温工作零件。

查表——部分金属材料与复合材料的性能比较表

知识拓展——新型材料

练习 6

一、填空题

（1）塑料是指以______________为主要成分，再加入其他__________剂在一定温度与压力下塑制成形的材料或制品的总称。

（2）根据树脂在加热和冷却时所表现的性质，塑料可分为热_______性塑料和热_______性塑料两类。

（3）生胶是指未加配合剂的________橡胶或______橡胶的总称。

（4）陶瓷材料按其成分和来源，分为________陶瓷（传统陶瓷）和________陶瓷（近代陶瓷）两大类。

（5）陶瓷制品种类繁多。其生产工艺过程各不相同，一般都要经历_______、_______和烧结 3 个阶段。

（6）按复合材料的增强剂种类和结构形式的不同，复合材料可分为________增强复合材料、________增强复合材料和__________增强复合材料这 3 类。

二、简答题

（1）什么是工程塑料？其主要品种有哪些？

（2）非金属材料具有金属材料以外的什么特性？

（3）橡胶有什么特点和应用？

（4）什么是特种陶瓷，有何应用？

（5）列举常见的涂料，并说明各自的用途。

（6）什么是复合材料？

练习 6 答案

项目 7

工程材料的合理选用

教学基本要求

1. 知识目标

（1）了解零件的失效分析；

（2）熟悉选材的原则、方法和步骤；

（3）熟悉典型零件的选材。

2. 能力目标

（1）零件的失效分析；

（2）典型零件的选材及热处理工艺安排。

思维导图

本项目思维导图如图 7-0 所示。

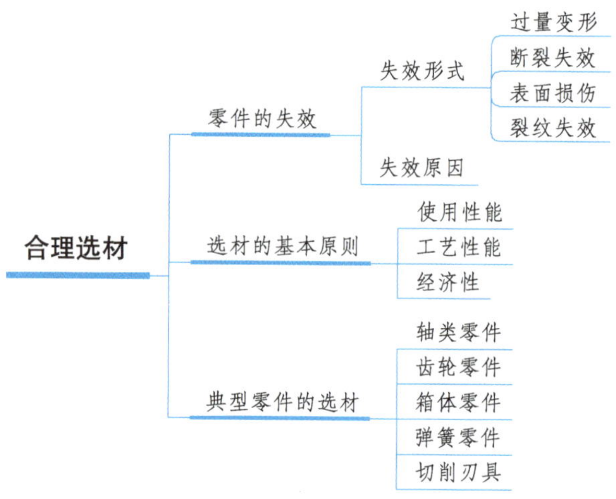

图 7-0　思维导图

引导案例　内燃机迈向超级智能——175A 型农用内燃机曲轴零件的选材

内燃机是移动机械的主导动力，是国民经济和国防建设的“动力心脏”。我国人工智能、5G、数字孪生、微电子等技术的快速发展，正在推动内燃机拥有高级智能，并开始迈向超级智能。

内燃机曲轴承受弯曲、扭转、剪切、拉压、冲击等交变应力的作用，会造成曲轴的扭转、弯曲和振动，产生附加应力；各个部位应力分布不均；同时，曲轴颈部与轴承有滑动摩擦，会造成曲轴的疲劳断裂和轴颈严重磨损。如图 7-1 所示为175A 型农用内燃机曲轴。

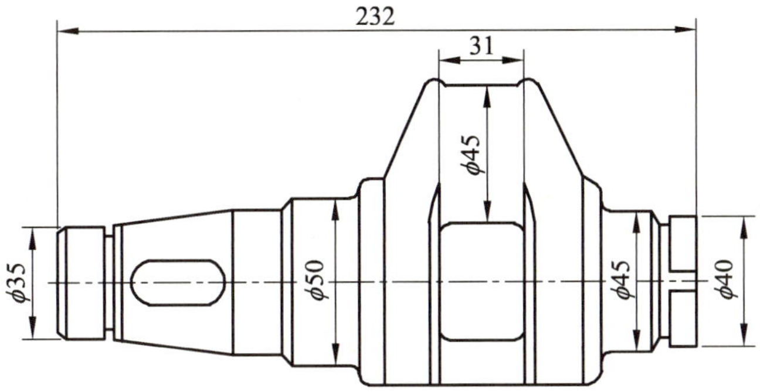

图 7-1　175A 型农用内燃机曲轴简图

因此，曲轴的材料要求具有高强度，一定的冲击韧性，足够的弯曲、扭转疲劳强度和刚度，轴颈表面有高硬度和耐磨性，$R_m \geqslant 750$ MPa，整体硬度为 240~260 HBW，轴颈表面硬度≥ 50 HRC，$A \geqslant 2\%$，$a_k \geqslant 150$ kJ · m^{-2}。

曲轴的加工方法不同，所用的材料也不相同，锻造曲轴常用优质中碳钢和中碳合金钢，如 35、40、45、35Mn2、40Cr、35CrMo 钢等；铸造曲轴常用铸钢、球墨铸铁、珠光体可锻铸铁及合金铸铁等，如 ZG270-500、QT600-3、QT700-2、KTZ450-06、KTZ550-04 等。

根据175A 型农用内燃机曲轴的工作条件和性能要求可选 QT700-2。

加工工艺路线：铸造 → 高温正火（950~960 °C 风冷）→ 高温回火（500~550 °C）→ 切削加工 → 轴颈气体渗氮（500~520 °C 炉冷等温渗氮或 550~560 °C 炉冷二段渗氮）→ 精磨。

热处理工艺曲线如图 7-2 所示。

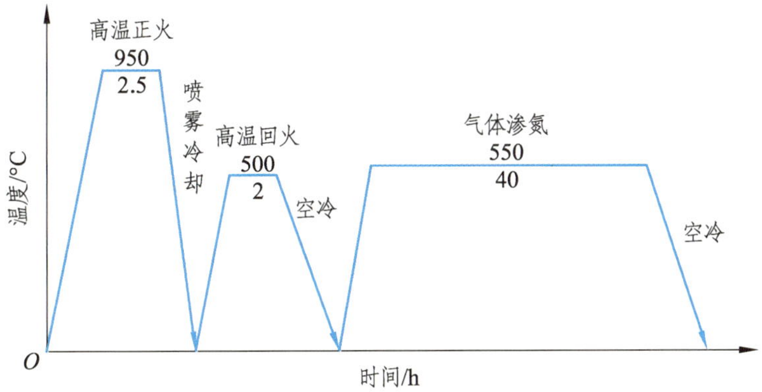

图 7-2　QT700-2 制造曲轴的热处理工艺曲线

热处理工序的作用如下。

（1）高温正火。高温正火可获得细的珠光体、少量破碎的铁素体和弥散分布的游离碳化物，可获得较高的强度和韧性。

（2）高温回火。高温回火可消除正火过程中产生的内应力，调整硬度，改善切削加工性。

（3）渗氮。渗氮可保证在不改变组织及加工精度的前提下，使曲轴的轴颈表面得到高硬度、高耐磨性、高疲劳强度和良好的耐腐蚀性。我们也可以对轴颈进行表面淬火和喷丸处理来提高其耐磨性和疲劳强度。

任务 1　机械零件的失效

任何零件无论质量多高，都不可能无限期地使用，总会因各种原因而失效报废。达到正常的使用寿命后的失效是不可避免的，但许多零件的寿命远低于设计寿命，发生的是早期失效。这种情况会造成生产安全隐患，容易引发重大安全事故，因此需要给予足够的重视。在工程材料的选材初始，我们就必须对零件在使用过程中可能产生的失效形式、失效原因进行分析，为选材及后续加工控制提供安全依据。

能力知识点 1　失效的概念及形式

1. 零件的失效

机械零件丧失正常的工作能力称为失效。

失效特征表现如下：

（1）零件完全破坏、不能正常工作；

（2）零件能工作但达不到设计的功能或效果；

（3）零件损坏不严重但继续工作不安全。

上述情况发生任何一种，都认为零件已失效。例如，齿轮在工作过程中因磨损而不能正常啮合及传递动力、主轴在工作过程中因变形而失去精度等均属于失效。

注意：零件达到设计的预期寿命后发生的失效属于正常失效；低于设计预期寿命发生的失效属于非正常失效。还有一种称为突发性失效，如化工厂爆炸。

2. 零件失效的形式

（1）过量变形失效。过量变形失效是指零件因变形量超过允许范围而造成的失效，主要有由过量弹性变形、过量塑性变形所造成的失效。例如，高温下工作时，螺栓发生松脱，就是过量弹性变形转换为塑性变形而造成的失效。

（2）断裂失效。断裂失效是指零件因完全断裂而无法工作的失效。断裂形式主要有塑性断裂、脆性断裂、疲劳断裂、蠕变断裂等。例如，钢丝绳在吊运中的断裂；在交变载荷作用下的轴、齿轮、弹簧等的断裂。

（3）表面损伤失效。表面损伤失效是指零件在工作中，因机械或化学作用使其表面损伤而造成的失效。表面损伤失效主要有表面磨损失效、表面腐蚀失效、表面疲劳失效（疲劳点蚀）。例如，齿轮经长期工作后齿表面磨损导致精度降低，这种现象属于表面损伤失效。

（4）裂纹失效。裂纹失效是指零件内外的微裂纹在外力作用下扩散，造成零件断裂的现象。裂纹的产生往往是材料选取不当、工艺制定不合理造成的。例如，锻件中的裂纹，往往因为钢中的含硫量较高、混入铜等低熔点金属及夹杂物含量过多，造成晶界强度被削弱；或锻后冷却速度过快，未及时进行退火处理，容易产生表面裂纹。

实际上，零件失效的形式往往不是单一的，但总是一种方式起主导作用。例如，齿轮的失效往往先有点蚀、剥落，后出现断齿等；轴类零件在轴颈处因摩擦而发生磨损失效，在应力集中处则发生疲劳断裂。当几种失效形式同时存在，形成更复杂的失效形式，如腐蚀疲劳断裂、蠕变疲劳和腐蚀磨损等。

能力知识点 2　零件失效的原因

1. 设计不合理

零件的结构形状、尺寸设计不合理易引起失效。例如，结构设计中存在尖角、尖锐缺口和过小的过渡圆角等缺陷，产生应力集中引起失效；对零件的实际工作条件（温度及介质等变化）估计不足，安全系数小，达不到实际要求的承载力等。

2. 选材不合理

零件设计中选材不当或选用的材料质量较差易引起失效。例如，某钢材锻造时出现裂纹，经成分分析，硫含量超标，断口也呈现出热裂特征，由此判断是材料不合格造成的。

3. 加工工艺安排不合理

零件或毛坯在冷、热加工过程中，由于工艺方法、工艺参数不正确等，常出现某些缺陷，导致失效。例如，冷加工中表面粗糙度值过大、刀痕纹路较深或磨削时产生较高的残余应力或裂纹，铸件中有气孔、疏松、夹杂甚至裂纹，锻造产生的过热、过烧以及带状组织，热处理的氧化、脱碳、变形、开裂等，这些都会造成零件的失效。

4. 安装使用不合理

机器在装配和安装过程中，不符合技术要求，如装配过紧、过松，或安装时固定不紧、润滑不好等都可造成失效。使用过程中，操作、维护、保养不当或违规使用，均有可能使零件失效。

任务 2　选材的基本原则

选材是一项十分重要的工作，尤其是一台机器中关键零件的选材是否恰当，直接影响产品的使用性能、使用寿命及制造成本。要做到合理选材，就必须全面分析零件的工作条件、受力性质和大小、失效形式；然后综合各种因素，选择满足零件的使用性能要求的材料；最后再兼顾材料的加工工艺、制造成本等。

能力知识点 1　使用性能的考虑

进行零件选材时，应根据零件的工作条件和失效形式确定材料应具有的主要性能指标，这是保证零件安全可靠、经久耐用的先决条件。

零件的工作条件主要包括

（1）受力情况。受力情况包括载荷形式（拉伸、压缩、弯曲、扭转等）、载荷性质（静载、循环变载、冲击载荷等）和大小、载荷的特点（均布载荷或集中载荷等）以及受摩擦情况等。

（2）工作环境。工作环境包括工作温度、环境介质的性质、是否有腐蚀性等。

（3）特殊性能要求。特殊性能要求包括导电、导热以及密度、外观、色泽等。

当材料性能不能满足零件工作条件时，零件就不能正常工作或早期失效。

一般零件的使用性能主要是指材料的力学性能。零件工作条件不同，失效形式不同，其力学性能指标要求也不同，如表 7-1 所示。

表 7-1　几种常用零件的工作条件、常见失效形式及要求的主要力学性能指标

零件	工作条件			常见失效形式	要求的主要力学性能
	应力类型	载荷性质	受载状态		
紧固螺丝	拉、剪应力	静载		过量变形、断裂	强度、塑性
传动轴	弯、扭应力	循环、冲击	轴颈摩擦、振动	疲劳断裂、过量变形、轴颈磨损	综合力学性能
传动齿轮	压、弯应力	循环、冲击	摩擦、振动	断齿、磨损、疲劳断裂、接触疲劳	表面高强度及疲劳强度、心部强度、韧性
弹簧	扭、弯应力	交变、冲击	振动	弹性失稳、疲劳破坏	弹性极限、屈强比、疲劳强度
冷作模具	复杂应力	交变、冲击	强烈摩擦	磨损、脆断	硬度、足够的强度、韧性

能力知识点 2　工艺性能的考虑

工艺性能是指材料能否顺利地加工制造成零件的性能。当某些材料仅从零件的使用要求来考虑是合适的，但无法加工制造，或加工困难、制造成本高时，这些均属于选材不合理。如表 7-2 所示，对材料的工艺性能进行了简单的概括。

表 7-2　材料的工艺性能主要评定指标及应用

工艺性能	评定指标	应用
铸造性能	流动性、收缩性	铸铁优于铸钢。同种材料中成分越靠近共晶点的合金，其铸造性能越好
锻压性能	塑性和变形抗力	碳钢比合金钢锻压性能好。低碳钢的锻压性能优于高碳钢

续表

工艺性能	评定指标	应用
焊接性能	常用碳当量	低碳钢和低合金高强度结构钢焊接性能良好；碳与合金元素含量越高，焊接性能越差
切削加工性能	用最高切削速度、切削力大小、表面粗糙度值的大小、断屑难易程度和刃具磨损来综合评定	一般当材料硬度值为 170 ~ 230 HBS 时，切削加工性能好
热处理工艺性能	淬透性、淬硬性、变形、开裂倾向、耐回火性和氧化脱碳倾向评定	一般碳钢的淬透性差，强度较低，加热时易过热，淬火时易变形、开裂；合金钢的淬透性优于碳钢
黏结固化性能	成形中各组分间的黏结固化倾向	高分子、陶瓷、复合材料，粉末冶金材料

能力知识点 3　经济性的考虑

从选材经济性原则考虑，应尽可能选用货源充足、价格低廉、加工容易的材料，而且应尽量减少所选材料的品种、规格，以简化供应、保管等工作。但是，仅仅考虑材料的费用及零件的制造成本并不是最合理的，还应尽量提高该产品的性价比。

某大型内燃机的曲轴，用珠光体球墨铸铁生产，成本较低，使用寿命为 3~4 年，如改为 40Cr 调质再表面淬火后使用，成本为前者的 2 倍左右，但使用寿命近 10 年，可见，虽然采用球墨铸铁生产曲轴成本低，但就性价比来说，用 40Cr 来生产曲轴更为合理，而且曲轴是内燃机的重要零件，质量好坏直接影响整台机器的运行安全及使用寿命，因此为提高此类关键零件的使用寿命，即使材料价格和制造成本较高，全面来看其经济性仍然是合理的。

任务 3　典型零件选材实例

金属材料、高分子材料、陶瓷材料及复合材料是目前最主要的机械工程材料，它们有各自的特点和最合适的用途。但金属材料能满足绝大多数零件的工作要求，因此它能广泛地用于制造各种重要的机械零件和工程结构。

能力知识点 1　轴类零件的选材

轴类零件是机器中最基本的零件之一，其主要作用是支撑传动零件，如齿轮、带轮等，并传递运动和动力。轴质量的好坏直接影响机器的精度和使用寿命。

1. 轴类零件的工作条件、失效形式及性能要求

（1）传递一定的扭矩，承受一定的交变弯曲和拉、压载荷，易发生疲劳断裂，要求具有

良好的综合力学性能，包括强度、塑性、韧性以及高的疲劳强度。

（2）轴颈承受较大的摩擦，易发生磨损失效，要求具有高的硬度和良好的耐磨性。

（3）承受大载荷或一定的冲击载荷，易引起过量变形和断裂失效，要求具有足够的刚度和较高的强韧性。

（4）特殊性能要求，如高温中工作的轴要求抗蠕变性能要好，在腐蚀性介质中工作的轴要求耐蚀性好等。

2. 轴类零件选材原则

主轴的材料及热处理工艺的选择应根据其工作条件、失效形式及技术要求来确定。主要原则如下：

（1）主轴的材料常采用碳素钢与合金钢，碳素钢中的 35、45、50 等优质中碳钢具有较高的综合力学性能，应用较多，其中以 45 钢应用得最为广泛。为了改善材料力学性能，钢应进行正火或调质处理。

（2）合金钢具有较高的力学性能，但价格较贵，多用于有特殊要求的轴。合金钢对应力集中的敏感性较高，因此设计合金钢轴时，更应从结构上避免或减少应力集中现象，并减少轴的表面粗糙度值。

（3）当主轴尺寸较大、承载较大时，可采用合金调质钢，如将 40Cr、40CrMn、35CrMo 等进行调质处理后再使用。

（4）对于表面要求耐磨的工件，应调质后再进行表面淬火。当主轴承受重载荷、高转速且冲击与变动载荷很大时，应选用合金渗碳钢，如将 20Cr、20CrMnTi 等进行渗碳淬火后再使用。

（5）对于在高温、高速和重载条件下工作的主轴，必须具有良好的高温力学性能，常采用 25Cr2Mo1VA、38CrMoAl 等合金结构钢。

3. 应用举例：卧式车床主轴

如图 7-3 所示为一卧式车床主轴，其作用是支撑传动零件、传递运动和动力。

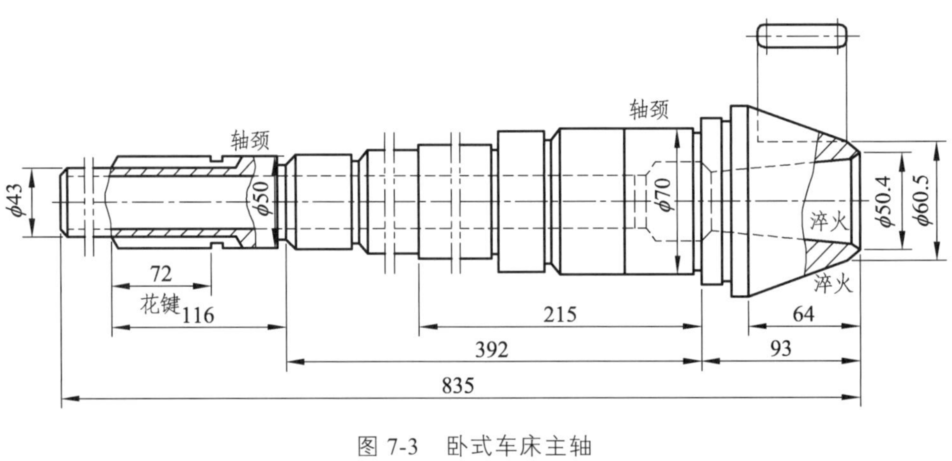

图 7-3　卧式车床主轴

（1）工作条件及性能要求。

主轴在工作中主要承受扭转力和弯曲力的作用，整个截面上受力不均，表面应力大、心部应力小，冲击力较小，运转较平稳；主轴大端内锥孔、外圆锥面工作时经常与顶尖、卡盘有相对摩擦；花键部位与齿轮有相对滑动或碰撞。

因此，该主轴在滚动轴承中运转，要求整体具有良好的综合力学性能，硬度为 220~250 HBW；锥孔与外圆锥面要求硬度为 45~50 HRC；花键表面硬度为 48~53 HRC。

（2）材料选择。

车床主轴属于中速、中等载荷的轴类零件，可选 45 钢经正火、调质处理，使整体达到良好的综合力学性能和硬度要求；锥孔与外圆锥面采用局部盐浴加热、水冷、低温回火；花键部分采用高频加热淬火、低温回火，均可达到硬度要求。

45 钢价格低，锻造性能和切削加工性能都比较好，虽然淬透性较差，但主轴工作时应力主要分布在表面层，因此选用 45 钢即可满足使用要求。

（3）加工工艺路线。

下料 → 锻造 → 正火（850~870 °C 空冷）→ 粗加工 → 调质（840~860 °C 盐淬至 150 °C 左右再空冷，550~570 °C 回火）→ 半精加工（花键除外）→ 局部淬火、回火（锥孔、外圆锥面 830~850 °C 盐淬，220~250 °C 回火）→ 粗磨（外圆、外圆锥面、锥孔）→ 铣花键 → 花键高频感应淬火、回火（890~900 °C 高频感应加热，喷水冷却，180~200 °C 回火）→ 精磨（外圆、外圆锥面、锥孔）。

该主轴结构形状较简单，一般情况下调质、淬火时不会出现开裂，但主轴较长，进行整体淬火会产生较大变形，难以保证锥孔与外圆锥面对两轴颈的同轴度要求，因此改为锥部淬火与花键淬火分开进行，可以保证使用质量要求。其热处理工艺曲线如图 7-4 所示。

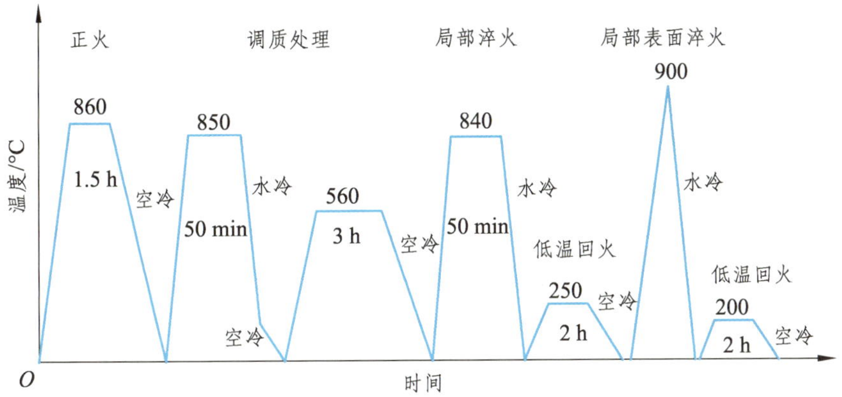

图 7-4　45 钢制造车床主轴的热处理工艺曲线

（4）热处理工序的作用。

① 正火。正火可均匀组织、细化晶粒，为后续热处理作组织准备；消除锻造应力，调整硬度，改善切削加工性能。

② 调质处理。调质处理可获得回火索氏体组织，使主轴整体具有较好的综合力学性能，为表面淬火作组织准备。

③ 淬火及回火。内锥孔、外锥体局部淬火、回火以及花键部分高频感应加热表面淬火，

可得到高硬度、高耐磨性及高疲劳强度，再经低温回火消除应力，可防止磨削时产生裂纹，并保持高硬度和高耐磨性。

能力知识点 2　齿轮零件的选材

齿轮是机械工业中应用最广泛的零件之一，主要用于传递扭矩、调节速度和改变转向。

1. 齿轮的工作条件、主要失效形式及其对材料性能的要求

（1）用于传递扭矩，齿根承受较大的交变弯曲应力，易发生疲劳断裂，所以要求具有高的弯曲疲劳强度。

（2）由于齿面相互滑动和滚动，承受较大的接触应力和摩擦，易发生齿面磨损、齿面疲劳点蚀等，所以要求具有高的硬度、耐磨性和接触疲劳强度。

（3）由于换挡、启动或啮齿不良，齿部承受一定的冲击载荷，易发生过载断裂，所以要求齿轮心部要有足够的强度和韧性。

（4）要求具有良好的切削加工性能和热处理性能，组织内部缺陷在允许的范围内。

2. 齿轮类零件常用材料及选用

齿轮的选材主要依据工作条件（如圆周速度、载荷性质与大小以及精度要求等）来确定。

（1）钢铁材料。

根据齿轮的性能要求，齿轮常用材料可选用低、中碳钢或低、中碳合金钢，并对轮齿表面进行强化处理，使轮齿表面有较高的强度和硬度，心部有较好的韧性。一些轻载、低速、不受冲击、精度和结构紧凑性要求不高的不重要的齿轮，常采用灰口铸铁并进行适当热处理。近年来，球墨铸铁的应用范围越来越广，对于润滑条件差但要求耐磨的齿轮及要求耐冲击、高强度、高韧性和耐疲劳的齿轮，可用贝氏体球墨铸铁代替渗碳钢。一些尺寸较大、形状复杂、不易锻造、用铸铁又满足不了性能要求的齿轮可采用铸钢制作。

（2）非铁合金及非金属材料。

承受载荷较轻，速度较低的齿轮，常选用非铁合金制造，如仪器、仪表齿轮常选用黄铜、铝青铜等制造；随着高分子材料性能的不断完善，工程塑料制造的齿轮也在越来越多的场合得到应用。

机床、汽车、航空齿轮的选材及热处理如表 7-3 所示。工程塑料齿轮的选材与应用如表 7-4 所示。

3. 应用举例：汽车变速箱齿轮

如图 7-5 所示为一载重为 8 t 的汽车变速箱齿轮，可改变发动机、曲轴和主轴齿轮的速比。

表 7-3　机床、汽车、航空齿轮的选材及热处理

齿轮工作条件	材料牌号	热处理工艺	硬度要求
低载、要求耐磨、小尺寸机床主轴	15	900～950 °C 渗碳，780～900 °C 淬火	58～63 HRC
低速、低载不重要变速箱齿轮和挂轮架齿轮	45	800～840 °C 正火	156～217 HBS
低速、低载机床齿轮	45	820～840 °C 水淬，500～550 °C 回火	200～250 HBS
中速、中载、重载机床齿轮	45	高频淬火，水冷，300～340 °C 回火	45～50 HRC
高速、中载、要求齿面硬度高的机床齿轮	45	高频淬火，水冷，180～200 °C 回火	54～60 HRC
中速或中载的高速机床走刀箱、变速箱齿轮	40Cr、42SiMn	调质，高频淬火，乳化液冷却，260～300 °C 回火	50～55 HRC
高速、高载、齿部要求高硬度的机床齿轮	40Cr、42SiMn	调质，高频淬火，乳化液冷却，260～300 °C 回火	54～60 HRC
高速、中载、受冲击的机床齿轮，如龙门铣床电动机齿轮	20Cr、20Mn2B	900～950 °C 渗碳，直接淬火或 800～880 °C 油淬，180～200 °C 回火	58～63 HRC
高速、高载、受冲击的齿轮，如立式车床重要齿轮	20CrMnTi 20SiMnVB	900～950 °C 渗碳，降温至 820～850 °C 直接淬火，180～200 °C 回火	58～63 HRC
汽车变速齿轮及圆锥齿轮	20CrMnTi 20CrMnMo	900～950 °C 渗碳，降温至 820～850 °C 直接淬火，180～200 °C 回火	58～64 HRC
航空发动机大尺寸、重载、高速齿轮	18Cr2Ni4WA 37Cr2Ni4A 40CrNiMoA	调质、氮化	＞850 HV
航空高速齿轮	12CrNi3A 12Cr2Ni4A	900～920 °C 渗碳，850～870 °C 一次淬火，油冷，780～800 °C 二次淬火，油冷，150～170 °C 回火	58～63 HRC

表 7-4　工程塑料齿轮的选材与应用

塑料品种	性能特点	适用范围
尼龙 6， 尼龙 66	有较高的疲劳强度与耐振性，但吸湿性强	在中等载荷或低载、中等温度(80 °C 以下)、少或无润滑条件下工作
尼龙 610， 尼龙 1010	强度与耐热性略差，但吸湿性较弱，尺寸稳定性较好，良好的韧性和刚度，耐疲劳，耐油，耐腐蚀，自润滑性好	同上，可在湿度波动较大的情况下工作
MC 尼龙	强度、刚度均较前两种高，耐磨性也较好	适用于铸造大型齿轮及蜗轮等
尼龙	强度、刚度、耐热性均优于未增强者，尺寸稳定性也显著提高	在高载荷、高温下使用，传动效果好，速度较高时应用油润滑

续表

塑料品种	性能特点	适用范围
聚甲醛	耐疲劳，刚度高于尼龙，吸湿性很弱，耐磨性好，但不易成形，易老化	在中等轻载荷、中等温度和无润滑条件下工作
聚碳酸酯	成形收缩率小，精度高，抗冲击、抗蠕变性好，但耐热疲劳强度较差，并有应力开裂倾向	可大量生产，一次加工；可在冲击较大的情况下工作，当速度较高时用油润滑
ABS	韧性和尺寸稳定性、强度高，耐磨、耐蚀，耐水和油，易成形加工	冲击工况，低浓度酸碱工况
玻璃纤维增强聚碳酸酯	强度、刚度、耐热性可与尼龙媲美，尺寸稳定性超过增强尼龙，但耐磨性较差	在较高载荷、较高温下使用的精密齿轮，当速度较高时用油润滑
聚苯醚（PPO）	较上述未增强者优，成形精度高，耐蒸汽，但有应力开裂倾向	适用于在高温水或蒸汽中工作的精密齿轮
聚酰亚胺（PI）	强度、耐热性高，成本也高	260 °C 以下长期工作的齿轮

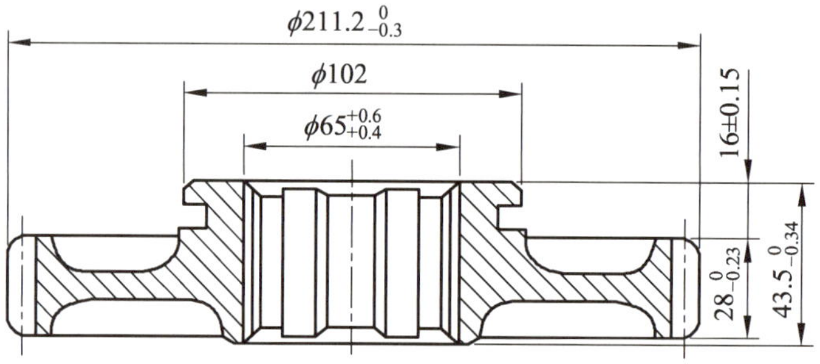

图 7-5　汽车变速箱齿轮

（1）工作条件及性能要求。

齿轮在使用过程中受一定冲击，负载较重，轮齿表面要求耐磨。为防止在冲击力的作用下轮齿折断，要求齿轮心部有高的强度和韧性。其热处理技术条件：轮齿表层含碳量为 w_C = 0.80%~1.05%，齿面硬度为 58~63 HRC，齿轮心部硬度为 33~45 HRC，心部强度 R_m>1 000 MPa，R_{eL}>440 MPa， $a_k \geqslant 95\ J \cdot cm^{-2}$。

（2）材料选择。

若选调质钢 45、45Cr 钢淬火，均不能满足使用要求（表面硬度只能达到 50~56 HRC）。38CrMoAl 钢为氮化钢，氮化层较薄，适用于转速高、压力小、不受冲击的场合，不适于制造汽车变速箱齿轮。合金渗碳钢 20Cr 钢经渗碳淬火后，虽然表面能达到力学性能要求，材料来源也比较充足，成本也较低，但是淬透性低，易过热，淬火变形开裂倾向较大，仍不能满足使用要求。

合金渗碳钢 20CrMnTi 钢经渗碳热处理后，齿面可获得高硬度（58~63 HRC）和高耐磨性，并且该钢含有 Cr、Mn，具有较高的淬透性，油淬后可保证齿轮心部获得强韧结合的组织，具有较高的冲击韧性。同时，该钢含有 Ti，不易过热，渗碳后仍保持细晶粒，可直接淬火，变形较小。此外，20CrMnTi 钢的渗碳速度较快，表面碳的质量分数适中，过渡层平缓，经渗碳处理后具有较高的疲劳强度，可满足使用要求。因此，该载货汽车变速箱齿轮选用20CrMnTi钢制造比较适宜。

（3）加工工艺路线。

下料→齿坯锻造→正火（950~970 °C 空冷）→机加工→渗碳（920~950 °C 渗碳、6~8 h）→预冷淬火（预冷至870~880 °C 油冷）→低温回火→喷丸→校正花键孔→磨齿。

其热处理工艺曲线如图7-6所示。

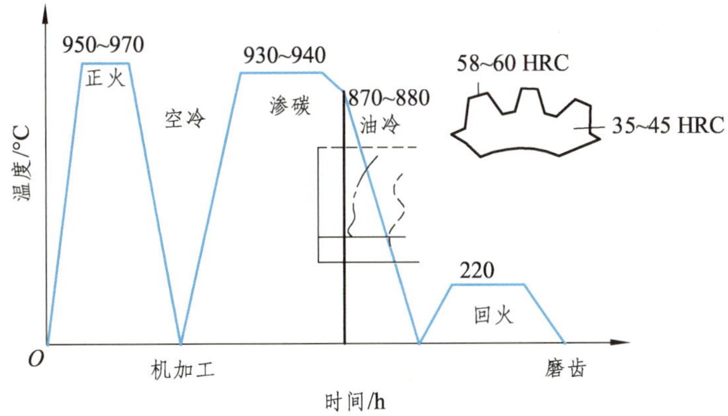

图7-6　20CrMnTi钢制造汽车变速齿轮的热处理工艺曲线

（4）热处理工序的作用。

① 正火。正火可均匀组织、细化晶粒，为后续热处理作组织准备；消除锻造应力，调整硬度，改善切削加工性能。

② 渗碳。渗碳可提高轮齿表层碳的质量分数，保证渗碳层的深度。

③ 淬火+低温回火。淬火可使齿面达到所要求的高硬度和高耐磨性，而心部具有较高的强度和足够的韧性；低温回火是为了消除淬火应力及减少脆性。

此外，喷丸可增大渗碳层表面的压应力，提高疲劳强度，消除氧化皮。

能力知识点3　箱体零件的选材

1. 箱体的工作条件、性能要求

箱体形状一般比较复杂，目的是保证其内部各个零件的正确位置，使各零件运动协调平稳。箱体主要承受各零件的重力以及零件运动时的相互作用力，以支撑零件为主；箱体对内部各零件运动产生的振动有缓冲作用。

性能要求：（1）足够的抗压性能；（2）较高的刚度，防止变形；（3）良好的吸振性；（4）良好的成形工艺性；（5）其他特殊性能，如比重轻等。

2. 箱体零件材料的选用

由于箱体形状比较复杂、壁厚较薄、体积较大，因此一般选用铸造毛坯成形，根据力学性能要求常用灰铸铁、球墨铸铁、铸钢等。工作平稳的箱体可用HT150、HT100、HT250等；受力较小，要求导热良好、质量轻的箱体可用铸造铝合金；受力较大的箱体可考虑铸钢；单件生产时可用低碳钢焊接而成。箱体加工前一般要进行时效处理，目的是消除毛坯的内应力。

知识拓展——弹簧零件和切削刀具选材

练习 7

一、填空

（1）零件失效的原因有__________、__________、__________、__________。

（2）选材的基本原则有__________、__________、__________。

（3）齿轮零件的主要失效形式有__________、__________、__________。

（4）轴类用合金材料有__________、__________、__________、__________。

二、简答

（1）一般机械零件常见的失效形式有哪几种?

（2）为了减少零件的变形和开裂，一般应采取什么措施?

三、指出下列零件在选材和热处理条件方面的错误，并提出改进措施：

（1）要求表面耐磨的凸轮，选用45钢，热处理为淬火+回火，60~63 HRC。

（2）直径30 mm，要求有良好综合力学性能的传动轴，热处理技术条件：调质，40~45 HRC。

（3）弹簧（钢丝直径15 mm），材料45钢，热处理为淬火+回火，55~60 HRC。

（4）传动平稳的低速齿轮，材料为 45 钢，热处理为渗碳+淬火+回火，58~62 HRC。

练习 7 答案

项目 8

零件毛坯成型工艺基础

教学基本要求

1. 知识目标

（1）铸造成型的类型及特点；

（2）锻造成型的类型及特点；

（3）焊接成型的类型及特点。

2. 能力目标

（1）铸造成型的应用；

（2）锻造成型的应用；

（3）焊接成型的应用。

思维导图

本项目思维导图如图 8-0 所示。

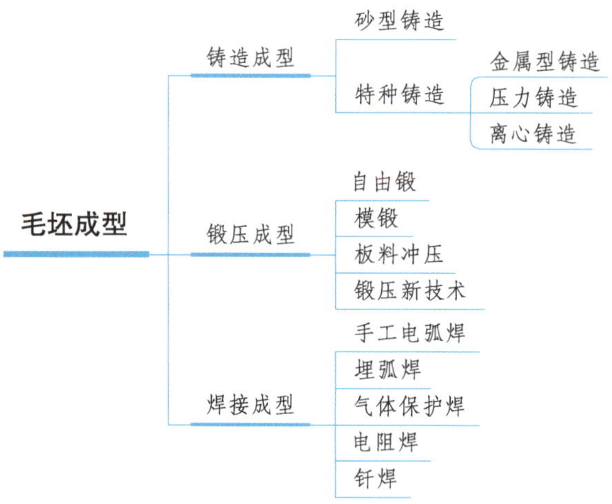

图 8-0　思维导图

引导案例　千锤百炼、匠心制造——轮辋的成型方法

在很多工程项目中都离不开一种特殊载具——SPMT 自行式模块运输车，如图 8-1 所示。

我们这款“国产神器”SPMT 可拥有 1 152 个轮子，承重能力达 5 万 t，不仅打破了国外的技术垄断，也为国民建设项目打下了坚实基础。

图 8-1　自行式模块运输车

轮辋是车轮金属部分最外面的一圈，而轮毂是车轮金属部分最里面的一圈，中间连接轮毂和轮辋的就叫作轮辐，如图 8-2 所示。从设计的角度思考，轮辐当然要越复杂越好，轮辋的尺寸也要越大越好，但从工程师的角度来说，轮毂当然是越简单越好，尺寸也要根据使用情况来优化。螺栓的数量主要取决于车重，乘用车一般不超过 6 颗。这是因为螺栓数量会影响轮毂面的受力，不利于轮毂。

图 8-2　车轮的构成

1. 铸造轮辋

轮辋的铸造方法主要有重力铸造、低压铸造和“低压铸造+旋压”。

在轮毂轻量化趋势的要求下，低压铸造+轮辋热旋压（铸旋）是目前轮辋加工中比较安全和经济适用的一种加工方法，低压铸造能满足外观需求，轮辋经过热旋压成型，在组织上有明显的纤维流线，大大提高了车轮的整体强度和耐腐蚀性。由于材料强度高、产品质量轻，材料分子间隙小，因此，它是现在市场上颇受好评的一种工艺。

2. 锻造轮辋

锻造使用钢制模子，将加热软化的铝块置于其中，用冲压的方法使其成型，待冷却之后再经过机械加工制成。在生产过程中铝块经过不断冲压成型，其分子结构会变得非常紧密，所以可以承受很高的压力。因此，在相同尺寸相同强度下，锻造轮毂比铸造轮毂质量更轻。造型上还可以设计出一些比较活泼的细条幅，设计的自由度也更高一些，但价格高、周期长，如图 8-3 所示。

（a）铸造轮辋

（b）锻造轮辋

图 8-3　轮辋的制造方式

任务 1　铸造成型基础

能力知识点 1　铸造概述

1. 铸　造

铸造是指将熔融金属浇注、压射或吸入铸型型腔中，待其凝固后得到具有一定形状、尺寸和性能的铸件的成形方法。

根据生产方法的不同，铸造可分为砂型铸造和特种铸造两大类。

2. 特　点

与其他金属加工方法相比，铸造具有以下特点：

（1）可铸造出形状十分复杂的铸件，铸件的尺寸和质量几乎不受限制。

（2）铸造原材料价格低廉，铸件的成本较低。

（3）铸件的形状和尺寸与零件很接近，因而节省了金属材料及加工工时。

（4）铸造缺点有晶粒较粗大，化学成分不均匀，力学性能较低。

3. 应　用

铸造成型应用广泛，常用于制造承重的各类结构件，如各种机器的底座、各类箱体、机床床身、气缸体等零件的毛坯，如图 8-4 所示。此外，一些有特殊性能要求的构件，如球磨机的衬板、轧辊等也常采用铸造方法制造。

（a）砂型铸造制品　　（b）熔模铸造的不锈钢制品　　（c）低压铸造制品

图 8-4　铸造成型应用

能力知识点 2　砂型铸造

砂型铸造是用型砂紧实成形的铸造方法。砂型铸造简便易行，原材料来源广，成本低，见效快，在目前的铸造生产中占主导地位，约占铸件生产总量的 90%。

砂型铸造可分为湿砂型铸造和干砂型铸造两种。湿砂型不经烘干可直接进行浇注；干砂型是经烘干才能浇注的高黏土砂型。通用毛坯的砂型铸造工艺过程如图 8-5 所示。

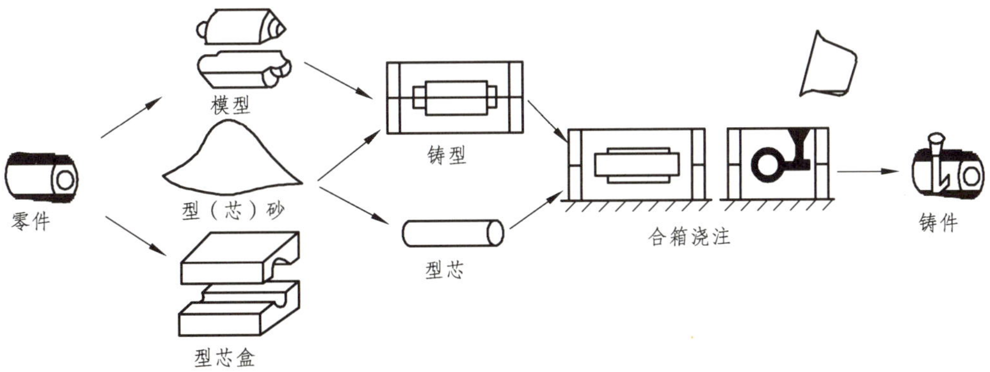

图 8-5　通用毛坯砂型铸造工艺过程

砂型铸造的生产工序一般包括如下步骤：

制造模样→制备造型材料→造型（制造砂型）→造芯（制造砂芯）→烘干（用于干砂型铸造）→合型→熔炼→浇注→落砂→清理与检验。

其中，造型、造芯是砂型铸造的重要环节，对铸件的质量影响很大。

1. 模样和芯盒

模样和芯盒是用于造型和造芯的基本工艺装备，模样和铸件的外形相适应；芯盒用于制造芯，其内腔与芯的形状和尺寸相适应。单件或小批生产时，模样和芯盒可用木材制作，大批量生产时，可用铝合金和塑料等材料来制作。

2. 砂　型

铸型是由型砂、金属或其他耐火材料制成，包括形成铸件形状的空腔、型芯和浇冒口系统。用型砂制成的铸型称为砂型，砂型用砂箱支撑时，砂箱也是铸型的组成部分。

砂型的制作是砂型铸造工艺过程中的主要工序。制造砂型时，借助模样造型和芯盒造芯，以实现铸件的外形和内形的要求。

3. 造型材料

造型材料是指用于制造砂型（芯）的材料，主要包括型砂和芯砂。

型砂主要由原砂、黏结剂、附加物、水、旧砂按比例混合而成。根据型砂中采用黏结剂种类的不同，型砂可分为黏土砂、树脂砂、水玻璃砂和油砂等。

型砂与芯砂应具备的性能：足够的强度；较高的耐火性；良好的透气性；较好的退让性。

4. 造　型

根据生产性质不同，造型方法可分别采用手工造型或机器造型。

（1）手工造型：全部用手工或手动工具完成的造型工序；根据铸件的形状特点，可采用整体模造型、分块模造型、挖砂造型、活块造型、三箱造型和刮板造型等。

（2）机器造型：用机器全部完成或至少完成紧砂操作的造型工序，主要用于成批大量生产。按紧砂方式不同，常用的造型机有震压造型机、微震压实造型机、高压造型机、抛砂造型机、射砂造型机和气流冲击造型机等，其中以震压造型机最为常用。震压造型机适合于中、小型铸型，主要优点是结构简单、价格低，但噪声大、生产率不够高、铸型的紧实度不高。

5. 造　芯

芯的主要作用是形成铸件的内腔或局部外形。常用的手工造芯的方法为芯盒造芯，芯盒通常由两半组成，芯盒造芯示意如图 8-6 所示。手工造芯主要应用于单件、小批量生产中。机器造芯是利用造芯机来完成填砂、紧砂和取芯，生产效率高，型芯质量好，适用于大批量生产。

型芯在砂型中靠与砂型接触的芯头来定位和稳固支撑。芯头必须有合适的尺寸和形状，使型芯在型腔中定位准确，支撑稳固，以免型芯在浇注时飘浮、偏斜或移动。

6. 浇注系统及冒口

（1）浇注系统。

把液态金属引入型腔的通道称为浇注系统，简称浇口。浇注系统的作用：保证熔融金属平稳、均匀、连续地充满型腔；阻止熔渣、气体和砂粒随熔融金属进入型腔；控制铸件的凝固顺序；供给铸件冷凝收缩时所需补充的金属熔液（补缩）。典型的浇注系统包括浇口杯、直浇道、横浇道、内浇道和冒口等，如图 8-7 所示。

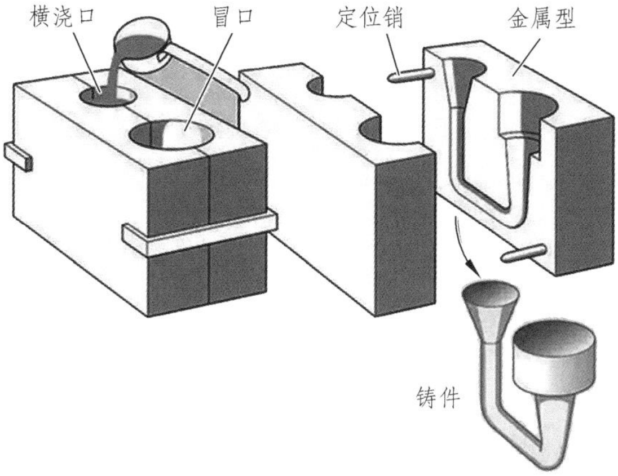

图 8-6　芯盒造芯

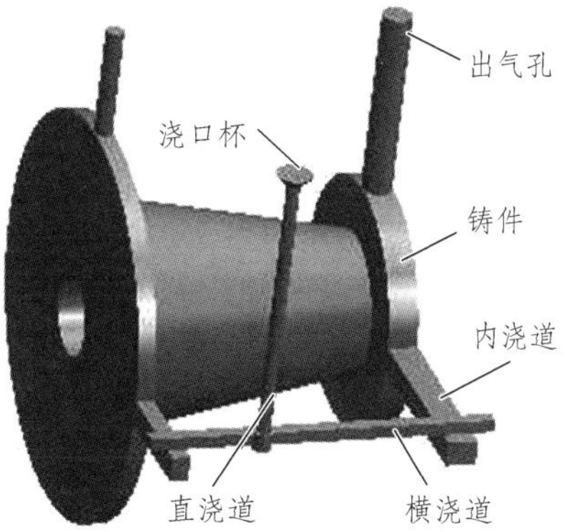

图 8-7　浇注系统

（2）冒口。

冒口是在铸型内储存供铸件补缩用熔融金属的空腔。除补缩外，冒口有时还起排气和集渣的作用。

7. 合　型

将铸型的各个组元如上型、下型、型芯和浇口杯等组合成一个完整铸型的操作过程称为合型，又称合箱。合型前应对砂型和型芯的质量进行检查，若有损坏，需要进行修理。为检查型腔顶面与芯顶面之间的距离需要进行试合型，称为验型。合型时要保证铸型型腔几何形状和尺寸的准确及型芯的稳固。

合型后，上、下型应夹紧或在铸型上放置压铁，以防止浇注时上型被熔融金属顶起，造成射箱（熔融金属流出箱外）或跑火（着火的气体溢出箱外）等事故。

8. 熔炼与浇注

熔炼是指使金属由固态转变成熔融状态的过程。熔炼的主要任务是提供化学成分和温度合适的熔融金属。

（1）熔炼：铸铁的熔炼设备主要有冲天炉、电炉等。

（2）浇注：金属液应在一定的温度范围内按规定的速度注入铸型。浇注时铁液应以适宜的流量和线速度浇入铸型，速度过快，铸型中的气体来不及排出易产生气孔，并易形成冲砂。浇注速度过慢，使型腔表面烘烤时间过长，导致砂层翘起脱落，产生结疤、夹砂等缺陷。浇注时既可采用手动浇注，也可采用自动浇注，自动浇注通常用于自动造型线和离心铸管机等。

9. 落砂、清理及检验

（1）落砂：用手工或机器使铸件与型砂、砂箱分开的操作。

（2）清理：采用铁锤敲击、机械切割或气割等方法清除铸件表面黏砂、型砂、多余金属（包括浇冒口、飞翅和氧化皮）的过程。

（3）检验：用肉眼或借助于尖嘴锤找出铸件表层或皮下的铸造缺陷，如气孔、砂眼、黏砂、缩孔、冷隔和浇不足等，对铸件内部的缺陷还可采用耐压实验、磁粉探伤、超声波探伤、金相检验、力学性能实验等方法。砂型铸造常见缺陷如图 8-8 所示。

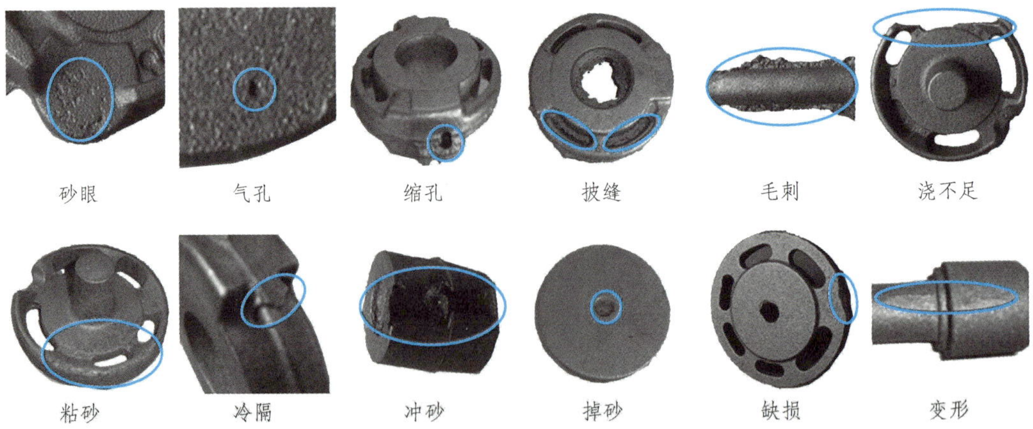

图 8-8　砂型铸造几种常见缺陷

能力知识点 3　特种铸造

特种铸造是指与砂型铸造不同的其他铸造方法。可列入特种铸造的方法有近 20 种，常用的有金属型铸造、压力铸造、离心铸造、熔模铸造、陶瓷型铸造和实型铸造等。特种铸造在提高铸件精度和表面质量、提高生产率、改善劳动条件等方面具有独特的优点。

1. 金属型铸造

金属型铸造是指在重力的作用下将液态金属浇入金属型中获得铸件的方法。金属型可连续使用几千次甚至数万次，故又称“永久型”。

（1）材料与结构。

金属型常采用铸铁或铸钢制造，按分型面不同，金属型有整体式、垂直分型式、水平分型式等。垂直分型式金属型由底座、固定半型、活动半型等部分组成，浇注系统在垂直的分型面上，为改善金属型的通气性，在分型面处开有 0.2~0.4 mm 深的通气槽。移动活动半型，合上铸型后进行浇注，铸件凝固后移开活动半型取出铸件，如图 8-9 所示。

图 8-9　金属型合模后倾转浇注

（2）工艺要点。

由于金属型的导热快、无退让性、无透气性，易使铸件出现冷隔与浇不足、裂纹、气孔等缺陷，因此金属型铸造必须采取一定的工艺措施：浇注前应将铸型预热，并在内腔喷刷一层厚 0.3~0.4 mm 的涂料，以防出现冷隔与浇不足缺陷，并延长金属型的寿命；铸件凝固后应及时开型取出铸件，以防铸件开裂或取出铸件困难。

（3）特点。

金属型使用寿命长，生产效率高；铸件的晶粒细小、组织致密，力学性能比砂型铸件高约 25%；铸件的尺寸精度高、表面质量好；铸造车间无粉尘和有害气体等污染，劳动条件得以改善。不足之处是金属型制造周期长、成本高、工艺要求高，不能生产形状复杂的薄壁铸件，否则易出现浇不足和冷隔等缺陷；受铸型材料的限制，浇注高熔点的铸钢件和铸铁件时，金属型的寿命会降低。

（4）应用范围。

目前，金属型铸造主要用于大批量生产形状简单的铝、铜、镁等非铁金属及合金铸件，如铝合金活塞、油泵壳体，铜合金轴瓦、轴套等。

2. 熔模铸造

熔模铸造是用易熔材料制成模样，在模样上涂挂若干层耐火涂料，待硬化后熔出模样，形成无分型面的型壳，经高温焙烧后即可浇注并获得铸件的方法。由于易熔材料通常采用蜡料，故这种方法又称为“失蜡铸造”。

（1）熔模铸造的主要工艺过程如图 8-10 所示。

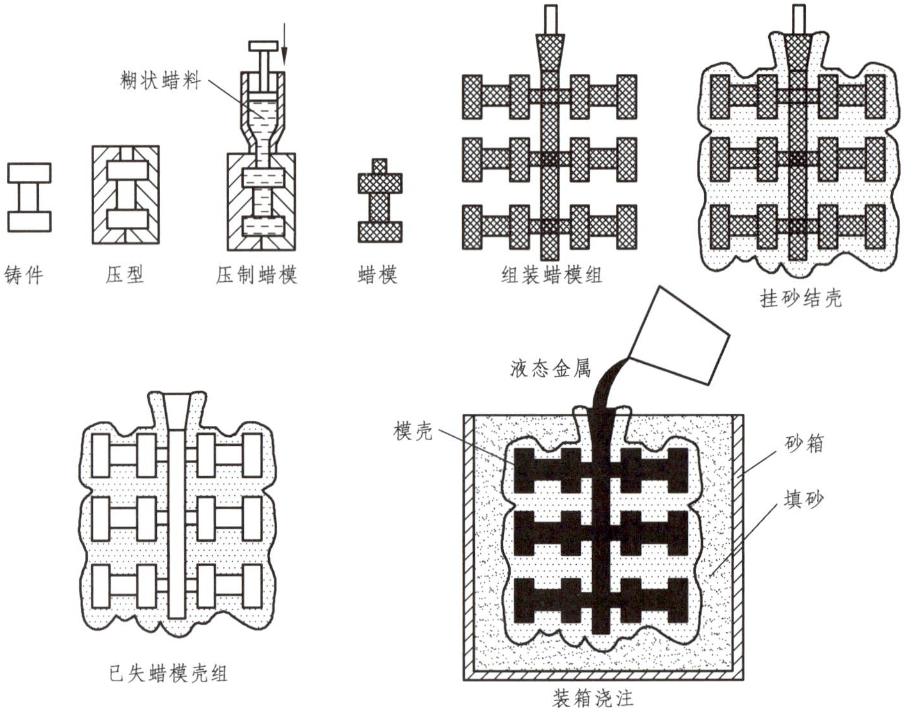

图 8-10　熔模铸造的主要工艺过程

说明如下。

① 蜡模制造。

首先根据要求的标准铸件的形状和尺寸，用钢、铜或铝合金制造压型；然后将熔化成糊状的蜡质材料（常用 50%石蜡+50%硬脂酸）压入压型中，待冷却凝固后取出，修去分型面上的毛刺后得到单个蜡模。为能一次铸出多个铸件，可将多个蜡模黏合在一个蜡制的浇注系统上，构成蜡模组。

② 型壳制造。

在蜡模组上涂挂耐火涂料层以制成具有一定强度的耐火型壳。首先将蜡模浸入涂料中（石英粉+水玻璃、硅酸乙酯等），取出后撒上石英粉（砂），再浸入氯化铵溶液中进行硬化。重复上述过程 4~6 次，制成 5~10 mm 厚的耐火型壳。待型壳干燥后，置于 90%~95%的热水中浸泡，熔出蜡料即得到一个中空的型壳。

③ 焙烧、浇注。

将型壳在 850~950 °C 的炉内进行焙烧，去除残留的蜡料和水分，并提高型壳的强度；将焙烧后的型壳趁热置于砂箱中，并在其周围填充砂子或铁丸固定，即可进行浇注。

（2）特点。

熔模铸造是一种精密铸造工艺，铸件的尺寸精度高、表面质量好，适应性强，能生产出形状特别复杂的铸件，适合于高熔点和难切削合金，生产批量不受限制。但熔模铸造的工艺复杂、生产周期长、成本高，不适宜大件铸造。

（3）应用。

熔模铸造适合于形状复杂、精密的中小型铸件（质量一般不超过 25 kg）生产；可用于生产高熔点、难切削的合金铸件，如形状复杂的涡轮发电机、增压器、汽轮机的叶片和叶轮；可用于生产复杂刀具；还可用于生产各种不锈钢、耐热钢和磁钢等的精密铸件。

知识拓展——其他特种铸造

任务 2　锻压成型基础

能力知识点 1　锻压概述

锻压是一种对坯料施加外力，使其产生塑性变形，改变其尺寸、形状，用于制造机械零件或毛坯的成型方法。锻压包括锻造和冲压。

1. 锻　造

（1）锻造的作用及应用。

锻造能消除金属在冶炼过程中产生的铸态疏松等缺陷，优化微观组织结构，同时由于保存了完整的金属流线，锻件的力学性能一般优于同样材料的铸件。负载高、工作条件严峻的重要零件，除形状较简单的可用轧制的板材、型材或焊接件外，多采用锻件。

（2）始锻温度。

始锻温度是指开始锻造的温度，一般始锻温度应尽可能高一些，一方面金属的塑性可以提高，另一方面又可延长锻造的时间。但加热温度过高，金属将产生过热或过烧的缺陷，使金属塑性急剧降低，可锻性变差。通常将变形允许加热达到的最高温度设定为始锻温度。一般金属材料的始锻温度应比其熔点低 100~200 °C。

（3）终锻温度。

终锻温度是指终止锻造的温度，一般终锻温度应尽可能低一些，这样可延长锻造时间，减少加热次数。但温度过低，金属塑性降低，变形抗力增大，可锻性同样变差，金属还会产生加工硬化，甚至发生开裂。通常将变形允许的最低温度设定为终锻温度。

（4）锻造的方法和种类。

根据成形方式不同，锻造分为自由锻和模锻两大类。自由锻按锻造时工件受力来源不同，又分为手工自由锻与机器自由锻，手工自由锻劳动强度大，目前已逐步被机器自由锻和模锻所替代。模锻按所用锻造设备不同，又分为锤上模锻和胎模锻。

2. 板料冲压

利用冲模使板料产生分离或变形，以获得零件的加工方法，称为板料冲压。板料冲压一般在室温下进行，故称为冷冲压；只有当板料厚度超过 8 mm 时，才采用热冲压。

能力知识点 2　自由锻

自由锻是利用冲击力或压力使金属在上、下两个砧铁（砧座与锤头）之间产生变形，从而获得所需形状及尺寸的锻件，由于坯料在砧铁之间受力变形时，沿变形方向可自由流动，不受限制，故而得名，也称自由锻造。坯料在砧铁间受力变形时，可向各个方向变形，不受限制。自由锻分手工自由锻和机器自由锻两种，手工自由锻生产效率低，劳动强度大，只适用于小锻件及修配工作。

自由锻工序分为基本工序、辅助工序和精整工序三类。基本工序是使锻件基本成形的工序，包括镦粗、拔长、冲孔、弯曲、切割、扭转等，最常用的是镦粗、拔长和冲孔。辅助工序是为基本工序操作方便而进行的预变形工序，如压钳口、倒棱和压肩等。精整工序是修整锻件的最后尺寸和形状，消除表面的不平和歪扭，使锻件达到图样要求的工序，如修整鼓形、平整端面和校直弯曲等。

1. 镦　粗

使毛坯高度减小、横断面积增大的锻造工序称为镦粗，如图 8-11 所示。镦粗一般用于制造齿轮坯或盘饼类毛坯，或为拔长工序增大锻造比及为冲孔工序作准备等。为了防止坯料在镦粗时产生轴向弯曲，坯料镦粗部分的高度不应大于坯料直径的 2.5~3 倍。局部镦粗时，可只对所需镦粗部分进行加热，然后放在垫环上锻造，以限制变形范围。

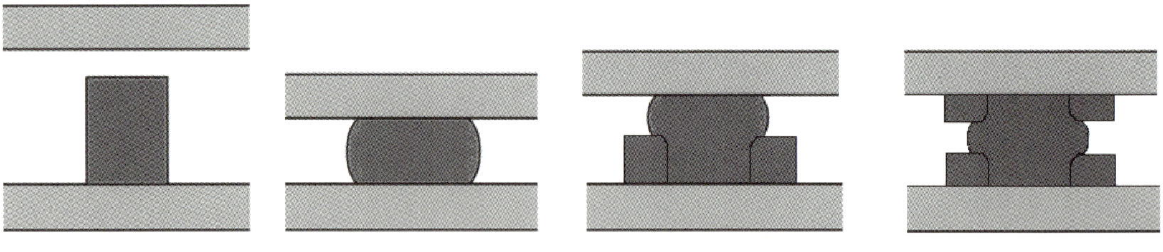

（a）墩粗前　（b）完全墩粗　（c）端部墩粗　（d）中间墩粗

图 8-11　镦粗

2. 拔　长

使毛坯横截面积减小、长度增加的锻造工序称为拔长，如图 8-12 所示。拔长用于制造轴杆类毛坯，如光轴、连杆、台阶轴和拉杆等较长的锻件。拔长需用夹钳将坯料钳牢，锤击时应将坯料绕其轴线不断翻转，常用方法有两种：一种是反复 90°翻转锤击，此法操作方便，但变形不均匀；另一种是沿螺旋线翻转锤击，该法坯料变形和温度变化较均匀，但操作不方便。空心毛坯的拔长是加芯轴的变形，一般用于锻造长筒类锻件。

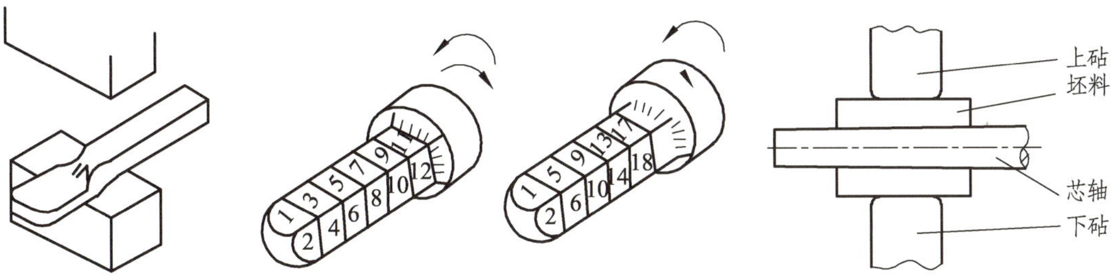

（a）平砧拔长　（b）反复 90°翻转锤击　（c）沿螺旋线翻转锤击　（d）芯轴拔长

图 8-12　拔长

3. 冲　孔

在坯料上冲出通孔或不通孔的锻造工序称为冲孔。冲孔常用于制造带孔齿轮、套筒、圆环及重要的大直径空心轴等锻件。为减小冲孔深度和保持端面平整，冲孔前通常先将坯料镦粗。冲孔后大部分锻件还需芯轴拔长、扩孔或修整。冲孔分双面冲孔和单面冲孔两种。

双面冲孔时，先试冲一凹痕，检查孔的位置无误后，在凹痕中撒少许煤粉以利于冲子的取出，然后用冲子冲深至坯料厚度的 2/3~3/4，再翻转坯料将孔冲穿。单面冲孔是直接将孔冲穿，主要用于较薄的坯料，如图 8-13 所示。

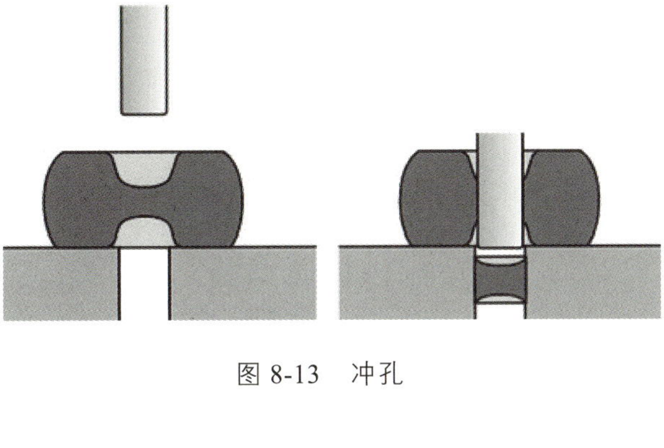

图 8-13　冲孔

4. 弯　曲

采用特定的工模具将毛坯弯成所规定外形的锻造工序称为弯曲，弯曲方法主要有锻锤压紧弯曲法和垫模弯曲法两种，如图 8-14 所示。坯料弯曲变形时，金属的纤维组织未被切断，并沿锻件的外形连续分布，可保证力学性能不致削弱。质量要求较高并具有弯曲轴线的锻件，如角尺和吊钩等都是利用弯曲工序来锻制的。

5. 切 割

把板材或型材等切成所需形状和尺寸的坯料或工件的锻造工序称为切割，如图 8-15 所示。

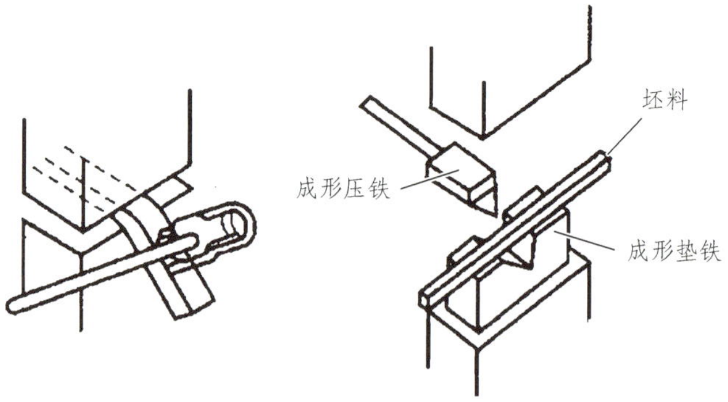

（a）锻锤压紧弯曲　　（b）垫模弯曲

图 8-14　弯曲

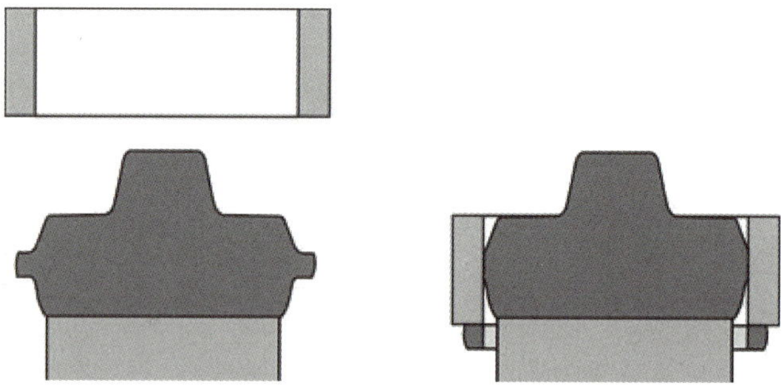

图 8-15　切割

6. 自由锻的特点及应用

（1）特点。

自由锻工艺灵活，所用工具、设备简单，通用性大，成本低，可锻造小至几克大至数百吨的锻件。但自由锻尺寸精度低，加工余量大，生产效率低，劳动条件差，强度大，要求工人技术水平高。

（2）应用。

自由锻是大型锻件的主要生产方法，因为自由锻可以击碎钢锭中粗大的铸造组织，锻合钢锭内部气孔、缩松等空洞，并使流线状组织沿锻件外形合理分布。自由锻是生产水轮发电机机轴、涡轮盘等重型锻件唯一可行的方法，在重型机械制造中占有重要的地位。对中小型锻件从经济上考虑，只在单件小批生产中才采用自由锻。

能力知识点 3　模　锻

利用模具使毛坯变形而获得锻件的锻造方法称为模锻。与自由锻比较，模锻具有模锻件尺寸精度高、形状可以很复杂、质量好、节省金属和生产效率高等优点。此外，在大批量生产时，模锻件的成本较低。不足之处是锻件质量较小，模锻设备投资大，在小批量生产时模锻不经济；工艺灵活性不如自由锻。

模锻分为锤上模锻和胎模锻两类。

1. 锤上模锻

锤上模锻简称模锻，是在模锻锤上利用模具（锻模）使毛坯变形而获得锻件的锻造方法。常用的锤上模锻设备有模锻空气锤、螺旋压力机、平锻机和模锻水压机等。锻模紧固在锤头（或滑块）与砧座（或工作台）上。锤头沿导向性良好的导轨运动。砧座通常与模锻设备的机架连接成整体。

使坯料成形而获得模锻件的工具称为锻模。锻模由上模和下模组成。上模靠楔铁紧固在锤头上，随锤头一起作上下往复运动，下模用紧固楔铁固定在模座上。上、下模合在一起，其中间部形成的空间称为模膛。根据作用不同，模膛分成制坯模膛和模锻模膛两大类；根据模锻件的复杂程度不同，锻模又分单膛锻模和多膛锻模。

单膛锻模是在一副锻模上只有终锻模膛，如齿轮坯模锻件，就可将截下的圆柱形坯料直接放入单膛锻模中成形，如图 8-16 所示。多膛锻模是在一副锻模上具有两个以上模膛的锻模，如图 8-17 所示为弯曲连杆的多模膛锻模及其模锻过程。形状复杂的锻件先用制坯模膛将坯料经几次变形，逐步锻成与锻件断面形状近似的毛坯，以利于金属均匀变形，顺利充满模膛，从而获得准确形状。拔长、滚挤、弯曲等模膛，都属制坯模膛。

模锻模膛是锻件最终成形的模膛，包括预锻模膛和终锻模膛。

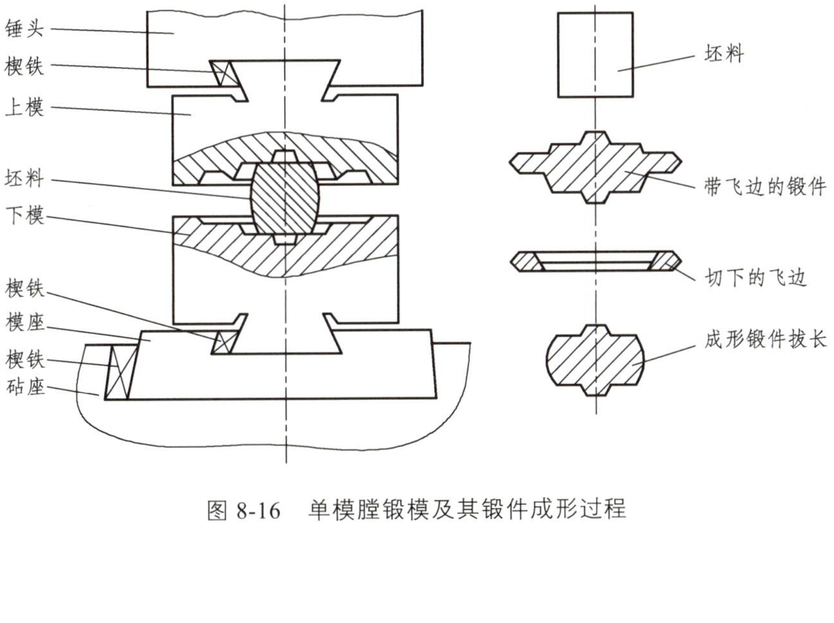

图 8-16　单模膛锻模及其锻件成形过程

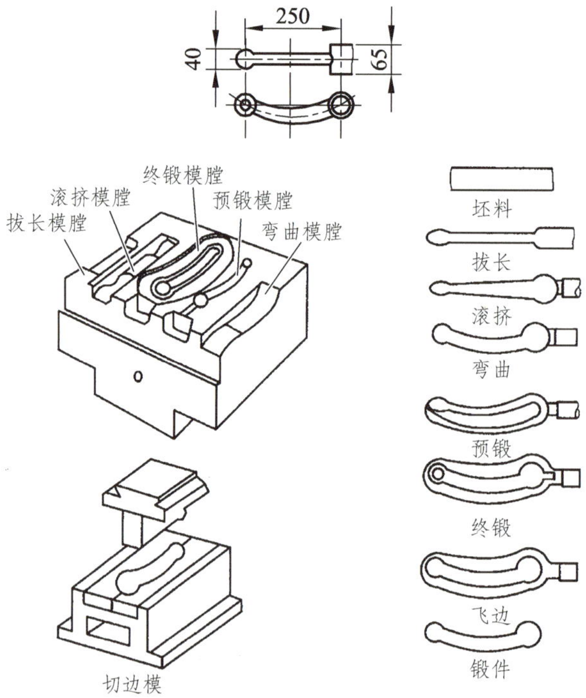

图 8-17　弯曲连杆的多模膛锻模及其模锻过程

预锻模膛是复杂锻件制坯以后预锻变形用的模膛，目的是使毛坯形状和尺寸更接近锻件，在终锻时更容易充填终锻模膛，同时改善坯料锻造时的流动条件和提高终锻模膛的使用寿命。

终锻模膛是使坯料最后成形得到与锻件图一致的锻件的模膛。为了使终锻时锤击力比较集中，锻件受力均匀及防止偏心、错移等缺陷，终锻模膛一般设置在锻模的居中位置。终锻成形后的锻件，周围存在较薄的飞边，可在压力机上用切边模切除。

2. 胎模锻

胎模锻是在自由锻设备上使用可移动模具（胎模）生产模锻件的一种锻造方法。胎模不固定在锤头或砧座上，只在使用时才放到下砧上去。

（1）胎模锻的应用特点。

胎模锻前，通常先用自由锻制坯，再在胎模中终锻成形。它既具有自由锻简单、灵活的特点，又兼有模锻能制造形状复杂、尺寸准确锻件的优点，因此，适于小批量生产中用自由锻成形困难、模锻又不经济的复杂形状锻件。

（2）胎模的种类。

根据胎模的结构特点，胎模可分成制坯整形模、成形模和切边冲孔模等。

① 摔模是用于锻造回转体或对称锻件的一种简单制坯整形胎模，如图 8-18（a）所示。这类胎模最常用于锻件成形前的整形、拔长、制坯和校正。摔模锻造时，须不断旋转锻件，适用于锻制回转体锻件，如光轴和台阶轴等。

② 扣模、套模、合模分别如图 8-18（b）~（d）所示，均为成形模。扣模由上扣和下扣组成，或只有下扣，而以上砧块代替上扣。扣模既能制坯，也能成形，锻造时，锻件不转动，

可移动。扣模用于非回转体杆料的制坯、弯曲或终锻成形。套模分开式和闭式两种，开式套模只有下模，上模由上砧块代替，适用于回转体的制坯或成形，锻造时常产生小飞边；闭式套模锻造时，坯料在封闭模膛中变形，无飞边，但产生纵向毛刺，除能完成制坯或成形外，还可以冲孔。

③ 合模一般由上、下模及导向装置组成，如图 8-18（d）所示，用于形状复杂的非回转体锻件的成形。

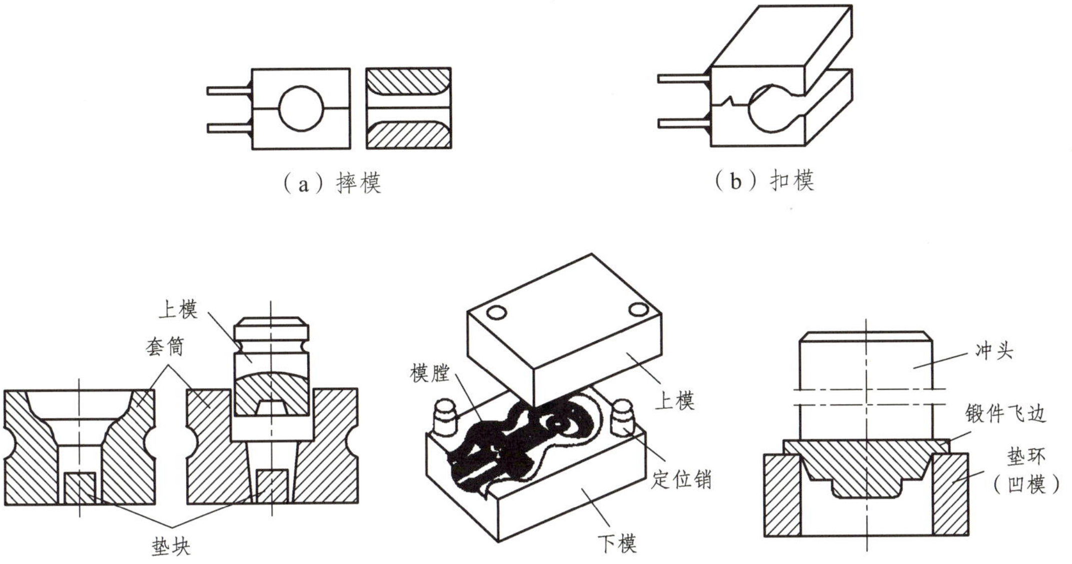

（a）摔模　（b）扣模　（c）套模　（d）合模　（e）切边模

图 8-18　胎模种类

④ 由于材料的各向异性，拉深后得到的拉深件周边高度一般不一致。对于端部要求平齐、美观的零件就需要补充一道切边工序。如果拉深件为圆筒形件，虽然可以用车床切边，但是其工作效率低且难以装夹，并有可能发生变形。用切边模具来完成这一道工序，如图 8-18（e）所示，不仅工作效率高而且制件质量良好。

能力知识点 4　板料冲压

使板料经分离或成形而得到制件的工艺统称为冲压。板料冲压所用的原材料通常是塑性较好的低碳钢、合金钢、铜合金、铝合金等薄板料、条带料。

1. 板料冲压特点

板料冲压可冲压形状复杂的零件，废料较少。冲压件有较高的尺寸精度和表面质量，互换性好。冲压件的质量轻、强度和刚度好，有利于减轻结构重量。冲压操作简单，工艺过程便于实现机械化、自动化，生产效率高，成本低。但冲模制造复杂，模具材料及制作成本高。冲压只有大批量生产时才能充分显示其优越性。

2. 板料冲压设备

板料冲压生产中常用的设备有剪床和冲床。剪床用来把板料剪成一定宽度的条料，以供下一步的冲压工序用。冲床用于实现冲压工序，制成所需形状和尺寸的成品零件。

3. 板料冲压的基本工序

冲压工艺过程：选择冲压设备 → 设计制造冲模 → 安装调试冲模 → 冲压 → 检测。

板料冲压的基本工序分为分离工序和成形工序两大类。分离工序是使板料的一部分和另一部分分开的工序，包括冲裁和切断等；成形工序是使板料发生塑性变形，以获得规定形状工件的工序，主要包括弯曲和拉深、收口与翻边等。

（1）剪切。

剪切是使板料不封闭轮廓部分分离的工序。其分离部分的材料发生弯曲，称为切口，如图 8-19 所示。

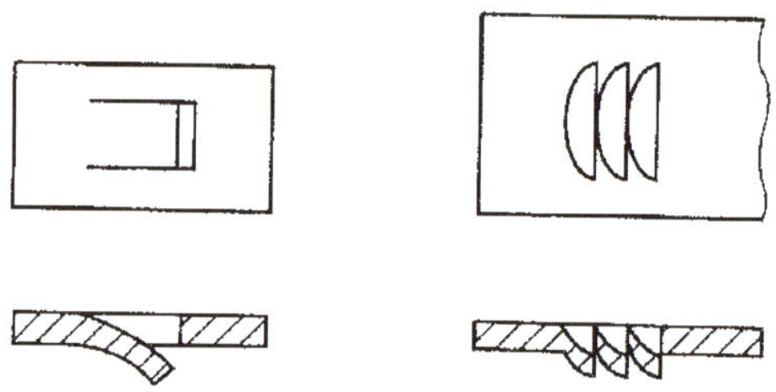

图 8-19　切口

（2）冲裁。

利用冲模将板料封闭的轮廓与坯料分离的冲压工序称为冲裁，是落料和冲孔的总称。这两个工序的模具结构和板料变形过程是相同的，只是作用不同。落料时，冲下的部分是工件成品，带孔的周边是废料，如图 8-20 所示；而冲孔时则相反，冲下的部分是废料，周边是成品。

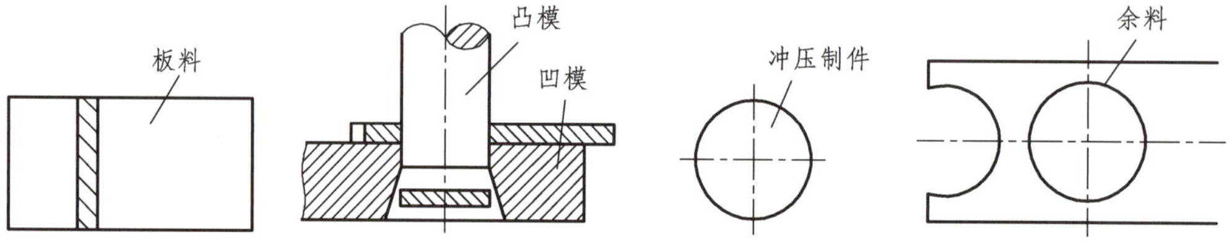

图 8-20　落料

（3）弯曲。

弯曲是将板料、型材或管材在弯矩作用下弯成一定角度的工序，如图 8-21 所示。弯曲时，材料内侧受压，外侧受拉；塑性变形集中在与凸模接触的狭窄区域内。坯料越厚，内弯曲半径越小，则压缩及拉伸应力越大，越容易弯裂。为防止产生裂纹，可采取措施选用塑性好的材料；限制最小弯曲半径；使弯曲方向与坯料流线方向一致，防止坯料的表面划伤，以免产生应力集中。

（4）翻边。

翻边是在板料或半成品上，使材料沿其内孔或外缘的一定曲线翻成竖立边缘的变形工序。若零件所需凸缘的高度较大，翻边时极易破裂，可采用先拉深后冲孔，再翻边的工艺。

（5）成形。

通过局部变形使坯料或半成品改变形状的工艺称为成形。

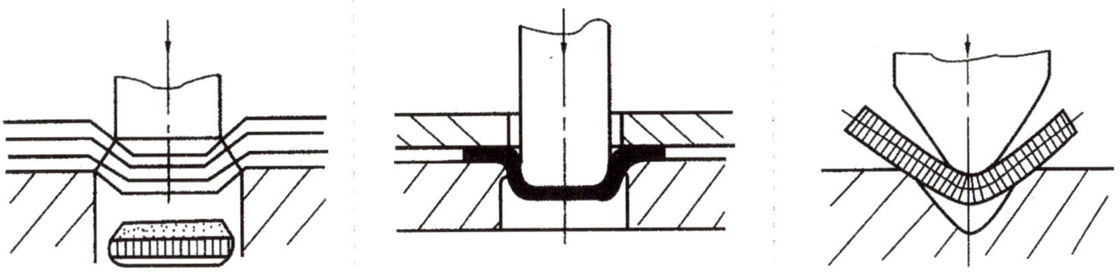

图 8-21　冲裁、拉伸、弯曲

知识拓展——锻造新技术

任务 3　焊接成型基础

能力知识点 1　焊接概述

焊接是一种低成本、高可靠连接材料的工艺方法。到目前为止，还没有另外一种工艺比焊接更为广泛地应用于材料间的连接。

焊接是现代工业生产中广泛应用的一种金属连接方法，是通过加热或加压或两者兼用，并且用或不用填充材料，使焊件达到原子（分子）间结合的一种方法。与机械连接、铆接、黏接等其他连接方法相比，焊接具有质量可靠（如气密性好）、生产效率高、成本低、工艺性好等优点。

按焊接过程的特点，焊接方法分为熔焊（如手工电弧焊、气焊等）、压焊（如电阻焊、摩擦焊等）和钎焊（如锡焊、铜焊等）三大类。焊接的一般生产过程：下料→装配→焊接→矫正变形→检验。

能力知识点 2　手工电弧焊

手工电弧焊（又称为焊条电弧焊）是用手工操纵焊条进行焊接的电弧焊方法，是熔焊中最基本的焊接方法，它是利用焊条与工件间产生的电弧热，将工件和焊条熔化而进行焊接的方法，手工电弧焊设备简单、操作灵活方便，是目前焊接生产中应用最广泛的一种方法。

1. 电弧焊机

电弧焊机的作用是向负载（电弧）提供电能，电弧将电能转换成热能，电弧热能使焊条和工件熔化，并在冷却过程中结晶，从而实现焊接。

电弧焊机分为交流弧焊机和直流弧焊机。交流弧焊机又称为弧焊变压器，直流弧焊机有整流式直流弧焊机和旋转式直流弧焊机，整流式直流弧焊机又称为弧焊整流器。

2. 常用工具

除了电弧焊机外，手工电弧焊还常用到电焊钳、面罩、手锤、焊条保温筒、钢丝刷、皮手套、皮足盖、绝缘胶鞋等。

3. 电焊条

电焊条简称焊条，是手工电弧焊时的焊接材料，由焊芯和药皮两部分组成。焊芯是焊条内的金属丝，由特殊冶炼的焊条钢拉拔制成，主要起传导电流和填充焊缝的作用，同时可渗入合金。一般规定焊芯的直径和长度即为焊条的直径和长度。焊芯表面药皮由多种矿物质、有机物和铁合金等粉末用黏结剂按一定比例配制而成，主要起造气、造渣、稳弧、脱氧和渗合金等作用。

焊条按用途可分为碳素钢焊条、低合金钢焊条、不锈钢焊条、铸铁焊条、镍和镍合金焊条、铜和铜合金焊条、铝和铝合金焊条等；按药皮熔渣化学性质分为酸性焊条和碱性焊条两大类，熔渣中酸性氧化物多的称为酸性焊条，反之称为碱性焊条。酸性焊条有良好的工艺性，但焊缝的力学性能，特别是冲击韧度较差，只适合焊接强度等级一般的结构；碱性焊条的焊缝具有良好的抗裂性和力学性能，特别是冲击韧度较高，常用于焊接重要工件。

常用酸性焊条牌号有 J422、J502 等，碱性焊条牌号有 J427、J506 等。牌号中的“J”表示结构钢焊条，牌号中三位数字的前两位“42”或“50”表示焊缝金属的抗拉强度等级，分别为 420 MPa 或 500 MPa；最后一位数字表示药皮类型和焊接电源种类，1~5 为酸性焊条，使用交流或直流电源均可，6~7 为碱性焊条，只能用直流电源。

4. 基本操作

手工电弧焊的焊接步骤一般包括引弧、运条、接头、收尾和焊后清理等几个环节。

（1）引弧。

引弧是指焊条和焊件之间产生稳定的电弧，使焊接过程顺利进行。引弧时，焊条接触焊件表面形成短路，然后将焊条迅速向上提起 2~4 mm 的距离，电弧即被引燃。

（2）运条。

引弧后，即进入正常的焊接过程。为了形成良好的焊缝，首先要掌握好焊条与焊件之间的角度，焊条与其纵向移动方向呈 70°~80°，与垂直焊接方向呈 90°，其次，焊条要作三个方向的协调运动：向熔池方向逐渐的送进；沿焊接方向的移动；为了获得一定宽度的焊缝，焊条沿焊缝横向摆动。

（3）焊缝收尾。

焊缝收尾时，要填满弧坑，因此，焊条在停止前移的同时，应在收弧处画一个小圈并自下而上慢慢将焊条提起，拉断电弧。

（4）焊后清理和检查。

焊接结束后，焊缝表面被一层焊渣覆盖着，待焊缝温度降低后，可用敲渣锤轻轻敲击除掉；焊件上焊缝两侧的飞溅金属，可用扁铲铲除，使用钢丝刷清理焊缝及其周围。清理干净的焊缝，可用肉眼及放大镜进行外观检查，必要时应用仪器检验。如发现焊缝有不允许存在的缺陷，需采取修补措施，若变形超过允许范围需进行矫正。

5. 焊接接头与坡口

焊接前应根据焊接部位形状、尺寸和受力的不同，选择合适的接头类型。常见的接头形式有对接接头、搭接接头、角接接头和 T 形接头四种，如图 8-22 所示。

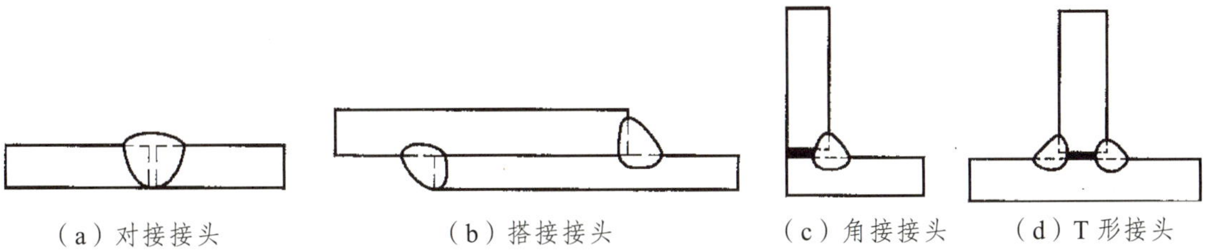

图 8-22　常见焊接接头类型

为了保证焊接质量，焊接接头处必须开适当的坡口。坡口的主要作用是保证焊透，此外，坡口的存在还可形成足够容积的金属液熔池，以便焊渣浮起，不致造成夹渣。坡口的几何尺寸必须设计好，以便减少金属填充量、减少焊接工作量和减少变形。

对钢板厚度在 6 mm 以下的双面焊，因手工焊的溶深可达 4 mm，故可不开坡口，即 I 形坡口。对厚度在 6 mm 以上的钢板，可采用 Y 形、X 形和 U 形坡口，如图 8-23 所示。

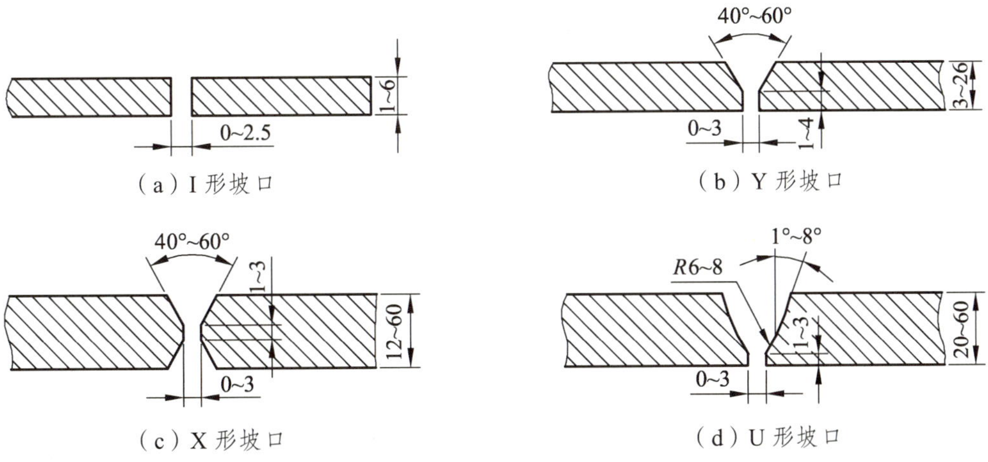

图 8-23　对接接头坡口形式

6. 焊缝位置设计

依焊接时焊缝在空间的位置不同，有平焊、立焊、横焊和仰焊四种，如图 8-24 所示。

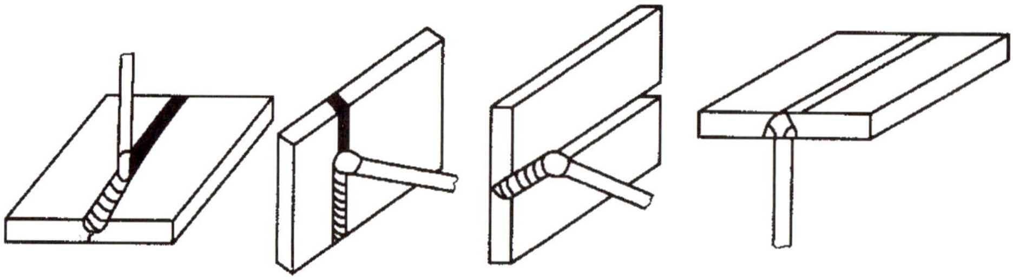

（a）平焊　（b）立焊　（c）横焊　（d）仰焊

图 8-24　对接焊缝的空间位置

平焊操作容易，劳动条件好，生产效率高，质量易于保证，应尽量将焊缝放在平焊位置上施焊。立焊、横焊和仰焊时，由于重力作用，被熔化的金属向下滴落而造成施焊困难，应尽量避免，若确需采用这些焊接位置时，则应选用直径较小的焊条、较小的电流及短的电弧等进行焊接。

7. 焊接参数

焊接参数是指影响焊缝形状、大小、质量和生产效率的各种工艺因素的总称，主要包括焊条直径、焊接电流、焊接速度和弧长等。

（1）焊条直径，主要根据被焊工件的厚度、接头形式、焊接位置来选择。为了提高生产效率，通常采用直径较粗的焊条，但一般不大于 6 mm，如表 8-1 所示为平焊对接时焊条直径的选择。

表 8-1　平焊对接时焊条直径的选择

钢板厚度/mm	≤1.5	2.0	3	4 ~ 7	8 ~ 12	≥13
焊条直径/mm	1.6	1.6 ~ 2.0	2.5 ~ 3.2	3.2 ~ 4.0	4.0 ~ 4.5	4.0 ~ 5.8

（2）焊接电流，其大小主要根据焊条直径确定，如表 8-2 所示。焊接电流过小，焊接生产效率较低，电弧不稳定，还可能焊不透工件；焊接电流过大，则容易引起熔化金属的严重飞溅，甚至烧穿工件。在工件厚度大、环境温度低等情况下，可选电流的上限；而在工件厚度小、非平焊位置焊接以及使用碱性焊条时，可选其下限。

表 8-2　焊接电流与焊条直径的关系

焊条直径/mm	1.6	2.0	2.5	3.2	4	5	6
焊接电流/A	25 ~ 40	40 ~ 65	50 ~ 80	100 ~ 130	160 ~ 210	200 ~ 270	260 ~ 300

（3）焊接速度，即单位时间内完成的焊缝长度，直接关系焊接的生产效率。焊接速度的快慢一般不作规定，由操作者自行掌握，一般原则是在保证焊接质量的前提下寻求高的生产效率。

能力知识点 3　埋弧焊

1. 焊接过程

埋弧焊焊接过程如图 8-25 所示。焊接时，焊接件接头上面先覆盖一层颗粒状的焊剂，焊剂的作用与焊条药皮基本相同，电弧在焊剂层下燃烧。自动焊机能自动引弧，靠送进机构自动送进焊丝并保持一定的弧长，由一辆小车自动载运焊剂、焊丝，送进机构则沿着平行于焊缝的导轨等速前进，以实现焊接操作的自动化。焊后，部分熔剂熔化成焊渣，覆盖在焊缝表面，大部分未熔化的熔剂，可以回收重新使用。

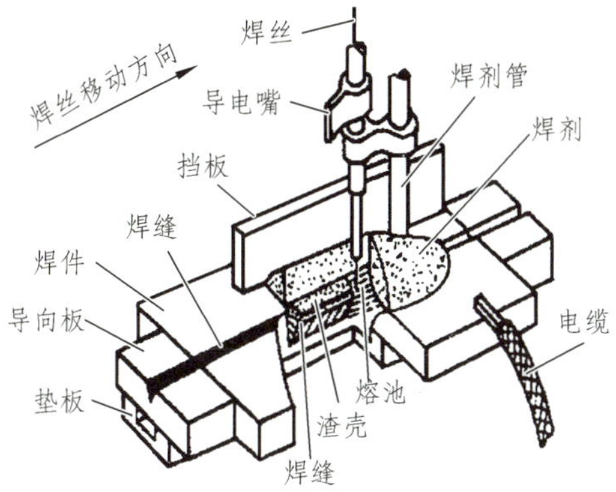

图 8-25　埋弧焊焊接过程

如图 8-26 所示为埋弧焊的纵向截面。电弧引燃后，电弧周围的颗粒状焊剂被熔化成熔渣，与熔池金属有冶金反应。部分焊剂被蒸发，生成的气体将电弧周围熔渣排开，形成一个封闭的熔池，使熔化的金属与空气隔离，并能防止金属熔液向外飞溅，减少电弧热能损失，同时还阻止弧光四射。

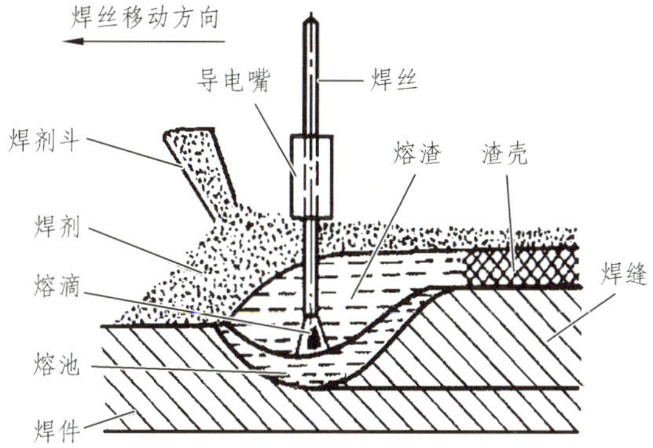

图 8-26　埋弧焊的纵向截面

2. 生产特点

与手工电弧焊相比较，埋弧焊有下列优点：

（1）生产效率高。埋弧焊焊接的过程中，不存在焊条发热和金属熔液飞溅问题，焊接电流大，常高达 1 000 V 以上，比手工电弧焊的电流高出 6~8 倍。同时，埋弧焊所用的焊丝是连续成卷的，可节省更换焊条的时间。因此，埋弧焊的生产效率能比手工电弧焊提高 5~10 倍。

（2）节省金属材料。埋弧焊的电弧热量集中，焊件接头的熔深较大，厚度为 20~25 mm 以下的工件，可以不开口就进行焊接。由于没有焊条头的浪费，飞溅损失也很小，因此可节省大量焊丝金属。

（3）焊接质量高。主要的原因是焊剂对金属熔液保护得比较严密，空气较难侵入，而且熔池保持液态的时间较长，冶金过程进行得较为完善，气体和焊渣也容易浮出。又因焊接过程能自动控制，所以焊接质量稳定，焊缝成形美观。

（4）劳动条件好。因为没有弧光，所以焊工不必穿戴防护服装和面罩，焊接烟雾也较少。

3. 应用范围

（1）设备费用较贵，准备工作费时，所以只适用于批量生产、长焊缝的焊件。

（2）不能焊接薄的工件，以免烧穿，适合焊接的钢板厚度为 6~60 mm。

（3）只能进行平焊，而且不能焊接任意弯曲的焊缝。

能力知识点 4　气体保护焊

用外加气体作为电弧介质并保护电弧和焊接区的电弧焊称为气体保护电弧焊，简称为气体保护焊。最常用的气体保护电弧焊方法有氩弧焊和二氧化碳气体保护焊。

1. 氩弧焊

氩弧焊是以氩气作为保护气体的电弧焊。按所用电极的不同，可分为不熔化极氩弧焊和熔化极氩弧焊两种，如图 8-27 所示。

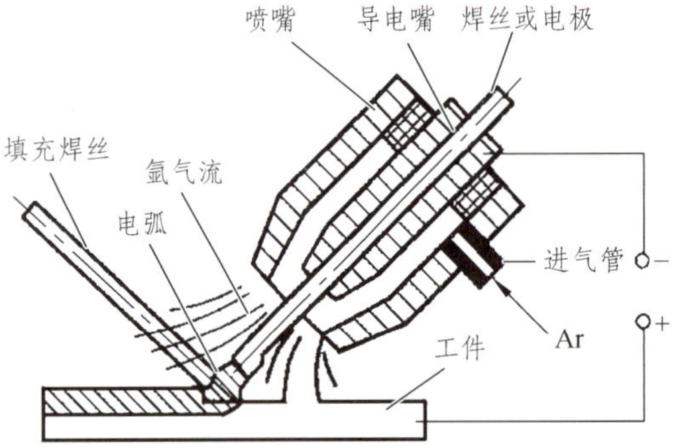

（a）不熔化极氩弧焊

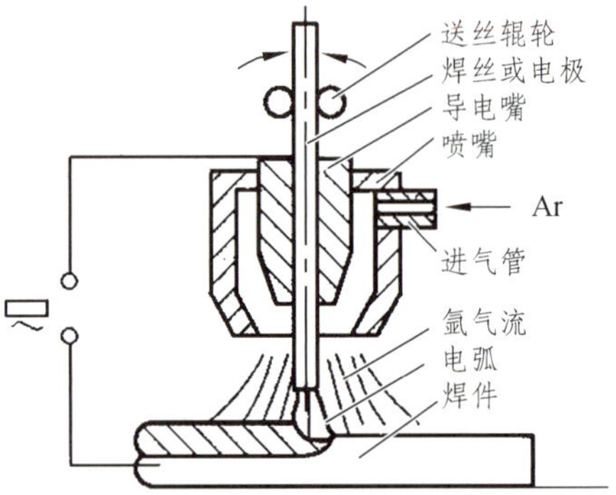

（b）熔化极氩弧焊

图 8-27　氩弧焊

（1）不熔化极氩弧焊。

不熔化极氩弧焊以高熔点的钨棒为电极。焊接时，钨棒并不熔化，只起产生电弧的作用。

因为钨棒所能通过的电流密度有限，所以只适用于焊接厚度为 6 mm 以下的薄件。

手工操作的不熔化极氩弧焊，在焊接 3 mm 以下的薄件时，都采用弯边接头直接熔合，可以不用填充金属；在焊接较厚的工件时，需手工添加填充金属，或预先将焊丝安放在工件的接头中。焊接钢材时，多用直流电源正接法，以减少钨极的消耗。焊接铝、镁等合金时，则考虑用直流电源反接法，因为这时的极间正离子撞击工件，能使熔池表面的氧化膜破碎，以利工件的焊合。不过，反接极会使钨极消耗较快，实际上多采用交流电焊接。

注意：用直流电源焊接时，所谓直流电源正接是指焊件接电源正极而焊条接电源负极，反之称为直流电源反接。

（2）熔化极氩弧焊。

熔化极氩弧焊是以连续送进的金属焊丝为电极，因为可以用较大的焊接电流，适用于焊接厚度为 25 mm 以下的焊件。自动熔化极氩弧焊操作与埋弧焊相似，不同的是熔化极氩弧焊不用焊剂，焊接过程中没有冶金反应，氩气只起保护作用。因此，焊前必须把焊件的接头表面清理干净，否则某些杂质和氧化物会残留在焊缝内。

（3）氩弧焊的生产特点。

氩弧焊的焊接质量较高，并能焊接各种金属。但因氩气的价格很贵，所以目前氩弧焊主要应用于铝、镁、钛及其合金的焊接，有时也用于合金钢的焊接。

2. 二氧化碳气体保护焊

二氧化碳气体保护焊是以 CO_2 作为保护气体，具有一定的氧化作用，因此二氧化碳气体保护焊不适用于焊接容易氧化的有色金属。焊接钢材时，为了保证焊缝的力学性能，补充被烧损的元素，并起一定的脱氧作用，必须使用锰、硅等元素含量较高的焊丝。

二氧化碳保护焊生产效率较高、热影响区和焊接变形较小、明弧操作。较突出的优点是 CO_2 价廉易得，焊接成本最低，只相当于埋弧焊或手工电弧焊的 40%左右，因此，广泛应用于焊接 30 mm 以下厚度的各种低碳钢和低合金结构工件；缺点是不宜焊接容易氧化的有色金属等材料，也不宜在有风的场地工作，电弧光强，熔滴飞溅较严重，焊缝成形不够光滑。

能力知识点 5　电阻焊——点焊

电阻焊又称接触焊，是电流通过焊件接头处的接触面及其邻近区域产生的电阻热，将焊件加热到塑性状态或局部熔化状态，同时施加机械压力进行焊接的一种加工方法，因此属于压力焊。

为了提高生产效率并防止热量散失，通电加热的时间极短，只有应用强大的电流才能迅速达到焊接所需要的高温。电阻焊需要大功率的焊机，通过交流变压器来提供低电压强电流的电源，焊接电流高达 5~100 kA，通电时间则由精确的电气设备自动控制。

电阻焊的主要优点是生产效率高、焊接变形较小、劳动条件好，而且操作简易，便于实行机械化、自动化，但设备费用高、耗电量大，接头形式和工件厚度受到限制。因此，电阻焊主要应用于大批量棒料的对接和薄板的搭接。

电阻焊分点焊、缝焊和对焊三种形式。

点焊是一种用柱状电极加压通电，将搭叠好的工件逐点焊合的方法，如图 8-28 所示。因为两个工件接触面上所产生的热量被电极中的冷却水传走，所以温升有限，电极与工件不会被焊牢。

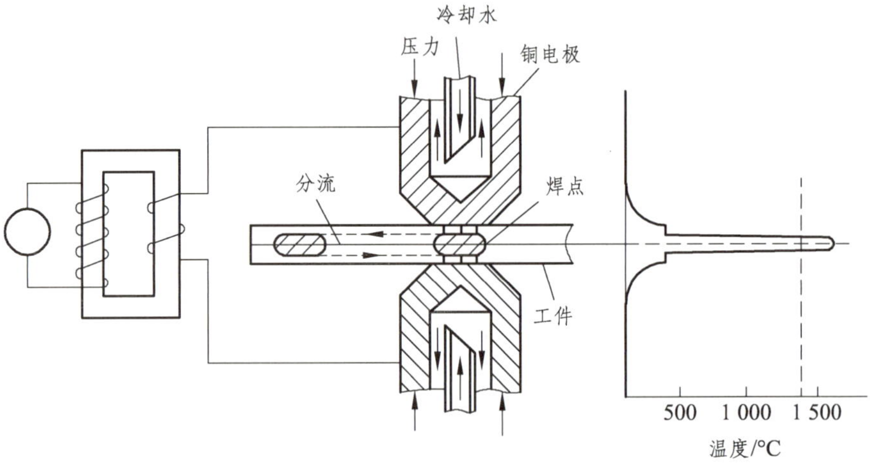

图 8-28　点焊

（1）操作过程为施压—通电—断电—松开，这样就完成一个点焊。先施压，后通电，是为了避免电极与工件之间产生电火花烧坏电极和工件。先断电，后松开，是为了使焊点在压力下结晶，以免焊点缩松。对于收缩性较大的材料，如焊接较厚的铝合金板材，停电之后还要适当增加压力，以获得组织致密的焊点。焊完一点后，工件向前移动一定距离，再焊第二点。相邻两点之间应保持足够的距离，以免部分电流通过附近已有的焊点，造成过大的分流，影响焊接质量。

（2）点焊的质量，主要与焊接电流、通电时间、电极压力和工件表面的清洁程度等因素有关。焊接电流太小、通电时间太短、电极压力不足，特别是接头表面没有清理干净，都有可能焊接不牢。焊接电流过大、通电时间过长，会使焊点熔化过快；过大的电极压力，会将工件外表面压陷，如图 8-29 所示。

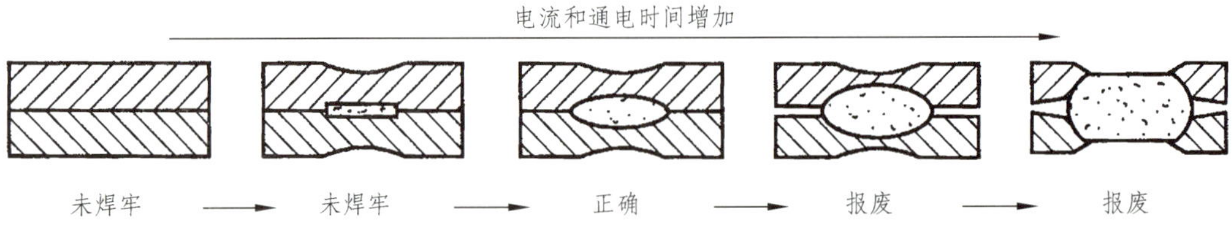

图 8-29　电流和通电时间对焊接质量的影响

（3）应用。点焊主要用于厚度为 4 mm 以下的薄板搭接，这在钣金加工中最为常见。如图 8-30 所示为几种典型的点焊接头形式。

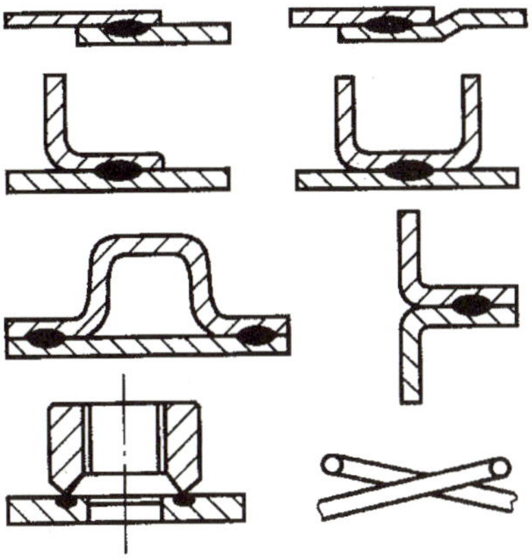

图 8-30　点焊接头形式

知识拓展——其他焊接

练习 8

一、填空题

（1）手工造型的方法包括__________、__________、__________、__________。

（2）特种铸造有__________、__________、__________、__________。

（3）浇注系统一般由__________、__________、__________、__________组成。

（4）板料冲压的基本工序包括__________和__________两大类。

（5）常用胎膜有__________、__________、__________、__________等。

（6）焊接电弧由__________、__________、__________3 部分组成。

（7）焊接位置分为__________、__________、__________、__________4 种。

二、简答题

（1）简述铸造的应用范围。

（2）说明铸件的常见缺陷有哪些。

（3）说明锻压的作用及特点。

（4）叙述自由锻的基本工序有哪些。

（5）根据焊接过程的特点，焊接方法分成哪几类？

（6）说明埋弧焊的优点。

练习 8 答案

附录 1　新旧标准性能名称、符号对照

GB/T 228—2002		GB/T 228—1987	
性能名称	符号	性能名称	符号
—	—	屈服点	σ_s
上屈服强度	R_{eH}	上屈服点	σ_{sU}
下屈服强度	R_{eL}	下屈服点	σ_{sL}
规定非比例延伸强度	R_p	规定非比例伸长应力	σ_p
规定总延伸强度	R_t	规定总伸长应力	σ_t
规定残余延伸强度	R_r	规定残余伸长应力	σ_r
抗拉强度	R_m	抗拉强度	σ_b
屈服点延伸率	A_e	屈服点伸长率	δ_s
最大力总伸长率	A_{gt}	最大力下的总伸长率	δ_{gt}
最大力非比例伸长率	A_g	最大力下的非比例伸长率	δ_g
断裂总伸长率	A_l	—	—
断后伸长率	A，$A_{11.3}$，A_{xmax}	断后伸长率	δ_5，δ_{10}，δ_{xmax}
断面收缩率	Z	断面收缩率	ψ

附录 2　压痕直径与布氏硬度对照表

球直径 D/mm				试验力——压头球直径平方的比率 $0.102\times F/D^2$					
				30	15	10	5	2.5	1
				试验力 F/N					
10				29 420	14 710	9 807	4 903	2 452	980.7
	5			7 355	—	2 452	1 226	612.9	245.2
		2.5		1 839	—	612.9	306.5	153.2	61.29
			1	294.2	—	98.07	49.03	24.52	9.807
压痕平均直径 d/mm				布氏硬度 HBW					
2.40	1.200	0.600 0	0.240	653	327	218	109	54.5	21.8
2.45	1.225	0.612 5	0.245	627	313	209	104	52.2	20.9
2.50	1.250	0.625 0	0.250	601	301	200	100	50.1	20.0
2.55	1.275	0.637 5	0.255	578	289	193	96.3	48.1	19.3
2.60	1.300	0.650 0	0.260	555	278	185	92.6	46.3	18.5
2.65	1.325	0.662 5	0.265	534	267	178	89.0	44.5	17.8
2.70	1.350	0.675 0	0.270	514	257	171	85.7	42.9	17.1
2.75	1.375	0.687 5	0.275	495	248	165	82.6	41.3	16.5
2.80	1.400	0.700 0	0.280	477	239	159	79.6	39.8	15.9
2.85	1.425	0.712 5	0.285	461	230	154	76.8	38.4	15.4
2.90	1.450	0.725 0	0.290	444	222	148	74.1	37.0	14.8
2.95	1.475	0.737 5	0.295	429	215	143	71.5	35.8	14.3
3.00	1.500	0.750 0	0.300	415	207	138	69.1	34.6	13.8
3.05	1.525	0.762 5	0.305	401	200	134	66.8	33.4	13.4
3.10	1.550	0.775 0	0.310	388	194	129	64.6	32.3	12.9
3.15	1.575	0.787 5	0.315	375	188	125	62.5	31.3	12.5
3.20	1.600	0.800 0	0.320	363	182	121	60.5	30.3	12.1
3.25	1.625	0.812 5	0.325	352	176	117	58.6	29.3	11.7
3.30	1.650	0.825 0	0.330	341	170	114	56.8	28.4	11.4
3.35	1.675	0.837 5	0.335	331	165	110	55.1	27.5	11.0

续表

球直径 D/mm				试验力——压头球直径平方的比率 $0.102\times F/D^2$					
				30	15	10	5	2.5	1
				试验力 F/N					
10				29 420	14 710	9 807	4 903	2 452	980.7
	5			7 355	—	2 452	1 226	612.9	245.2
		2.5		1 839	—	612.9	306.5	153.2	61.29
			1	294.2	—	98.07	49.03	24.52	9.807
压痕平均直径 d/mm				布氏硬度 HBW					
3.40	1.700	0.850 0	0.340	321	160	107	53.4	26.7	10.7
3.45	1.725	0.862 5	0.345	311	156	104	51.8	25.9	10.4
3.50	1.750	0.875 0	0.350	302	151	101	50.3	25.2	10.1
3.55	1.775	0.887 5	0.355	293	147	97.7	48.9	24.4	9.77
3.60	1.800	0.900 0	0.360	285	142	95.0	47.5	23.7	9.50
3.65	1.825	0.912 5	0.365	277	138	92.3	46.1	23.1	9.23
3.70	1.850	0.925 0	0.370	269	135	89.7	44.9	22.4	8.97
3.75	1.875	0.937 5	0.375	262	131	87.2	43.6	21.8	8.72
3.80	1.900	0.950 0	0.380	255	127	84.9	42.4	21.2	8.49
3.85	1.925	0.962 5	0.385	248	124	82.6	41.3	20.6	8.26
3.90	1.950	0.975 0	0.390	241	121	80.4	40.2	20.1	8.04
3.95	1.975	0.987 5	0.395	235	117	78.3	39.1	19.6	7.83
4.00	2.000	1.000 0	0.400	229	114	76.3	38.1	19.1	7.63
4.05	2.025	1.012 5	0.405	223	111	74.3	37.1	18.6	7.43
4.10	2.050	1.025 0	0.410	217	109	72.4	36.2	18.1	7.24
4.15	2.075	1.037 5	0.415	212	106	70.6	35.3	17.6	7.06
4.20	2.100	1.050 0	0.420	207	103	68.8	34.4	17.2	6.88
4.25	2.125	1.062 5	0.425	201	101	67.1	33.6	16.8	6.71
4.30	2.150	1.075 0	0.430	197	98.3	65.5	32.8	16.4	6.55
4.35	2.175	1.087 5	0.435	192	95.9	63.9	32.0	16.0	6.39
4.40	2.200	1.100 0	0.440	187	93.6	62.4	31.2	15.6	6.24
4.45	2.225	1.112 5	0.445	183	91.4	60.9	30.5	15.2	6.09
4.50	2.250	1.125 0	0.450	179	89.3	59.5	29.8	14.9	5.95
4.55	2.275	1.137 5	0.455	174	87.2	58.1	29.1	14.5	5.81
4.60	2.300	1.150 0	0.460	170	85.2	56.8	28.4	14.2	5.68
4.65	2.325	1.162 5	0.465	167	83.3	55.5	27.8	13.9	5.55
4.70	2.350	1.175 0	0.470	163	81.4	54.3	27.1	13.6	5.43

续表

球直径 D/mm				试验力——压头球直径平方的比率 $0.102\times F/D^2$					
				30	15	10	5	2.5	1
				试验力 F/N					
10				29 420	14 710	9 807	4 903	2 452	980.7
	5			7 355	—	2 452	1 226	612.9	245.2
		2.5		1 839	—	612.9	306.5	153.2	61.29
			1	294.2	—	98.07	49.03	24.52	9.807
压痕平均直径 d/mm				布氏硬度 HBW					
4.75	2.375	1.187 5	0.475	159	79.6	53.0	26.5	13.3	5.30
4.80	2.400	1.200 0	0.480	156	77.8	51.9	25.9	13.0	5.19
4.85	2.425	1.212 5	0.485	152	76.1	50.7	25.4	12.7	5.07
4.90	2.450	1.225 0	0.490	149	74.4	49.6	24.8	12.4	4.96
4.95	2.475	1.237 5	0.495	146	72.8	48.6	24.3	12.1	4.86
5.00	2.500	1.250 0	0.500	143	71.3	47.5	23.8	11.9	4.75
5.05	2.525	1.262 5	0.505	140	69.8	46.5	23.3	11.6	4.65
5.10	2.550	1.275 0	0.510	137	68.3	45.5	22.8	11.4	4.55
5.15	2.575	1.287 5	0.515	134	66.9	44.6	22.3	11.1	4.46
5.20	2.600	1.300 0	0.520	131	65.5	43.7	21.8	10.9	4.37
5.25	2.625	1.312 5	0.525	128	64.1	42.8	21.4	10.7	4.28
5.30	2.650	1.325 0	0.530	126	62.8	41.9	20.9	10.5	4.19
5.35	2.675	1.337 5	0.535	123	61.5	41.0	20.5	10.3	4.10
5.40	2.700	1.350 0	0.540	121	60.3	40.2	20.1	10.1	4.02
5.45	2.725	1.362 5	0.545	118	59.1	39.4	19.7	9.85	3.94
5.50	2.750	1.375 0	0.550	116	57.9	38.6	19.3	9.66	3.86
5.55	2.775	1.387 5	0.555	114	56.8	37.9	18.9	9.47	3.79
5.60	2.800	1.400 0	0.560	111	55.7	37.1	18.6	9.28	3.71
5.65	2.825	1.412 5	0.565	109	54.6	36.4	18.2	9.10	3.64
5.70	2.850	1.425 0	0.570	107	53.5	35.7	17.8	8.92	3.57
5.75	2.875	1.437 5	0.575	105	52.5	35.0	17.5	8.75	3.50
5.80	2.900	1.450 0	0.580	103	51.5	34.3	17.2	8.59	3.43
5.85	2.925	1.462 5	0.585	101	50.5	33.7	16.8	8.42	3.37
5.90	2.950	1.475 0	0.590	99.2	49.6	33.1	16.5	8.26	3.31
5.95	2.975	1.487 5	0.595	97.3	48.7	32.4	16.2	8.11	3.24
6.00	3.000	1.500 0	0.600	95.5	47.7	31.8	15.9	7.96	3.18

附录 3　黑色金属硬度与强度换算表

洛氏硬度		维氏硬度	布氏硬度	近似抗拉强度	洛氏硬度		维氏硬度	布氏硬度	近似抗拉强度
HRC	HRA	HV	HBW	σ_b/MPa	HRC	HRA	HV	HBW	σ_b/MPa
65	83.9	856			43	72.1	411	401	1 389
64	83.3	825			42	71.6	399	391	1 374
63	82.8	795			41	71.1	388	380	1 307
62	82.2	766			40	70.5	377	370	1 258
61	81.7	739			39	70	367	360	1 232
60	81.2	713		2 607	38		357	350	1 197
59	80.6	688		2 496	37		347	341	1 163
58	80.1	664		2 391	36		338	332	1 131
57	79.5	642		2 293	35		329	323	1 100
56	79	620		2 201	34		320	314	1 070
55	78.5	599		2 115	33		312	306	1 042
54	77.9	579		2 034	32		304	298	1 015
53	77.4	561		1 957	31		296	291	989
52	76.9	543		1 885	30		289	283	964
51	76.3	525	501	1 817	29		281	276	940
50	75.8	509	488	1 753	28		274	269	917
49	75.3	493	474	1 692	27		268	263	895
48	74.7	478	461	1 635	26		261	257	874
47	74.2	463	449	1 581	25		255	251	854
46	73.7	49	436	1 529	24		249	245	835
45	73.2	436	424	1 486	23		243	240	816
44	72.6	423	413	1 434	22		237	234	799

附录4　合金元素规定含量界限值

非合金钢、低合金钢和合金钢的合金元素规定含量界限值（GB/T 13304—2008）

合金元素	合金元素规定含量界限值/%		
	非合金钢	低合金钢	合金钢
Al	<0.10	—	≥0.10
B	<0.000 5	—	≥0.000 5
Cr	<0.30	0.30~0.50	≥0.50
Co	<0.10	—	≥0.10
Cu	<0.10	0.10~0.50	≥0.50
Mn	<1.00	1.00~1.40	≥1.40
Mo	<0.05	0.05~0.10	≥0.10
Ni	<0.30	0.30~0.50	≥0.50
Nb	<0.02	0.02~0.06	≥0.06
Pb	<0.40	—	≥0.40
Si	<0.50	0.50~0.90	≥0.90
Ti	<0.05	0.05~0.13	≥0.13
W	<0.10	—	≥0.10
V	<0.04	0.04~0.12	≥0.12
Zr	<0.05	0.05~0.12	≥0.12
La系（每一种元素）	<0.02	0.02~0.05	≥0.05
其他规定元素（S、P、C、N除外）	<0.05	—	≥0.05

注：La系元素含量也可视为混合稀土含量的总量。

附录 5　常用热处理工艺代号及技术条件的表示方法

热处理工艺类型	代号	表示方法
正火	Z	正火后硬度为 180~210 HBW 时，标注为 Z195
调质	T	调质后硬度为 200~250 HBW 时，标注为 T235
淬火	C	淬火后回火硬度为 45~50 HRC 时，标注为 C48
油淬	Y	油淬+回火硬度为 30~40 HRC 时，标注为 Y35
高频淬火	G	高频淬火+回火硬度为 50~55 HRC 时，标注为 G52
调质+高频感应加热淬火	T-G	调质+高频感应加热淬火硬度为 52~58 HRC，标注为 T-G54
火焰表面淬火	H	火焰表面淬火+回火硬度为 52~58 HRC，标注为 H54
氮化	D	氮化层深 0.3 mm，硬度>850 HV，标注为 D0.3-900
渗碳+淬火	S-C	氮化层深 0.5 mm，淬火+回火硬度为 56~62 HRC，标注为 S0.5-C59
氰化	Q	氰化后淬火+回火硬度为 56~62 HRC，标注为 Q59
渗碳+高频感应加热淬火	S+G	渗碳层深度为 0.9 mm，高频感应加热淬火后回火硬度为 56~62 HRC，标注为 S0.9-G59

附录 6　思维导图总览

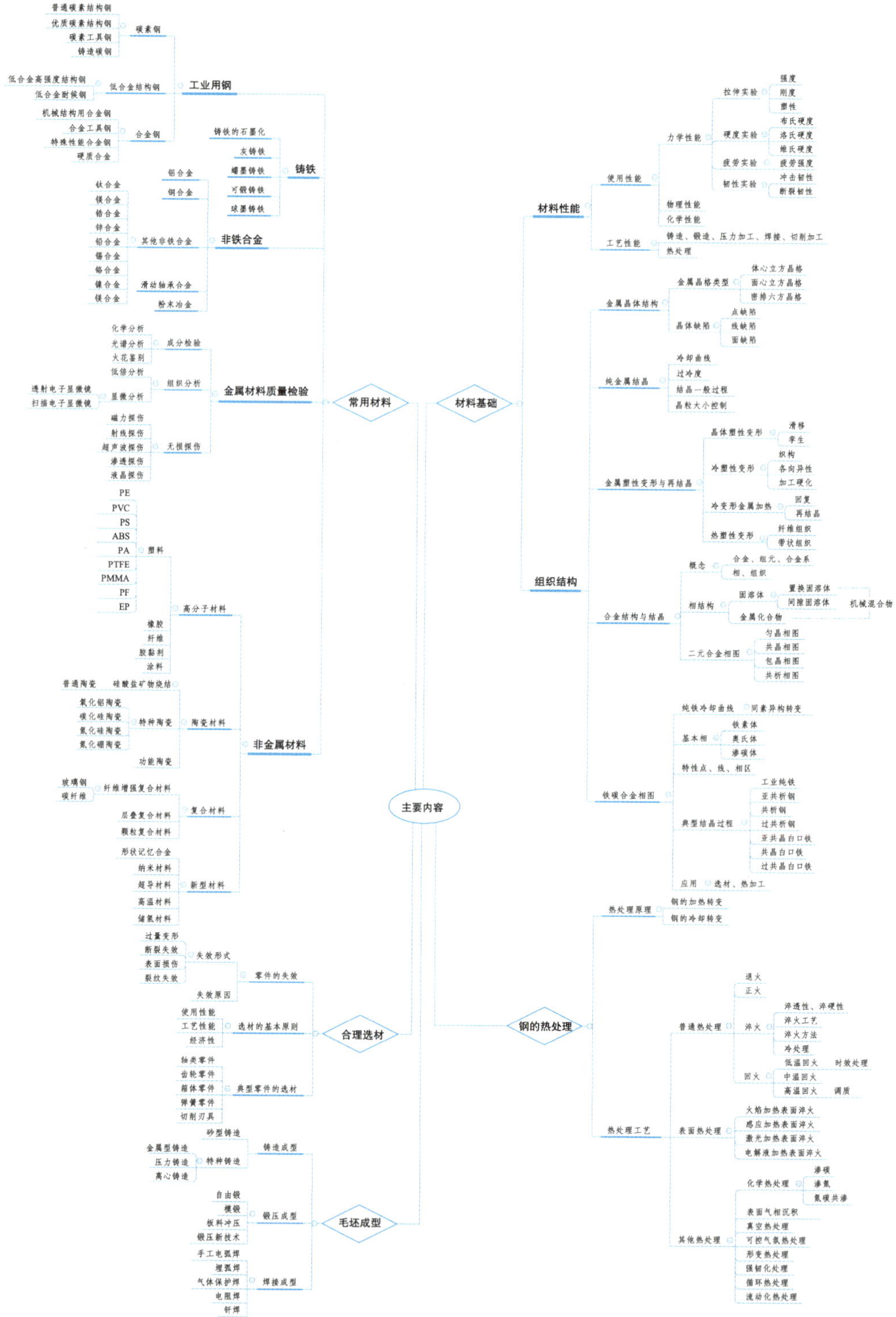
主要内容
常用材料
工业用钢
碳素钢
普通碳素结构钢
优质碳素结构钢
碳素工具钢
铸造碳钢
低合金结构钢
低合金高强度结构钢
低合金耐候钢
合金钢
机械结构用合金钢
合金工具钢
特殊性能合金钢
硬质合金
铸铁
铸铁的石墨化
灰铸铁
蠕墨铸铁
可锻铸铁
球墨铸铁
非铁合金
铝合金
铜合金
其他非铁合金
钛合金
镁合金
锆合金
锌合金
铅合金
锡合金
铬合金
镍合金
镁合金
滑动轴承合金
粉末冶金
金属材料质量检验
成分检验
化学分析
光谱分析
火花鉴别
组织分析
低倍分析
显微分析
透射电子显微镜
扫描电子显微镜
无损探伤
磁力探伤
射线探伤
超声波探伤
渗透探伤
液晶探伤
非金属材料
高分子材料
塑料
PE
PVC
PS
ABS
PA
PTFE
PMMA
PF
EP
橡胶
纤维
胶黏剂
涂料
陶瓷材料
普通陶瓷
硅酸盐矿物烧结
特种陶瓷
氧化铝陶瓷
碳化硅陶瓷
氮化硅陶瓷
氮化硼陶瓷
功能陶瓷
复合材料
纤维增强复合材料
玻璃钢
碳纤维
层叠复合材料
颗粒复合材料
新型材料
形状记忆合金
纳米材料
超导材料
高温材料
储氢材料
合理选材
零件的失效
失效形式
过量变形
断裂失效
表面损伤
裂纹失效
失效原因
选材的基本原则
使用性能
工艺性能
经济性
典型零件的选材
轴类零件
齿轮零件
箱体零件
弹簧零件
切削刃具
毛坯成型
铸造成型
砂型铸造
特种铸造
金属型铸造
压力铸造
离心铸造
锻压成型
自由锻
模锻
板料冲压
锻压新技术
焊接成型
手工电弧焊
埋弧焊
气体保护焊
电阻焊
钎焊
材料基础
材料性能
使用性能
力学性能
拉伸实验
强度
刚度
塑性
硬度实验
布氏硬度
洛氏硬度
维氏硬度
疲劳实验
疲劳强度
韧性实验
冲击韧性
断裂韧性
物理性能
化学性能
工艺性能
铸造、锻造、压力加工、焊接、切削加工
热处理
组织结构
金属晶体结构
金属晶格类型
体心立方晶格
面心立方晶格
密排六方晶格
晶体缺陷
点缺陷
线缺陷
面缺陷
纯金属结晶
冷却曲线
过冷度
结晶一般过程
晶粒大小控制
金属塑性变形与再结晶
晶体塑性变形
滑移
孪生
冷塑性变形
织构
各向异性
加工硬化
冷变形金属加热
回复
再结晶
热塑性变形
纤维组织
带状组织
合金结构与结晶
概念
合金、组元、合金系
相、组织
相结构
固溶体
置换固溶体
间隙固溶体
机械混合物
金属化合物
二元合金相图
匀晶相图
共晶相图
包晶相图
共析相图
铁碳合金相图
纯铁冷却曲线
同素异构转变
基本相
铁素体
奥氏体
渗碳体
特性点、线、相区
典型结晶过程
工业纯铁
亚共析钢
共析钢
过共析钢
亚共晶白口铁
共晶白口铁
过共晶白口铁
应用
选材、热加工
钢的热处理
热处理原理
钢的加热转变
钢的冷却转变
热处理工艺
普通热处理
退火
正火
淬火
淬透性、淬硬性
淬火工艺
淬火方法
冷处理
回火
低温回火
时效处理
中温回火
高温回火
调质
表面热处理
火焰加热表面淬火
感应加热表面淬火
激光加热表面淬火
电解液加热表面淬火
其他热处理
化学热处理
渗碳
渗氮
氮碳共渗
表面气相沉积
真空热处理
可控气氛热处理
形变热处理
强韧化处理
循环热处理
流动化热处理

参考文献

[1] 日本技能之友编辑部. 金属材料常识[M]. 李用哲，译. 北京：机械工业出版社，2011.
[2] 祝溪明. 工程材料及热处理[M]. 北京：中国人民大学出版社，2012.
[3] 丁仁亮. 金属材料及热处理[M]. 北京：机械工业出版社，2010.
[4] 李云涛，王志华. 材料成型工艺与控制[M]. 北京：化学工业出版社，2010.
[5] 石爱军，王雪婷. 金属加工与实训[M]. 北京：中国铁道出版社，2010.
[6] 宋杰. 机械工程材料[M]. 大连：大连理工大学出版社，2010.
[7] 张文灼，赵振学. 工程材料基础[M]. 北京：机械工业出版社，2010.
[8] 齐宝森，吕宇鹏，徐淑琼. 21 世纪新型材料[M]. 北京：化学工业出版社，2009.
[9] 刘春廷，陈克正，谢广文. 工程材料及加工工艺[M]. 北京：化学工业出版社，2009.
[10] 丁建生. 金属学与热处理[M]. 北京：机械工业出版社，2009.
[11] 王先逵. 机械加工工艺手册（材料及其热处理单行本）[M]. 3 版. 北京：机械工业出版社，2008.
[12] 张力重，王志奎. 图解金工实训[M]. 武汉：华中科技大学出版社，2008.
[13] 陈扬，曹丽云. 机械工程材料[M]. 沈阳：东北大学出版社，2008.
[14] 于钧，王宏启. 机械工程材料[M]. 北京：冶金工业出版社，2008.
[15] 鞠鲁粤. 工程材料与成形技术基础[M]. 北京：高教出版社出版，2007.
[16] 徐自力. 工程材料[M]. 武汉：华中科技大学出版社，2002.
[17] 丁厚福. 工程材料[M]. 武汉：武汉理工大学出版社，2001.
[18] 史美堂. 金属材料及热处理[M]. 上海：上海科学技术出版社，1980.
[19] 祝溪明. 工程材料及热处理[M]. 西安：西安交通大学出版社，2019.